彩图15 使用挖掘机修建砂糖橘园

彩图16 冬季绿肥（肥田萝卜）

彩图17 砂糖橘树
盘覆盖状

彩图18 缺氮导致砂糖橘新梢叶
小黄化，老叶发黄，无光泽

彩图19 缺磷导致砂糖
橘叶色暗绿无光泽

彩图20 缺钾导致砂糖橘的
枝梢老叶尖端与叶缘黄化

彩图21 缺钙导致砂糖橘
春梢叶尖黄化

彩图22 春肥过重,导致春梢过旺,
花更弱,导致大量落花落果

彩图23 3年生砂糖橘丰产树形

彩图24 春季土壤积水
造成砂糖橘树叶片黄化状

彩图25 秋梢是砂糖橘
优良的结果母枝

彩图26 2年生砂糖橘
枝梢生长状

彩图 27　砂糖橘结果母枝挂果状

彩图 28　砂糖橘生长健壮
的结果枝坐果率高

彩图 29　砂糖橘的有叶
花枝和无叶花枝

春梢叶　秋梢叶　夏梢叶

彩图 30　砂糖橘的叶片

彩图 31　放任生长未整形
修剪的砂糖橘幼树

彩图 32　自然圆头形砂糖橘树

彩图 33　自然开心形砂糖
橘树第一年整形状

彩图 34　砂糖橘内膛枝结果状

彩图 35　冬季给砂糖橘树
干涂刷白剂防冻害

彩图 36　砂糖橘初结果树挂果过多

彩图 37　用树枝支撑垂地的果枝

彩图 38　砂糖橘主枝环割状

彩图 39　发育正常的砂糖橘花

彩图 40　砂糖橘果实结构

彩图 41　使用"杀梢素"控制
砂糖橘夏梢生长

彩图 42　3 年生砂糖橘树结果状

彩图 43　6 年生砂糖橘树结果状

彩图 44　盛产期的砂糖橘园

彩图 45　急性炭疽病引起落叶落果

彩图 46　橘蚜危害砂糖橘枝梢状

彩图 47　蚜虫的天敌——七星瓢虫

彩图 48　危害砂糖橘主干的星天牛

彩图 49　果园杀虫灯

彩图 50　象鼻虫危害造成的砂糖橘花皮果

彩图 51　吸果夜蛾危害果

彩图 52　待售的砂糖橘果

彩图 53　成熟的砂糖橘果

彩图 54　小型塑料筐包装的砂糖橘果

专家帮你
提高效益
★★★

怎样提高
砂糖橘种植效益

主　编　陈　杰

副主编　谢长智　谢标洪

参　编　张素华　黄慧燕　钟　婷

机 械 工 业 出 版 社

本书主要从选用良种、建设高标准砂糖橘园、土肥水管理、整形修剪、花果管理、综合防治病虫害、多元化经营、增加砂糖橘附加值等方面，全面介绍了提高砂糖橘种植效益的方法。本书内容翔实，技术配套，图文并茂，通俗易懂，形象直观，实用性和可操作性强。另外，书中设有"提示""注意"等小栏目，可以帮助读者更好地掌握技术要点。

本书适于广大砂糖橘生产者阅读，也适于基层果树技术推广、培训人员、加工、营销人员，以及农林院校相关专业的师生阅读参考。

图书在版编目（CIP）数据

怎样提高砂糖橘种植效益/陈杰主编. —北京：机械工业出版社，2020.10

（专家帮你提高效益）

ISBN 978-7-111-66371-3

Ⅰ.①怎…　Ⅱ.①陈…　Ⅲ.①橘－果树园艺　Ⅳ.①S666.2

中国版本图书馆 CIP 数据核字（2020）第 155625 号

机械工业出版社（北京市百万庄大街 22 号　邮政编码 100037）
策划编辑：高　伟　周晓伟　责任编辑：高　伟　周晓伟
责任校对：赵　燕　　　　　责任印制：孙　炜
保定市中画美凯印刷有限公司印刷
2020 年 10 月第 1 版第 1 次印刷
145mm×210mm·8.25 印张·4 插页·267 千字
0001—1900 册
标准书号：ISBN 978-7-111-66371-3
定价：39.80 元

电话服务　　　　　　　　　　网络服务
客服电话：010-88361066　　机　工　官　网：www.cmpbook.com
　　　　　010-88379833　　机　工　官　博：weibo.com/cmp1952
　　　　　010-68326294　　金　书　网：www.golden-book.com
封底无防伪标均为盗版　　　　机工教育服务网：www.cmpedu.com

前　言 / PREFACE

砂糖橘又称冰糖橘，曾称十月橘，是芸香科柑橘属宽皮柑橘区小橘类的一个品种，因果实甜如砂糖而得名。砂糖橘果实呈扁圆形，油胞突出，皮薄，呈鲜橘红色，以肉脆化渣、汁多味浓而饮誉中外。砂糖橘现广泛分布于广东省各市县，尤以四会市、广宁县的出名，并已发展到广西、湖南、四川、福建及江西等地。在广东以四会市为中心联结周边市、县，形成了砂糖橘生产的产业带，不但改善了果品市场供应情况，而且增加了农民收入。种植砂糖橘已成为广大山区农民脱贫致富的首选项目，有力地促进了农村经济的发展，成为柑橘产业中的重要组成部分。

我国砂糖橘的生产，有相当多的产区还在传统生产方式上原地踏步，或在应用先进技术成果上刚刚起步。在管理精细的砂糖橘园与管理粗放的砂糖橘园之间，砂糖橘种植效益差别很大。因此，提高砂糖橘的种植效益，全面普及砂糖橘栽培品种良种化、栽培管理标准化、生产技术科学化的科学知识，加快新技术、新成果的转化，是砂糖橘生产必须着力解决的首要问题。此外，提高砂糖橘种植效益，从微观层面上说，是指砂糖橘种植者怎样以同样的投入，获得最大程度的收益；从宏观层面上说，除种植砂糖橘生产者所获取的收益外，还包括其后续产业的增值。

提高砂糖橘种植效益是一项复杂的系统工程，既要有先进的配套技术和较高素质的生产经营人才，又要有完善的服务体系和先进的生产方式，还要有合理的制度（政策）安排，缺一则不能奏效。为了进一步推动砂糖橘产业发展，把研究成果和经验更好地应用于生产实践，我们编写了本书，希望能通过自己的绵薄之力，抛砖引玉，引起有志于振兴砂

糖橘产业的各界人士的关注，以便群策群力，共同为提高砂糖橘种植效益、推动砂糖橘产业发展贡献出自己的力量。

本书除从技术方面进行了较为详尽的阐述外，也从增值策略等方面加以阐述，具有较强的可读性和适用性。但需要说明的是，本书所用药物及其使用剂量仅供读者参考，不能照搬。在实际生产中，所用药物学名、通用名与实际商品名称存在差异，药物浓度也有所不同，建议读者在使用每一种药物之前，参阅厂家提供的产品说明以确认药物用量、用药方法、用药时间及禁忌等。

在本书编写过程中，参阅并借鉴了许多专家学者的著作等资料，在此一并致以最诚挚的感谢！由于编者的专业技术水平和能力所限，书中难免存在不妥之处，恳请广大读者批评指正。

编　者

目 录  CONTENTS

第一章
概　　述

一、砂糖橘种植的重要性

砂糖橘的种植，经过多年的发展，形成了具有地方特色的果树优势产区，成为农民增收致富的首选项目，有力地促进了农村经济的发展，这对于帮助村民脱贫致富及实现乡村振兴具有重要意义。其重要性可从以下方面考虑。

1. 砂糖橘果品营养丰富

据测定，每100毫升果汁含全糖10.55克、果酸0.35克、还原糖3.87克、蔗糖6.68克、维生素C40毫克，每100克砂糖橘可食部分含蛋白质0.9克、无机盐0.4克、粗纤维0.4克、脂肪0.1克、钙25毫克、铁0.2毫克、可溶性固形物10.5%～15%$^{\ominus}$，以上这些都是促进人体健康所必需的营养物质，而且兼有健胃、解毒、润肺、化痰止咳等作用。

2. 能促进农村经济的发展

我国砂糖橘资源和栽培地，主要分布在山区。发展砂糖橘生产是山区脱贫、致富、建设社会主义新农村的重要措施之一。如广西梧州市长洲区倒水镇砂糖橘种植后第3年就开始投产，产量15～22.5吨/公顷，平均株产10～20千克，4年后进入盛果期，产量37.5～45吨/公顷，平均株产30～40千克。在当前水果销售市场情况下，砂糖橘市场售价高，近年收购价为4～6元/千克，市场价在8元/千克以上。又如广东省四会市还一直保持砂糖橘单株产量500千克的历史记录。据2004年四会市砂糖橘"品味、株产、亩产"之最验收评选的结果，单株估产最高的是16年生树，为356.4千克；每亩（1亩≈666.7米^2）种植73株，估产最高的是15年生树，每亩产量约为8906千克。今后只要砂糖橘果品质量安全有保证，尤其是无核砂糖橘，其销售市场是具有广阔的前景的。

　⊖　文中涉及含量的百分数为质量分数，若有特殊情况再进行说明。

3. 能绿化美化环境，是改善生态条件的理想树种

砂糖橘是一种园艺作物，其枝叶绮丽，树姿优美，四季常青。春夏银花朵朵，清香飘逸；秋冬硕果累累，金果绿叶交相辉映，富有园林情趣和观赏价值，是绿化美化城镇街道和乡村庭院的优良树种。许多地方已将砂糖橘果树用于城镇绿化，或当作行道树栽植在街道的两侧，或点缀在草坪、花圃、公园、空闲地上，或在阳台、窗台和房顶上配置大小适宜的盆栽树，既可增加水果收入，又能使环境清新优雅。砂糖橘根系比较发达，吸水保土能力强，在山丘、坡地和滩地栽植，除了可以获得丰厚的经济收益之外，还能防风固土，保水保肥，有防止水土流失的功能。同时，砂糖橘林还能降低风速，调节小区气候，减轻晚霜危害和高温干热风影响，改善生态环境，起着防护林的重要作用。

二、提高砂糖橘种植效益的努力方向

1. 规范种苗繁育基地，实现良种繁育标准化

现在家庭农场和商品性生产的基地，都是从专业的良种苗木繁育公司购进无毒苗木，但也不排除一些果农很少使用良种繁育公司生产的无毒苗，甚至有些果农自繁自育苗木，这会给砂糖橘的生产带来极大的风险，给柑橘黄龙病的防控工作增加难度。政府部门应监管苗木市场，规范种苗繁育基地，依法经营，打击假冒伪劣和坑害百姓的不法苗贩，这对实现良种繁育标准化具有极其重要的意义。

2. 高标准建园，集约化管理

对近年来新发展的砂糖橘园要倍加关注。大多数新建砂糖橘园采用了高标准建园，但在生产管理上跟不上，技术力量薄弱，病虫害严重。一些分散的小种植户，由于没有采用统一的技术规范操作，砂糖橘的生产就受到严重影响。这些如果不引起重视，今后砂糖橘的种植效益会很差，出现产量低、品质差、病虫害严重等问题。因此，要加大科技投入力度，对新建砂糖橘园要高起点、高标准，实行规范化管理，从而生产出符合国内外市场需求的优质产品。

3. 加强结果树的管理，提高产量和品质

目前，许多砂糖橘产区普遍存在着成年结果树产量低、树体光照差、病虫害难防控、技术力量薄弱等问题，各地各部门要强化技术培训，使农户充分认识到科学管理的重要性。政府主管部门要加强管理，通过砂糖橘结果树栽培管理示范园，组织农户现场培训，用事实说服他们，使

他们懂得向技术要效益，向管理要效益。通过实施科学管理技术，即对成年结果树进行整枝修剪，改善树体通风透光条件，去除郁闭枝、交叉枝及病虫枝，更新结果枝组；对果园加强肥水管理，增施有机肥，使树体生长健壮，达到提产增优、提高效益的栽培目的。

4. 改变生产经营方式，管理科学化

随着我国社会经济的全面发展，传统的小规模经营的生产方式，在不同程度上影响了经营效益的提高。因此，在坚持家庭联产承包为主体的经营体制下，应尊重农户的意愿和创造精神，引导橘农逐步向专业化、规模化、集约化和社会化大生产的现代橘园目标转变。

(1) **建设个人砂糖橘庄园**　对于适宜种植砂糖橘的荒山，通过拍卖经营权，让经济实力较强的人承包荒山经营，对老砂糖橘园实行改造或新建现代化的砂糖橘园。这种生产经营方式，产权明确，专业化程度高，其收入归家庭支配，有利于集中人力、物力和财力用于技术推广和创新，以及产品的营销，也便于社会化服务组织对其进行帮助和指导。

(2) **组织建立砂糖橘生产合作社**　组建的前提是农户自愿，家庭承包制不变。加入的农户愿意联合，民主选举出与经营规模相适应的技术和经营管理责任人，制定规章制度，统一技术操作规程；既可自己进行技术操作管理，也可委托合作社代管，分户采收。每年从农户的收入中提取适当比例，用于合作社的公益性建设。这种模式在引进、消化、吸收先进技术成果，抵抗自然灾害，提高劳动生产率和拓宽销售渠道等方面，都优于农户分散经营。

(3) **组织股份制砂糖橘生产开发公司**　在砂糖橘集中产区，以村为单位，按照农户自愿的原则，将其砂糖橘园经营权有期限或无期限作价入股，由公司统一进行技术和经营管理，收益按股份分配。这种模式可以有效解决农户分散经营所产生的弊端，有利于土地、劳动力、人才和资金等资源的合理利用。

(4) **建立"公司 + 农户 + 科技"的生产联合体**　以产权明晰、运作规范的砂糖橘加工企业为龙头，吸收砂糖橘生产基地的农户参加，聘用砂糖橘科技人员加盟，组成产、供、销一体化的生产联合体。联合体内部设立产前、产中、产后服务的专业部门，统一操作技术规范，由专业部门指导操作管理，或由农户委托专业服务部门代为管理，产品主要由公司贮藏、加工和外销。这种模式既具有现代化大生产的优点，又符合我国家庭联产承包的基本体制。

5. 健全服务体系

在砂糖橘重点产区的省（市）、县一级，可建立砂糖橘产业协会，其成员包括经贸、供销、农业部门，大中型食品加工企业，相关科技人员及砂糖橘生产大户代表等，在较高的层次上对技术、市场和加工等方面进行组织、协调和服务。

在砂糖橘集中产区的乡镇或历史形成的局部经济区域内，可建立农民砂糖橘协会。协会以橘农中的技术骨干和营销经纪人为主体，为会员提供技术培训、技术指导和市场信息服务，橘农自愿参加。一些地区的实践证明，砂糖橘产业与技术协会对砂糖橘产业的协调发展，新技术的引进和推广，以及再创新，都有很大的促进作用。

6. 强化管理责任制

强化管理的责任制，就需要管理层在调查研究的基础上，废止一切阻碍砂糖橘产业发展的、过时的规定和"土政策"，从各个环节强化组织、协调、监督力度，并在制度上有所创新。如在生产环节方面，建立健全砂糖橘安全食品生产标准与技术规范，完善对生产过程的检查、检测，促进砂糖橘质量的提高和品牌的创建，防止自毁声誉。在市场建设环节，要建设区域性的砂糖橘交易中心；工商、物价、技术监督和公安等职能部门密切配合，加强市场管理，规范交易行为，维持市场秩序，打击违法活动。要组织砂糖橘经纪人培训，规范中介运作；鼓励食品加工企业生产包装美观、运输方便、保质期长的产品，使砂糖橘由区域性、季节性消费品变成为全国性、高质量的大众消费品。在科研方面，应加大对育种、选种、栽培、植保、采收、贮藏和深加工等技术研究的投资与组织、协调力度，促进产、学、研密切配合，推动科技创新和产业升级。

第二章
选用良种是提高效益的前提

第一节　主要的优良品种品系

一、优良品种的认识误区与存在的问题

选用优良品种是实现砂糖橘高产、高效的前提，也是砂糖橘种植效益中起决定作用的重要环节。然而，在实际生产中农户对良种的认识和应用，却存在着诸多的偏差。主要表现在：①只从品种的某一种特性来判定其优劣，如有的人认为砂糖橘不管果实的大小和有没有种子，只要果实含糖量高就是好品种；②不经品种对比试验筛选，就盲目大范围引种栽植建园；③建园一旦完成，就一劳永逸，不再进行品种更新，不管砂糖橘有没有种子，不再进行无核砂糖橘的选育工作。这些认识上的偏差，阻碍了砂糖橘良种的推广、发展，以及效益的提高。

选用良种，除必须考虑其丰产性、优质性、适应性和抗逆性等基本条件外，还要考虑其最终产值——效益性，即注意其商品性、贮藏性、加工性、出口性、名牌性、竞争性、市场认可性及国际接轨性等。对砂糖橘生产者而言，了解所在产区的品种资源，掌握良种信息，采用科学的态度和方法，筛选出本园地的适用品种，是进行生产前必须首先解决的问题。

二、主要的优良品种品系

目前栽培的砂糖橘，虽然果实品质优良，但存在种子多、果实大小不均等问题。通过芽变选种，选育出了多个品种品系，尤其是无核砂糖橘的选育成功，克服了种子过多的问题，大大提高了果实品质，增强了市场竞争力。目前最有市场价值的，首推无（少）核砂糖橘新品种品系。

1. 普通砂糖橘

普通砂糖橘树势强壮，树姿较开张。树冠圆锥状圆头形，主干光滑，黄褐色至深褐色，枝较小而密集，叶片卵圆形，先端渐尖，一般长 8 厘米、宽 3.3 厘米。叶缘锯齿明显，叶色为深绿色，叶面光滑，油胞明显，花白色，花形小，花径 2.5～3 厘米，花瓣 5 枚，花丝分离、12 枚，花柱高 17 厘米左右，雌、雄花蕊同时成熟。果实扁圆形，果形指数（纵径与横径的比值）为 0.78，单果重 30～80 克，平均果重 60 克，果皮鲜橘红色，果顶平，脐部小而呈浅褐色，果蒂部平圆、稍凹，油胞圆、密度中等、稍凸，果面平滑、有光泽。果皮薄而稍脆，白皮层薄而软，极易与果肉分离，瓤瓣 7～10 个，半圆形，大小一致，排列整齐，中心柱大、中空。瓤衣薄，极易溶化。汁胞呈不规则多角形，橙黄色，质地极柔软，果汁多，味浓甜，化渣，富有香气。可溶性固形物含量为 10.5%～15%，果汁含糖量为 11～13 克/100 毫升，柠檬酸含量为 0.35～0.50 克/100 毫升，维生素 C 含量为 24～28 毫克/100 毫升，固酸比为（20～60）∶1。单果种子 0～6 粒，品质上等。果实 11 月下旬～第二年 1 月中旬成熟。

该品种适应性强，树冠内结果率高，丰产性强，高产稳产，品质优，耐贮运，抗病、抗逆性强等。

2. 无核砂糖橘

无核砂糖橘由华南农业大学与四会市石狗镇经济实业发展总公司合作，在该镇选出的。

树冠圆头形，发枝力强，枝条密生，树姿较开张，树势中等，结果能力强。果实圆形或扁圆形，果形指数为 0.75，果实横径为 4.5～5.0 厘米，单果重 40～45 克，果顶部平，顶端浅凹，柱痕呈不规则圆形，蒂部微凹，果皮薄而脆，油胞突出而明显、密集，似鸡皮，果皮橘红色，呈朱砂状，清红靓丽，果皮与果肉紧凑，但易分离。瓤瓣 10 个，大小均匀，半圆形，中心柱大而空虚，汁胞短胖，呈不规则多角形，橙黄色，果肉清甜多汁，富有香气，可溶性固形物含量为 12.7%～15%，无核，化渣，爽口脆嫩，风味极佳，品质上乘。成熟期为 11～12 月。

该品种适应性广，耐寒性较强，短枝矮化，早结丰产稳产。

3. 四倍体砂糖橘

四倍体砂糖橘是 20 世纪 80 年代，由华南农业大学园艺系陈大成教授等以嫁接苗为材料，通过秋水仙素进行诱变处理而获得的四倍突变体。其主要特性：一是果实大，单果重 72.8 克，果形指数为 0.75，扁圆形，果皮厚 0.24 厘米，着色好，果皮鲜橙红色。二是品质好，果肉多汁，化渣，味清甜有浓香，可溶性固形物含量为 13%～14.3%。三是少核，单果种子 4.85 粒，属少核品种。四是早结丰产性好。据东莞市清溪镇大面积栽培，表现生长势壮旺，早结丰产性与原种同。四倍体砂糖橘是生产大果形少核种的优良品系。

4. 金葵砂糖橘

金葵砂糖橘（彩图 1）又被称作"金葵蜜橘"，是由广东省佛冈县砂糖橘园中的变异优株选育而成。2011 年 1 月通过广东省农作物品种审定委员会审定并定名为"金葵蜜橘"。植株生长健壮，成枝力中等，易成花，花量多。生长健壮，树姿半开张，树冠圆锥状圆头形。叶片深绿色，长披针形，长 7.12 厘米，叶形指数（叶片长与宽的比值）2.4；基部狭楔，顶端渐尖、微凹；翼叶呈线状；叶面光滑，有光泽。果实紧实，果形指数 0.81，扁球形，单果质量为 39.7 克，可食率 78.8%，果面平滑，有光泽，果皮薄、无浮皮、易剥，果皮橙红色，果肉脆嫩，无核，深橙色，肉质脆嫩、多汁、风味浓甜，有香味，含可溶性固形物16.19%、总糖 11.6%、总酸 0.89%、维生素 C 46.45 毫克/100 毫升。

该品种适应性强，贮运性能好，对柑橘溃疡病的抗病性强，比普通的砂糖橘成熟早 15 天左右，适合在广东省砂糖橘适栽区内种植。

5. 金秋砂糖橘

金秋砂糖橘（彩图 2）是 21 世纪我国第一个拥有自主知识产权的优质杂交柑橘新品种，是中国农业科学院柑橘研究所以爱媛 30 号为母本、砂糖橘为副本，在众多杂交后代群体中精选出的优良单株，同时它也是目前售价高的几个柑橘品种之一，经济价值非常高。金秋砂糖橘具有特早熟、无核丰产、中高抗溃疡病、高糖低酸、细嫩化渣、适应性强、鲜果挂树时间长、耐贮存等优点，目前在四川、重庆、贵州、云南、湖南、湖北、广东、广西、浙江、江西等地都已有大面积种植。4 年生金秋砂糖橘树（彩图 3），园艺性状稳定，成熟期在 10 月中下旬，果实圆形，果皮光滑，细腻易剥离，蜡质层厚而鲜亮，无核，果肉橙红色，含可溶性固性物 12.0% 左右、总酸 0.4% 左右，固酸比在 25 以上，还含有丰富的维生素 C，营养价值高，高糖低酸，肉质细嫩化渣，入口即化。不浮皮、不退糖、不枯水、抗溃疡病。

三、园地品种选择和引种

一个产区有多个良种，往往会给生产经营者带来难以选择的困惑。在栽培实践中，选用良种的数量，就一个区域性产区而言，主栽品种有

2~3个即可；就一个砂糖橘园而言，主栽品种有1~2个即可。具体选用品种时，在满足丰产、优质的前提下，为适应市场需要，延长供应时期，还应特别注意成熟期的合理搭配。各地在跨大产区引种的实践中，也有出现砂糖橘品种在异产区表现不如本产区的情况。因此，不经规范引种对比试验和认真观察与筛选，就跨大产区大量引种建园，是有一定风险的。特别值得提醒的是，某些苗木市场品种良莠不齐的状况比较严重，由此而给经营者造成经济损失的实例也屡见不鲜，引种者务必认真鉴别真伪。

第二节　砂糖橘良种选育

一、选种的误区和存在的问题

砂糖橘栽培者较普遍地认为，选种专业性强，是专门机构和专业技术人员的事情，与己无关；也有从事砂糖橘技术推广的一线科技工作者，觉得选种专业性强，高不可攀，自己是心有余而力不足，干不了。其实这些都是误解。

在砂糖橘的栽培过程中，开展高糖低酸、无核砂糖橘的选育工作，对于提升砂糖橘的品质，提高市场竞争力，都有十分重要的意义。对于广大的砂糖橘栽培者和一线的科技工作者来说，充分了解砂糖橘园中每个单株的产量、特征和特性，是选种的基础。发现良种的第一信息，几乎都来自于砂糖橘栽培者或一线的科技人员，只有两者共同参与、密切协作，选种工作才能收到事半功倍的效果。

二、良种的评判标准

凡受生产者、经营者和消费者欢迎的品种，就可称为优良的砂糖橘品种。其标准必须具备以下几个方面的优点。

1. 商品性好

商品性即市场性，主要指果实的外观品质，是指对形状、大小和色泽等外观品质的综合评价。优良品种的果实，必须具备该品种固有的形状，果形端正，大小均匀，整齐度高，果面光滑，色泽艳丽，外观漂亮。

2. 食用性好

食用性主要是指果实食用方面的品质，是对风味、香味、肉质、杂味、种子和食用部分等内在品质的综合性评价。优良品种的果实，果肉风味浓郁，酸甜适口或甜酸适口，有香气，无杂味，果汁丰富，高糖低酸，肉质细嫩或脆嫩、化渣，无核，可食率高。

3. 营养性好

营养性主要是指含糖、酸之外的维生素 C、无机盐含量的多少，一般以维生素 C 的含量多少来衡量。优良的砂糖橘品种，要求各种营养成分的含量都较高。

4. 丰产性好

丰产性主要指砂糖橘的丰产性、稳产性和抗逆性。优良的砂糖橘品种应该适应性强，易栽易管，早果性强，丰产稳产，抗病虫害，耐瘠薄与干旱。

三、良种选育的步骤

1. 良种选育的意义

开展砂糖橘良种选育工作，选出优良品系，是实现砂糖橘高产、优质、高效栽培的前提。良种选育，除了考虑其丰产性、优质性、适应性与抗逆性等基本条件外，还要考虑其商品性、贮藏性与市场竞争性等。

2. 良种选育的目标

为了保证砂糖橘优良的性状，应克服目前砂糖橘生产中存在的缺点，比如果形小、种子多、抗病能力弱、果实贮藏性差、大小年结果现象比较明显等。砂糖橘良种选育工作应侧重以下几个方面。

（1）**大果形的品种选择** 选种目标是果实大或较大，单果重 60~80 克，均匀整齐，果实商品性能好。而且大果形的优良性状变异能稳定地传递给子代，以提高砂糖橘商品的竞争能力。

（2）**高品质的品种选择** 在品质选择方面，应注意对无核或少核性状进行选择。为了适应市场要求，还应注重果实外观如色泽、形状、整齐度等，以及果实的内在品质如柔软化渣、高糖、高可溶性固形物、浓香型等方面的选择。

（3）**不同成熟期的品种选择** 重视早熟（10 月中下旬~11 月上旬）、中熟（11 月中下旬~12 月上旬）、晚熟（12 月中下旬~第二年 1 月上旬）品种的选育工作。既可调节市场，均衡供市，又可减轻由于成熟期过于集中而造成的采、运、销紧张压力。

（4）**抗性能力强的品种选择** 注重选择抗冻能力强（通常能抗 -5℃的低温）、具有较强适应能力的优良单株，同时对疮痂病、裂果病、溃疡病和锈壁虱、蚧类害虫表现出较强的抗性，可以减轻冻害和病虫害的威胁。

（5）丰产性能好的品种选择　丰产性是砂糖橘芽变选种的基本要求。生产上，砂糖橘极易产生大、小年结果现象，要求芽变选种时，对变异体不仅要考虑丰产性，还要重视稳产性的选育。一般要求小年树的产量应为大年产量的70%以上。

（6）耐贮藏运输的品种选择　为了延长砂糖橘市场供应期，提高其商品价值，应注重果实耐藏性的选育，增强砂糖橘的市场竞争能力。

3. 良种选育的时期

砂糖橘为常绿性果树。其芽变选种，原则上宜在整个生长发育过程中的各个时期进行。芽变选种的工作要细致，观察要认真，特别要抓住有利时机进行选种，如果实成熟期和灾害期等，以提高砂糖橘的选种效果。

（1）果实成熟期选种　砂糖橘的许多重要经济性状，在果实成熟期和采收期集中表现出来，如果实的着色情况、成熟期、果形、品质、结果习性及丰产性等。以选择果实优良品质为目标者，其芽变选种应该在果实成熟前的着色初期，对果实经济性状进行细致观察；以选择果实早熟为目标者，其芽变选种开始观察的时间应该比原品系成熟期早10～15天；以选择果实晚熟为目标者，应该把表现晚熟变异的果实留在树上延期采收，一直观察到成熟为止。

（2）灾害期选种　在冻害、旱害、涝害和病虫害等发生猖獗之后，应抓住有利时期，选择抗灾害能力特别强的变异类型，进行细致观察。以选择抗寒性强为目标者，其芽变选种应该在冻害发生之后进行；以选择抗旱性强为目标者，其芽变选种应该在遇长期干旱之后进行；以选择抗病性强为目标者，其芽变选种应该在病害发生严重时进行。

4. 良种选育的方法

芽变选种一般分3个阶段，按二级选种程序进行。第一级为从生产园选出变异体，即初选阶段；第二级为变异体无性繁殖系的筛选和鉴定，即复选阶段和决选阶段。

（1）初选阶段的选育工作

1）发掘优良变异：选出优良的突变体，这是芽变选种的最基本环节。芽变选种工作要落实到实处，真正把专业性的选种工作与群众性选种活动结合起来，充分调动广大群众选种的积极性。向群众广泛宣传芽变选种的意义，建立必要的选种组织，普及选种技术，明确选种目标，开展多种形式的选种活动，包括座谈访问、群众选报、专业普查等。对初选优系进行编号，并做明显标识，填写记载表格（表2-1）。果实应单采单放，并确定环境相同的对照树，进行对比分析。

表2-1　砂糖橘中选单株田间记录表

植株编号＿＿＿＿＿＿＿＿　　品系名称＿＿＿＿＿＿＿＿

产地＿＿＿＿＿＿县＿＿＿＿＿＿乡＿＿＿＿＿＿村

小地名＿＿＿＿＿＿＿＿＿＿＿＿＿＿＿＿＿＿＿＿＿＿

项　目	田间记录	项　目	田间记录
土壤		土质	
繁殖方法		砧木名称	
树龄		树势	
树姿		树形	
株高		冠径①	
干高		干周②	
叶片特征		枝梢抽生情况	
果实转色期		果实成熟期	
果形		果实整齐度	
果皮色泽		果皮粗细	
果顶特征		果基特征	
平均果重		当年产量	
抗逆性		抗病虫害	
可溶性固形物		单果种子数	
品质		变异特点	
田间总评			

① 冠径：树冠东西径×南北径。

② 干周：离地面10厘米处树干周长。

2）变异的分析和鉴别：变异有遗传性物质变异和非遗传性物质变异两种。砂糖橘芽变属于遗传性物质的突变，其性状可以遗传；另一类是受环境条件，包括砧木、施肥制度、果园覆盖作物、果园地形、地势、土壤类型、各种气象因素及一系列栽培措施的影响而出现的变异，称为饰变。这就要求必须正确区别这两类不同性质的变异，既不能把芽变认为是饰变，也要防止把饰变看作是可以遗传的芽变。当发现一个变异体后，首先就要对它进行分析鉴别，以筛除大量的饰变。初选阶段需要连

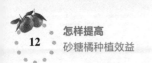

续 3 年的观察记录材料，再经过有关部门鉴定通过，方可确定为优良单株，并加以保护。砂糖橘选种鉴定标准见表 2-2。

表 2-2　砂糖橘选种鉴定标准

项目	鉴定内容	鉴定标准
田间性状	树势（5 分）	强，5 分；较强，4 分；较弱，2~3 分；弱，0~1 分
	产量（25 分）	小年树产量为大年产量的 80% 以上者，20~25 分；为大年产量的 70%~80% 者，13~19 分；为大年产量的 50% 者，8~12 分或酌情减分
果实外观	形状（4 分）	扁圆形，4 分；圆球形，1~3 分
	大小（10 分）	大（50~70 克），9~10 分；中（40~50 克），7~8 分；小（30~40 克），5~6 分；偏小（30 克以下），3~4 分或相应减分
	整齐度（4 分）	整齐，4 分；较整齐，3 分；不整齐，1~2 分
	色泽（5 分）	深（橙红），5 分；中（橙色），3~4 分；浅（黄色），1~2 分
	果皮粗细（7 分）	细，6~7 分；中，4~5 分；粗，1~3 分
	评级：以上 5 项综合评定，22 分以上者为上；15~21 分者为中；15 分以下者为下	
果实内质	果皮厚薄（3 分）	薄（0.2~0.3 厘米），2~3 分；中（0.3~0.4 厘米），2 分；厚（0.4 厘米以上），1 分
	种子数（7 分）	0 粒，7 分；1~2 粒，6 分；以后每增加 1 粒扣 0.5 分
	可溶性固形物（7 分）	10%，10 分；以后每增加 0.5%，增加 1 分
	酸甜度（5 分）	浓甜，5 分；酸甜，4 分；甜酸，2~3 分；酸，0~1 分
	风味（4 分）	风味浓，4 分；风味中等，2~3 分；风味淡，1 分
	果汁（3 分）	多，3 分；中，2 分；少，1 分
	质地（3 分）	细嫩或脆嫩，3 分；细软，2 分；粗，1 分
	化渣程度（5 分）	化渣，5 分；较化渣，2~4 分；不化渣，1~2 分
	香气（3 分）	浓，3 分；中，2 分；淡，1 分
	评级：以上 9 项综合评定，35 分以上者为上；30~34 分者为中上；25~29 分者为中；20~24 分者为中下；20 分以下者为下	

（2）**复选阶段的选育工作** 这一阶段包括高接鉴定圃鉴定及选种圃鉴定两个分阶段。

1）高接鉴定圃鉴定：将初选阶段选出的变异体，通过高接嫁接到砂糖橘植株上，观察其变异性状。在高接鉴定中，如果用普通砂糖橘作为中间砧，则既要考虑基砧相同，又要考虑中间砧的一致。为了消除砧木的影响，必须把对照与变异体高接在同一高接砧上。通常在高接鉴定圃中高接鉴定的材料，比选种圃种植的砂糖橘结果期早，特别是对于变异体较小的枝变，通过高接，可以在较短时间内为鉴定提供一定数量的果品。它的作用在于，为深入鉴定变异性状和鉴定变异的稳定性提供依据，同时也为扩大繁殖提供接穗材料。

2）选种圃鉴定：采用高接鉴定圃中提供的变异接穗，经嫁接繁殖的变异株系，栽种在选种圃内。它的作用在于，全面而又精确地对变异体的性状做出综合鉴定。因为在选种初期，往往只注意到特别突出的优变性状，而忽略了一些不易被发现或容易被疏忽的数量性状的微小劣变。特别是对于丰产性之类的变异，在高接鉴定圃中，往往难以得出正确结论，必须通过选种圃的全面观察比较，才能做出正确的鉴定。选种圃地，要力求均匀整齐，每圃可栽种几个品系，每个品系不少于 10 株。在选种圃内，每个品系观察 10 株，并逐株建立圃内档案，连续进行 3 年观察记载。根据决选要求，材料应不少于 3 年的鉴定结果，由负责选种的单位准备好，并提出复选报告，将最优秀的变异株系作为入选品系，提交上级部门，组织决选。

（3）**决选阶段的选育工作** 在决选单位提出复选报告之后，由主管部门组织有关人员，对入选品系进行评定决选。参加决选的品系，应由选种单位提供下列完整资料和实物。

1）综合报告：该系的选种历史、评价发展前途的综合报告。

2）鉴定数据：该品系在选种圃内连续不少于 3 年的果树学与农业生物学的完整鉴定数据。

3）试验结果：该品系在不同自然区内的生产试验结果和有关鉴定意见。

4）果样：该品系及对照的新鲜果实，质量不少于 25 千克。

5. 良种母本园的建立

（1）**建立良种母本园的意义** 苗木质量的好坏，直接影响到树体的生长发育和抗逆性的强弱，也影响进入结果期的早晚，最终影响产量和品质。建立良种母本园（彩图4），培育纯正的良种壮苗是砂糖橘"丰产、优质、高效"栽培中极其重要的环节，它直接关系到砂糖橘建园的成败。建立良种母本园的社会效益，远远超过育苗本身的经济效益。

（2）良种母本园的建立

1）原始母本树的选择：每年采果前，观察枝叶生长和果实形态，确定品种是否纯正。经过品种纯正性观察，淘汰不符合本规程要求的植株。选定综合性状优良、长势良好、丰产优质、品种纯正的优良单株作为原始母本树。原始母本树入选原则：树龄在10年以上，有品种和品系的名称、来历、品质及树性等记载资料；经济性状优良，品种纯正，遗传性稳定；树形、叶形、果形一致，没有不良变异。

2）原始母本树感病情况的鉴定与脱毒：

① 鉴定：每年10～11月，调查原始母本树黄龙病的发生情况。每隔3年应用指示植物（如葡萄柚、番茄）或血清学技术，检测砂糖橘衰退病及裂皮病等感染情况。经过病害调查和检测，淘汰不符合要求的植株。

② 原始母本树感病情况的鉴定标准：3年内无衰退病及裂皮病的典型症状；抗衰退病的血清测定无阳性反应；经电镜检查未发现线状病毒质粒。

③ 脱毒：培养砂糖橘无病毒苗木，可通过茎尖嫁接或热处理与茎尖嫁接相结合，进行脱毒，获得无病毒母本树。

3）建立母本园：母本园中栽植的良种母本树，主要为培育纯正良种苗提供接穗。经芽变选种，通过专业部门鉴定，确定为优良单株后，选择土层深厚、肥沃、排水良好、小气候优越的地方定植。采用大苗密植，为通常定植株行距的2倍，大肥大水，管理精细（彩图5），并建立单株档案，保证随时有足够的良种繁殖材料供应。母本树管理的要求是：专供剪穗，不宜挂果，可进行夏季修剪、短截枝条、去除果实，以促发较多新枝，保证生产足够的接穗；管理精细，增加施肥量，注意防治病虫害；采穗前如遇干旱天气，应对母本树连续浇水2～3次，提高枝叶含水量，保证嫁接削芽时芽片光滑，有利于提高嫁接成活率。

第三节　砂糖橘良种繁育

一、繁育的误区和存在的问题

砂糖橘良种繁育，一般采用嫁接法。由于受砂糖橘嫁接只能在春季进行的传统观念的束缚，大多数产区至今仍然实行先育砧 1~2 年，再于第二年或第三年春季嫁接，秋末至初冬再出圃定植的做法。但也有许多地方采用小拱棚育砧，秋季嫁接，当年初冬或第二年早春出圃定植的方法，取得了良好的效果。另外，还有一些育苗者，没有严格按照良种繁育的操作规程，无证育苗，果农自选自用优良单株，对检疫性病虫的防控意识淡薄，致使黄龙病蔓延，给砂糖橘产业的发展带来了极大的影响。严格规范砂糖橘良种繁育市场，杜绝家庭农场和商品性生产基地的果农自选自用优良单株，建立果园网棚营养篓假植苗，是防止黄龙病蔓延的一项行之有效的措施。

二、砂糖橘良种繁育操作规程

1. 苗圃的选择、规划与整地

选择、规划和整理苗圃，应从实际出发，因地制宜，综合考虑。

（1）选地　苗圃的选择主要考虑位置和农业环境条件两方面因素。从经营效益出发，苗圃应位于果树供求中心地区，交通便利，既可降低运输的费用和损失，又可使育成的苗木能适应当地环境条件。苗圃应选择远离病虫疫区的地方，要远离老橘园，距离黄龙病病园 3000 米以上，以减少危险性病虫感染。苗圃的选择，应按当地情况，选择背风向阳、地势较高、地形平坦开阔（坡度在 5 度以下）、土层深厚（50~60 厘米以上）、地下水位不超过 1 米、pH 为 5.5~7.5 的平地或缓坡地，或者排灌方便的水田，最好选前作未种植过苗木的水田或水旱轮作田；保水及排水良好、灌溉方便、疏松肥沃、中性或微酸性的砂壤土、壤土，以及风害少、无病虫害的地方，有利于种子萌发及幼苗生长发育。地势高燥、土壤瘠薄的旱地、砂质地和低洼、过于黏重的土地，不宜建苗圃。苗圃应排水良好、夏季可灌溉，切忌选择种过杨梅的园地和连作圃地，新开地最佳。寒流汇集的洼地、风害严重的山口、干燥瘠薄的山顶和阳光不足的山谷，均不宜建苗圃。

（2）规划　苗圃的规划要因地制宜，合理安排好道路、排灌系统和房屋建筑，充分利用土地，提高苗圃利用率。根据育苗的多少，可分为专业大型苗圃和非专业性苗圃。

1）专业大型苗圃的规划（图 2-1）：

① 生产管理用地：应依据果园规划，本着经济利用土地，便于生产和管理的原则，合理配置房屋、温室、工棚、肥料池、休闲区等生活及

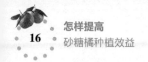

工作场所。

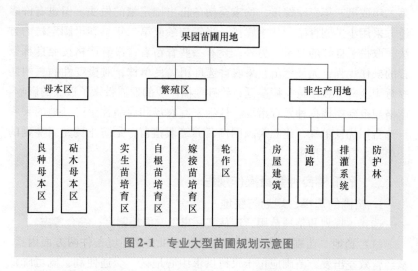

图2-1 专业大型苗圃规划示意图

② 道路、排灌设施：道路规划应结合区划进行，合理规划干道、支路、小路等道路系统，既要便于交通运输，适应机械操作要求，又要经济利用土地。排灌系统包括引水渠、输水渠、灌溉渠、排水沟，排灌设施应结合道路和地形统一规划修建，两者要有机结合，保证涝时能排水，旱时能灌溉。

③ 生产用地：专业性苗圃的生产用地由母本区、繁殖区、轮作区组成。

A. 母本区又称采穗圃，其主要任务是提供繁殖苗木所需要的良种接穗，这些繁殖材料以够用为原则，以免造成土地浪费。如果这些繁殖材料在当地选取方便，又能保证苗木的纯度和性状，无检疫性病虫害，也可不设母本区。

B. 繁殖区也称育苗圃，是苗圃规划的主要内容，应选用较好的地段。根据所培育苗木的种类可将繁殖区分为实生苗培育区和嫁接苗培育区。前者用于播种砧木种子，提供砧木苗，后者用于培育嫁接苗，前者与后者的面积比例为1∶6。为了耕作方便，各育苗区最好结合地形采用长方形划分，一般长度不小于100米，宽度为长度的1/3～1/2。若受立地条件限制，形状可以改变，面积可以缩小。同树种、同龄期的苗木应相对集中安排，以便于病虫害防治和苗木管理。

C. 轮作区是为了克服连作弊端、减少病虫害而设的。同一种苗木连作，常会降低苗木的质量和产量，故在分区时要适当安排轮作地。一般情况下，育过一次苗的圃地，不可连续用于育同种果苗，要隔2～3年之后方可再用，不同种果苗间隔时间可短些。轮作的作物，可选用豆科、薯类等。苗圃地经1～2年轮作后，可再用作砂糖橘苗圃。

2) 非专业苗圃的规划：非专业苗圃一般面积比较小，育苗种类和数量都比较少，可以不进行区划，而以畦为单位，分别培育不同树种、品种的苗木。

(3) 整地 苗圃地应于播种前1个月耕翻（深犁25～30厘米）晒白，犁耙2～3次，耙平耙细，清除杂草。在最后一次耙地时，每亩撒施腐熟猪、牛粪或堆肥2000千克，过磷酸钙20千克，石灰50千克。为防治地下害虫，每亩用2.5%辛硫磷粉剂2千克，拌细土30千克，拌匀后在播种时撒入田内并耙入土中。整地时最好在底部铺上塑料薄膜，在上面堆上肥沃的园土（高15～20厘米），每亩用肥沃的土壤5000千克和腐熟的牛粪、猪粪500～1000千克，然后与园土拌匀，最后整成苗床（图2-2）。播种园的苗床应整成宽80～100厘米、高20～25厘米的畦；嫁接

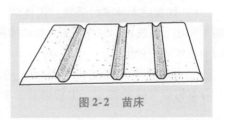

图2-2 苗床

园的苗床则整成宽60～80厘米、高20～30厘米（低洼地、水田应高25～30厘米）的畦，畦沟宽25～30厘米，做畦后，把畦面耙平耙细，便可以起浅沟播种。

2. 实生砧木苗的繁殖

(1) 砧木的选择 要选择亲和性好、根系发达、耐瘠薄、抗逆性强的品种作为砧木。用于砂糖橘的砧木主要有酸橘、红橘、枳和红柠檬等。

1) 酸橘：为海南本地野生种，是芸香科常绿小乔木，味极酸，主要用作砧木。广东软枝酸橘是优良的砧木，经嫁接后，与砂糖橘亲和性好，速生快长，树势强壮，根群发达，细根多。在平地、丘陵山地种植结果良好，果实品质优，在山地表现为抗旱力较强。但早期结果促花措施要落实，才能早结丰产。

2) 红橘：原产于我国，主产地为四川、福建省，所以又称为川橘、

福橘，其他产柑橘的省（区）也有栽培。江西三湖红橘用得较多，近年也用四川江津等地产的川红橘。实践表明，用作砂糖橘的砧木亲和性好，树势中等，早结丰产，果品优良，适于水田、平地、丘陵、山地种植。坡度在 25 度以下的山地果园用川红橘砧尤为适应。

3）枳：芸香科枳属小乔木，别名为枳实、铁篱寨、臭橘、枸橘李、枸橘、臭杞、橘红。枳是砂糖橘的优良砧木，特别是小叶大花者，尤为胜佳。该砧木所繁育的砂糖橘良种，早结丰产性强，果实色泽鲜艳、橘红，果实品质好，果实发育整齐，夏梢抽发较少，根群发达，须根多，树冠矮化、紧凑，但缺点是头 2~3 年树冠扩大较慢。

4）红柠檬：芸香科柑橘属的常绿小乔木，性喜温暖，耐阴，怕热。红柠檬嫁接砂糖橘亲和性好，栽植后生长快，早结丰产性强，根系分布浅，吸肥力强，耐旱力稍差，果实大，皮厚，色泽好，但初结果树果实品质稍差。红柠檬适于水田、平地栽培。

（2）砧木苗的培育

1）优良砧木种子的采集：优良砧木种子的采集是培育实生砧木苗的重要环节。选种的好坏，不仅影响播种后的发芽势和发芽率，还直接影响苗木的正常生长。

①优良母本树的选择：品种纯正的砧木种子应采自砧木母本园，优良母本树应为品种纯正、生长健壮、丰产稳产、无病虫害和无混杂的植株。

②采种时期：应在果实充分成熟、籽粒饱满时采收，且选择晴天时进行。采收的种子种仁饱满，发芽率高，生命力强，层积沙藏时不易霉烂。

【注意】

采种不宜过早，否则种子成熟度差，种胚发育不全，贮藏养分不足，种子不充实，生活力弱，发芽力低，生长势弱，苗木生长不良。

③采种方法：一般有采摘法、摇落法、地面收集法 3 种方法。采摘法可借助采种工具（图 2-3）；摇落法可借用采种网（图 2-4）或地面铺设帆布、塑料薄膜；地面收集法主要适用于果实脱落不易被吹散的果树，如板栗、核桃、银杏、芒果等。

图 2-3　采种工具　　　　图 2-4　采种网

④ 取种方法：先把成熟的砧木果实采摘下来，堆放在棚下或背阴处，或将果实放入容器内，进行堆沤，使果肉软化，即可用水淘洗取种（图 2-5）。堆沤期间要注意经常翻动，使温度保持在 25～30℃。在堆温超过 30℃时，易使种子失去活力。待 5～7 天果肉软化时，装入箩筐，用木棒搅动，揉碎，加水冲洗，捞去果皮、果肉，并加入少量草木灰或纯碱轻轻揉擦，除去种皮上的残肉和胶质，并用水彻底洗干净，然后加入 0.1% 的高锰酸钾溶液或 40% 的甲醛 200 倍液浸洗 15 分钟，取出后立即用清水冲洗干净，放置通风处阴干，即可用于播种。如果暂不播种，则可将种子放在竹席上摊开，置阴凉通风处阴干（枳种以含水量 25% 为宜），经 2～3 天种皮发白即可贮藏。

图 2-5　取种程序

2）砧木种子的贮藏：贮藏种子一般用沙藏法。沙藏时，可用 3～4 倍种子量的干净河沙与种子混合贮藏，湿度以手轻捏成团、松手即散为宜，此时河沙含水量为 5%～10%。若用手捏成团、松手碎裂成几块，表明沙中水分太多，容易烂种。

种子数量较少时，可在室内层积。用木箱、桶等作为层积容器，先在底部放入一层厚5~10厘米的湿沙，将准备好的种子与湿沙按比例均匀混合后，放在容器内，在表面再覆盖一层厚5~10厘米的湿沙，将层积容器放在2~7℃的室内，并经常保持沙的湿润状态。有条件的可将种子装入塑料袋，置于冰箱冷藏室中，温度控制在3~5℃，相对湿度以70%为宜（图2-6）。

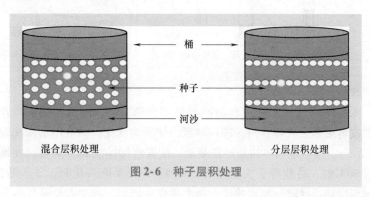

混合层积处理　　　　　　　　　　　　　　分层层积处理

图2-6　种子层积处理

种子数量较多时，在冬季较冷的地区，可在室外挖沟层积。选干燥、背阴、地势较高的地方挖沟，沟的深宽各50~60厘米，长短可随种子的数量而定。沟挖好后，先在沟底铺一层厚5~10厘米的湿沙，把种子与湿沙按比例混合均匀放入沟内（或将湿沙与种子相间层积，层积厚度不超过50厘米），最上覆一层厚5~10厘米的湿沙（稍高出地面），然后覆土成土丘状，以利于排水，同时加盖薄膜或草帘以利于保湿。周边用砖压紧薄膜或草帘，以防鼠害（图2-7）。要经常检查，不让细沙过干或过湿。通常7~10天检查1次，调整河沙含水量，使之保持5%~10%。

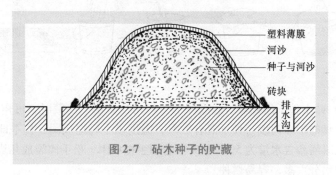

图2-7　砧木种子的贮藏

3）催芽：用细沙催芽可使萌发率提高到 95% 左右，而不经催芽即直接播种的，萌发率仅 60%～75%。催芽期间要控制细沙含水量，水分过多，易引起种子发霉和烂芽。催芽后的种子要及时播种，否则胚芽容易折断，出芽率会降低。催芽方法：选一块平整的土地，在上面堆 3～5 厘米厚的湿沙，把洗净的种子平放在沙面上，不要让种子重叠。再在种子上面盖 5 厘米厚的稻草或 1～2 厘米厚的细沙。盖好后注意淋水，经 3～4 天，当种子的胚根长至 0.5 厘米左右时，即可拣出播种。在催芽期间，应每隔 1～2 天翻看 1 次，检查种子萌芽情况，把发芽的种子及时拣出播种。当温度在 30℃ 以上时，种子萌发能力会大大下降；超过 33℃ 时，种子几乎丧失萌发能力。

4）砧木种子的消毒：播种前为消灭种子可能携带的各种病原菌，需用药剂处理。即先将种子用清水浸泡 3～4 小时，然后用 0.1% 的高锰酸钾溶液浸泡 20～30 分钟，可以防治病毒病；用硫酸铜 100 倍溶液浸泡 5 分钟，可防治炭疽病和细菌性病；用 50% 的多菌灵 500 倍溶液浸泡 1 小时，可以防治枯萎病。

5）播种：

①整地做畦：播种前撒施基肥，深翻，耙平，整细，起畦。一般每亩地施入优质有机肥 2000～3000 千克、过磷酸钙 25～30 千克、草木灰 50 千克，深翻 30～50 厘米。然后灌透水，水下渗后，根据需要筑垄或做畦，一般垄宽 60～70 厘米，畦高 15 厘米，畦宽 1～1.5 米，任意长，畦间沟宽 25～30 厘米，畦面耙细，要整理成四周略高、中间平的状态。施基肥后整细，稍加镇压待播。为预防苗期立枯病、根腐病、蛴螬等，结合整地喷（撒）60% 的硫黄敌磺钠可湿性粉剂。

②播种时期：砧木种子播种分春播和秋播两种。通常地温 15℃ 左右时，即可发芽。在 20～25℃ 的温度条件下，种子发芽只需 15～30 天；在 25～30℃ 的温度下，只需几天即可发芽。保护地只需将温度控制在 25℃ 左右，即可播种。枳采用嫩种播种，在谢花后 110～120 天，采集嫩种播于保护地。

A. 春播：在 3 月上旬～4 月上旬进行。春播的优点是，播种后种子萌发时间短。因此，土壤湿度容易掌握，萌发比较整齐。如果播种适时，便可得到良好的效果。但播种过早，地温低，发芽缓慢，易遭受晚霜危害；如果播种过迟，则易受干旱影响，会缩短苗木生长期。目前，育苗大都采用地膜，可提高地温，早播后发芽迅速、整齐，又不易遭受晚霜

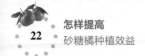

的危害。

B. 秋播：在10月上旬～11月上旬进行。秋播的优点是，能省去种子贮藏的工序，适宜播种的时期较长，劳动力安排比较容易，出苗比较整齐，能延长苗木生长期。秋播的关键是要保持播种层土壤的湿度，因此播种深度一般较春播深，或需在播种后用草或沙覆盖，以保持一定的湿度。

C. 播种方法与播种量：播种时最好采用单粒条播（图2-8）。一是采用稀播，不用分床移栽，砧木苗生长快，较快达到嫁接要求。播种密度是株行距（12～15）厘米×（15～18）厘米，每亩播种量为40～50千克，砧木苗2万多株。二是采用密播，播种密度为株行距8厘米×10厘米，每亩播种量为60～80

图2-8　条播

千克。第二年春季进行分床移植。移栽株行距为10厘米×20厘米，每亩砧木苗达3万多株。已催芽的种子播种时用手将种子压入土中，种芽向上；未催芽的种子可用粗圆木棍滚压，使种子和土壤紧密接触，然后用火土灰或沙覆盖，厚度以看不见种子为度。最后盖上一层稻草或杂草或搭盖遮阴网，浇透水。也可采用撒播法，即将种子均匀撒在畦面，每亩播种量为50～60千克。

【注意】

　　在撒播前先将播种量和畦数的比例估算好，做到每畦播种量相等，防止过密或过稀。此方法省工，土地利用率高，出苗数多，苗木生长均匀，但是施肥管理不便，苗木疏密不匀，要进行间苗或移栽。

6）砧木苗的管理：

① 揭去覆盖物：种子萌芽出土后，及时除去覆盖物。通常在种子拱土时揭去，当幼苗出土率达五六成时，即可撤去一半覆盖物；当幼苗长出八成时，可揭去全部覆盖物，以保证幼苗正常生长。

② 淋水：注意苗木土壤湿度的变化，若发现表土过干，影响种子发芽出土时，要适时喷水，使表土经常保持湿润状态，可为幼苗出土创造良好条件，忌大水漫灌，以免使表土板结，影响幼苗正常出土。

③ 间苗移栽：幼苗长有 2 ~ 3 片真叶时，密度过大的应进行间苗移栽，间掉病苗、弱苗和畸形幼苗，对生长正常而又过密的幼苗进行移栽。移栽前 2 ~ 3 天要灌透水，以便于挖苗，挖苗时尽量多带土，注意少伤侧根，主根较长的应剪去 1/3，以促进侧根生长。最好就近间苗移栽，随挖随栽，栽后及时浇水（图 2-9）。播种时采用密植的，可待春梢老熟后进行分床移植，通过分床可进一步把幼苗按长势和大小分级移栽，便于管理。移栽后的株行距为（12 ~ 15）厘米 × 15 厘米，每亩可移栽 11000 ~ 12000 株。小苗移栽时，栽植深度应保持在播种园的深度（小苗上有明显的泥土分界线），切忌太深。移栽后，苗床要保持湿润，1 个月后苗木已恢复生长，便可以开始施稀薄腐熟的人粪尿肥，每月施肥 2 次。

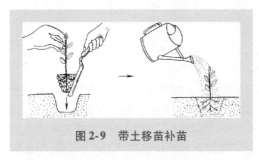

图 2-9　带土移苗补苗

④ 除草与施肥：幼苗出齐后，注意及时除草、松土、施肥和病虫害防治，保持土壤疏松和无杂草，以利于幼苗的健壮生长。以后要保持畦面湿润，注意盖好暴露的种核，做好松土和培土工作。当幼苗长出 3 ~ 4 片真叶时，应开始浇施 1∶10 的稀薄腐熟的人粪尿，每月 2 次。还可以在幼苗生长期，每月每亩改施 1 次尿素 15 千克、复合肥 10 ~ 15 千克，到 11 月下旬停止施肥，以免抽冬梢，直到第二年春季再施肥。还要及时防治危害新梢嫩叶和根部的害虫。

⑤ 除去萌蘖：及时除去砧木基部 5 ~ 10 厘米的萌蘖（图 2-10），保留一条壮而直的苗木主干，确保嫁接部位光滑，便于嫁接操作。

3. 嫁接苗的繁殖

（1）嫁接的含义及成活原理

1）嫁接的含义：将砂糖橘的一段枝或一个芽，移接到另一植株（枳）的枝干上，

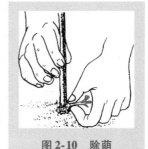

图 2-10　除萌

使接口愈合，长成一棵新的植株，这种技术称为"嫁接"。接在上部的不具有根系的部分（枝和芽）称为"接穗"，位于下面承受接穗的，具有根系的部分，称为"砧木"（图2-11）。用这种方法育成的苗木，叫作"嫁接苗"（彩图6）。

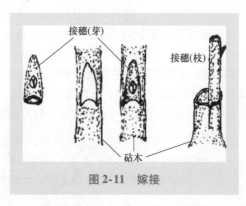

图2-11　嫁接

2）嫁接成活的原理：嫁接时，砧木和接穗削面的表面，由于愈伤激素的作用，使伤口周围的细胞生长和分裂，形成层细胞也加强活动，形成了愈伤组织，并不断增长，填满两者之间的空隙。愈伤组织细胞进一步分化，将砧木和接穗的形成层连接起来，并分化成联络形成层。联络形成层向内分化形成新的木质部，向外分化形成新的韧皮部，将两者木质部的导管与韧皮部的筛管沟通起来，这样才使输导组织真正连接畅通，接穗芽便能逐渐生长。愈伤组织外部的细胞分化成新的栓皮细胞，与两者栓皮细胞相连，如此便真正愈合成为一棵新植株。

（2）影响嫁接成活的因素

1）亲和力的大小：亲和力是指接穗和砧木经嫁接，能愈合，并能正常生长发育的能力。它反映在遗传特性、组织形态结构、生理生化代谢上，彼此相同或相近。砧穗的亲和性是决定嫁接成活的关键。亲和性越强，嫁接越容易成活；亲和性小，则不易成活。砧穗的亲和性常与树种的亲缘关系有关，一般亲缘越近，亲和性越强。因此，同品种或同种间进行嫁接的砧穗亲和性最好；同属异种间嫁接，砧穗亲和性较好；同科异属间嫁接，砧穗亲和性较差。但也有例外，如砂糖橘采用枳作为砧木，进行嫁接，二者属于同科异属，却亲和性良好。科间嫁接很少有亲和力。生产上通常用砧穗生长是否一致、嫁接部位愈合是否良好、植株生长是否正常来判断嫁接亲和力的强弱，但有时未选好砧木种类，常出现嫁接接合部分生长不协调的现象，如接合处肿大或接穗与砧木上下粗细不一致的异常情况（图2-12）。如果出现这种现象，可采用中间砧进行二重接加以克服（图2-13）。

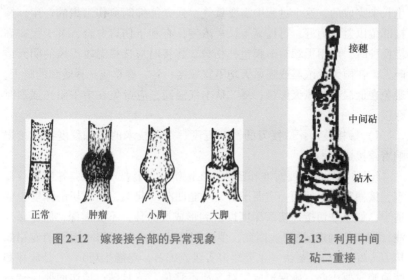

正常　　肿瘤　　小脚　　大脚

图2-12　嫁接接合部的异常现象　　　　图2-13　利用中间砧二重接

2）接穗和砧木贮藏养分的充足程度及生活力强弱：为确保嫁接的成活，要求接穗和砧木贮藏有充足的养分及较强的生活力，反之则成活率低。接穗和砧木贮藏养分多，木质化程度高，嫁接易成活。因此，嫁接时要求砧木生长健壮、茎粗0.8厘米以上且无严重的病虫害；同时在优良母株上选取生长健壮、充分老熟、芽体新鲜饱满的1年生枝作为接穗。在生产管理中，做到嫁接前加强砧木的水肥管理，让其积累更多的养分，达到一定粗度，并且选择生长健壮、营养充足、木质化程度高、芽体饱满的枝条作为接穗。

👉【注意】
　　在同一枝条上，应利用中上部位充实的芽或枝段进行嫁接。基部芽嫁接成活率低，不宜使用。

3）环境条件：影响嫁接成活的环境条件有温度、湿度、光照和空气等因素。嫁接口的愈合，需要一定的温度，愈伤组织形成的适宜温度为18～25℃，过高或过低都不利于愈合，故以春季3～4月或秋季9～11

月嫁接为好。在嫁接口表面保持一层水膜,对愈伤组织的形成有促进作用。因此,塑料薄膜包扎要紧,以保持一定的湿度,如果包扎不紧或过早除去包扎物,都会影响成活率。愈伤组织的形成是通过细胞的分裂和生长来完成的,这个过程中需要氧气;强光能抑制愈伤组织的产生,嫁接部位以避光为好,可提高生长素浓度,有利于伤口愈合,对于大树高接换种时,可用黑塑料薄膜包扎伤口。嫁接时应选择温暖无风的阴天或晴天,在雨天及浓雾或强风天均不宜嫁接;冬、春季应选择暖和的晴天,避免在低温和北风天嫁接;夏、秋季气温高,应避免在中午阳光强烈时嫁接。

4)嫁接技术:嫁接刀的锋利程度、嫁接技术的熟练程度都直接影响着嫁接成活率。

① 砧穗形成层要对准和密贴:在操作技术上要求:一是嫁接部位要直,接穗和砧木切面一定要平滑,不能凹凸或起毛,同时切削深度也要适当,如果是切接,切削深度以恰到形成层为佳,不要太深,但更忌太浅(即未切到形成层)。因此,要求刀要锋利(以刀刃一面平的专用嫁接刀为好)、动作要快(主要靠多实践或练习,熟能生巧)。二是放芽和缚薄膜时要小心,确保形成层对齐和不移位。三是砧、穗切面要保持清洁,不要有泥沙等杂质污染和阻隔,影响嫁接面的密贴。

② 接口要扎紧密封:穗砧密接后,对整个嫁接口和接穗,要用薄膜密封保护,包扎要紧,不能留有空隙。薄膜宜选用薄且韧的专用嫁接薄膜,以利于缚扎紧密,若嫁接口未包紧、不密封则影响成活率。操作时,放好接芽,先用薄膜带在砧木切面中部位置缚牢接芽,使之不移位,然后展开薄膜自下而上均匀做复瓦状缚扎嫁接接芽,至芽顶后(不能留空隙)将薄膜带呈细条状自上而下返回原位扎紧,使包扎薄膜扎紧密封,保持嫁接口湿润,防止削面风干或氧化变色,可提高嫁接成活率。

【提示】
　　在嫁接操作中,严格规范操作技术,真正实现嫁接操作的"直""平""快""齐""洁""紧"的要求,才能确保嫁接成活率。

(3)嫁接苗的培育

1)接穗的选择、采集、贮藏和运输:

① 接穗的选择：从砂糖橘母本园或采穗圃中采集，选择树冠外围中上部生长充实、芽体饱满的当年生或1年生发育枝作为接穗。绝不能选择细弱枝和徒长枝作为接穗。

② 接穗的采集和贮藏：春季嫁接用的接穗，可结合冬季修剪时采集，但采集的时间最迟不能晚于母株萌芽前2周。接穗采后，截去接穗两端保留中段（图2-14），剪去叶片，保留一段叶柄（0.5～1厘米长，见图2-15），将每100支捆成1捆，标明品种，用湿沙贮藏，以防止其失水而丧失生活力。沙藏时，选择含水量5%～10%的干净无杂质的河沙，以手握成团而无水滴出，松手后又能松散为好。将小捆接穗放入沙中，小捆间要用沙间隔，表面覆盖薄膜保湿。每7～10天检查1次，注意调整河沙湿度。接穗也可用石蜡液（80℃）快速蘸封，然后用塑料布包扎好，存放于冰箱中备用。

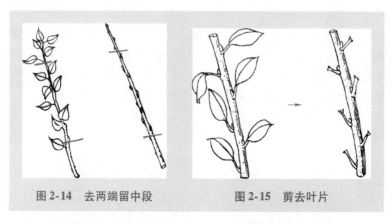

图2-14　去两端留中段　　　　图2-15　剪去叶片

在生长季节进行嫁接所用的接穗，可随采随接，接穗宜就近采集，一般在清晨或上午采集，成活率高。采集的接穗应立即剪去叶片（仅留叶柄）及生长不充实的梢端，减少水分蒸发。将下端插入水或湿沙中，贮放于阴凉处，喷水保湿，使枝条尽可能地保持新鲜健壮。需要防治病毒性病害的接穗可用1000单位盐酸四环素溶液或青霉素溶液浸2小时，然后用清水冲洗干净，最好于2天内完成嫁接；需要防治溃疡病的，则用硫酸链霉素750单位加1%的酒精浸泡半小时进行杀菌；有介壳虫、红蜘蛛等害虫的，则可用0.5%的洗衣粉溶液洗擦芽条，并用清水冲洗干净。如果接穗暂时不用，必须用湿布和苔藓保湿，量多时可将接穗基部码齐，每50～100条捆成1捆，挂上标签，注明品种、数量、采集地

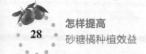
点及采集时间，采用以下几种方法贮藏。

A. 水藏：将其竖立在盛有清水（水深 5 厘米左右）的盆或桶中，放置于阴凉处，避免阳光照射，每天换水 1 次，并向接穗上喷水 1~2 次，接穗可保存 7 天左右。

B. 沙藏：在阴凉的室内地面上铺一层 25 厘米厚的湿沙，将接穗基部深埋在沙中 10~15 厘米，上面盖湿草帘或湿麻袋，并常喷水保持湿润，防止接穗失水干枯。

C. 窖藏：将接穗用湿沙埋在凉爽潮湿的窖里，可存放 15 天左右。

D. 井藏：将接穗装袋，用绳倒吊在深井的水面以上，注意不要入水，可存放 20 天左右。

E. 冷藏：将接穗捆成小捆，竖立在盛有清水的盆或桶中，或基部插于湿润沙中，置于冷库中存放，可贮存 30 天左右。若贮藏时间长，常用沙藏或冷藏方法保存。

③ 接穗的运输：调运外地的接穗，必须用湿布或湿麻袋包裹，应分清品种，定数成捆，捆内外再挂上同样的品种标签（图 2-16），放置在背阴处及时调运。也可用竹筐、有孔纸箱装载。容器底部可垫湿毛巾等保湿材料，表面覆盖薄膜，并注意防干燥、防损伤，夏季注意防热，冬季注意防冻。调运接穗途中要喷水保湿和通风换气，采用冷藏运输效果更好。

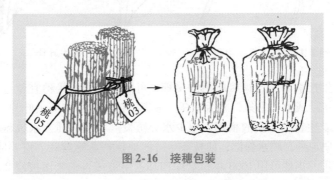

图 2-16 接穗包装

【提示】

对调进的接穗，要核对品种数目。解包后迅速吸水复壮，标明品种，贮存备用。

2）嫁接时期：春季3～4月嫁接；秋季9～11月嫁接。

① 生长期嫁接：芽接通常在生长期进行，多在夏、秋季实施。此时，当年播种的枳苗已达芽接的粗度，作为接穗的植株，当年生新梢上的芽也已发育，嫁接成活率高。

② 休眠期嫁接：枝接在休眠期进行，而以春季砧木树液开始流动、接穗尚未萌发时为好。

3）嫁接方法：

① 芽接法：即从接穗上取一芽（接芽），接于砧木上的方法。芽接法利用接穗最经济，愈合容易，接合牢固，易于成活，操作简便，容易掌握，工作效率高，可嫁接的时期长，未成活的便于补接。此法便于大量繁殖苗木，是生产上应用最广的一种嫁接方法。芽接有以下两种方法。

A. 嵌芽接法（图2-17）：手倒持接穗，用刀从芽上方向下削，削口长约2厘米，并深入木质部。再从芽下方斜切入0.6厘米长，取下带木质部的芽片备用。随即在砧木距地面10厘米左右处，选光滑面切一个与接芽形状相似的、稍长的切口，将接芽片大切面向里插入砧木切口，让砧木切口的上端露出一线皮层，以利于砧穗愈合。最后，用塑料薄膜条绑缚即可。

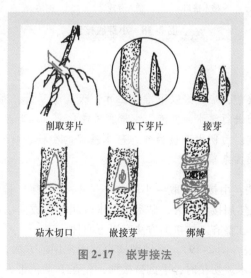

| 削取芽片 | 取下芽片 | 接芽 |

| 砧木切口 | 嵌接芽 | 绑缚 |

图2-17　嵌芽接法

B. 小芽腹接法（图2-18）：也称芽片腹接法。操作时，选用粗壮的、已木质化的枝条作为接穗，手倒持接穗，用刀从芽的下方1～1.5厘

米处，往芽的上端稍带木质削下芽片，并斜切去芽下尾尖，芽片长 2 ~ 3
厘米。随即在砧木距地面 10 厘米左右处，选光滑面，用刀向下削 3 ~
3.5 厘米的切口，切口不宜太深，稍带木质部即可，再横切去切口外皮
长度的 1/2 ~ 2/3。将芽片向下插入切口内，用塑料薄膜将结合部绑缚紧
密，仅露出接芽。

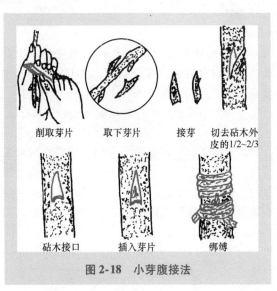

削取芽片　　　取下芽片　　　接芽　　切去砧木外
皮的1/2~2/3

砧木接口　　　插入芽片　　　绑缚

图 2-18　小芽腹接法

【提示】

　　芽接前，应做好以下准备工作：天气干旱时，芽接前 5 ~ 7 天
对砧木苗进行灌水，并渗入少量粪尿或化肥，同时要做好病虫害的
防治工作。为便于芽接操作，砧木基部的小枝、萌蘖应事先剪除，
并锄净周围杂草。

　　②枝接法：由接穗上取一小段枝（带 2 ~ 3 个芽）接于砧木上的方
法。枝接法虽然用接穗量大，砧木也要求较粗，但成活后的嫁接苗生长
较快，苗木健壮整齐。枝接的方法有以下两种。

　　A. 切接法（图 2-19）：是砂糖橘育苗中常用的方法，适用于直径 1
厘米左右的砧木。切接时，手倒持接穗，先在下端稍带木质部处削成具
有 1 ~ 2 个芽的、平直光滑、长 2 ~ 3 厘米的平斜削面，再在与顶芽相反
方向的下端，即在另一面削成 45 度的短削面，然后剪断。随即在砧木距

地面5~10厘米处剪砧，选其平滑一侧，在离剪口2~3毫米处，用刀由外向内斜向上削一刀，削去剪口平面的1/4~1/3。然后于削面稍带木质部处垂直向下切一长2~3厘米的切口，将削好的接穗长削面靠砧木多的一边插下。若砧木和接穗二者大小一致时可插在中间，插入时注意使砧穗的形成层至少有一侧要对齐。接穗的上端削面要露出1~2毫米，然后用长25~30厘米、宽1.5~2厘米的塑料薄膜条，将嫁接部位绑缚紧密即可。

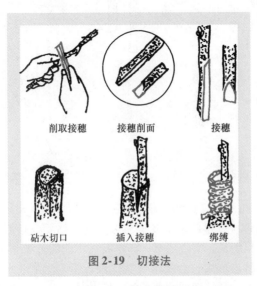

削取接穗　　　　接穗削面　　　　接穗

砧木切口　　　　插入接穗　　　　绑缚

图2-19　切接法

B. 劈接法（图2-20）：此嫁接法适用于较粗的砧木。嫁接时，先将砧木在离地面6~10厘米处锯断或剪断，将切面用刀削平，以利于愈合。从切面直径线上，用刀垂直下劈一个深约3厘米的劈口。对较粗的砧木，可以从断面1/3处直劈下去。劈口两面用刀削平。手倒持接穗，在其下端相对的两侧，同样削成长2~3厘米的斜面，留1~2个芽后剪断。将削好的接穗，插入砧木切口中，使一侧的形成层对准。较粗的砧木截面，可插1~2个接穗。接活后选生长健壮的接芽留下。接穗削面上端应高出砧木劈口0.1厘米左右，使之接合牢固，以便于愈合。然后用长25~30厘米、宽1.5~2厘米的塑料薄膜条，将嫁接部位绑扎紧密。

4）嫁接苗的管理：

① 检查成活与补接：秋季嫁接的，在第二年春季检查成活情况；而

春季嫁接的，在嫁接后 15 ~ 20 天检查成活情况。检查时，可见即将萌动的接芽呈绿色，新鲜有光泽，叶柄一触即落，即为成活（图 2-21）。如果发现接芽失绿而呈黄褐色，叶柄在芽上皱缩，即为嫁接失败，此时要将薄膜解除，及时进行补接。另外，采用普通农用薄膜包扎接芽的，接穗萌芽时应及时挑破芽眼处薄膜，注意不可伤到芽眼。

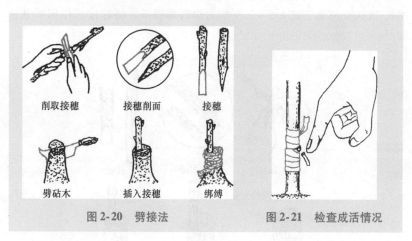

削取接穗　　　接穗削面　　　接穗

劈砧木　　　插入接穗　　　绑缚

图 2-20　劈接法　　　　图 2-21　检查成活情况

②解除薄膜，及时松绑：春季嫁接的接穗，待新梢长 25 ~ 30 厘米后，解除薄膜带。过早解绑，枝梢易老熟，易枯萎或折断；过迟解绑，又妨碍砧穗增粗生长。实践证明，解绑最迟不能超过秋梢萌发前，否则薄膜带嵌入砧穗皮层内，会使幼苗黄化或夭折。当第一次新梢老熟后，用利刀纵划一刀，薄膜带即全部松断。晚秋嫁接的，当年不能解绑，要待第二年春季萌芽前，先从嫁接口上方剪去砧木，然后划破薄膜带，促进接芽萌发。

③除芽和除萌蘖：嫁接成活后，如果接芽抽出 2 个芽以上，则要除去弱芽和歪芽，留下健壮的直立芽。砧木上不定芽（又称脚芽）抽发的萌蘖，要随时用小刀把它从基部削掉，以免萌蘖枝消耗养分，影响接芽的正常生长。在春季，每隔 7 ~ 10 天要削除 1 次。

④及时剪砧：采用腹接法嫁接的砂糖橘苗木，必须及时剪砧，否则会影响接穗的生长。剪砧分一次剪砧和二次剪砧（图 2-22）。一次剪砧者，可在接芽以上 0.5 厘米处，将砧木剪掉，并使剪口向接芽背面稍微倾斜，剪口要平滑，以利于剪口愈合和接芽萌发生长。二次剪砧者，第一次剪砧的时间是在接穗芽萌发后，在离接口上方 10 ~ 16 厘米处剪断砧

木，所保留的活桩可作为新梢扶直之用；待接芽抽生出 16 厘米左右长时，进行第二次剪砧，在接口处以 30 度角斜剪去全部砧桩。要求剪口光滑，不伤及接芽新梢，不能压裂砧木剪口。有的地区腹接采用折砧法，即在嫁接 3 ~ 7 天接芽成活后，在接口上方 3 ~ 7 厘米处，将砧木剪断 2/3 ~ 4/5，只留一些木质部的皮层连接，把砧木往一边折倒，以促进接芽萌发生长。待新梢老熟后进行第二次剪砧，剪去活桩。如果接芽萌发后一次性全部剪除砧木，则往往会因为过早剪砧，而使幼嫩的新梢被碰断，或导致接口开裂而使接穗死亡。

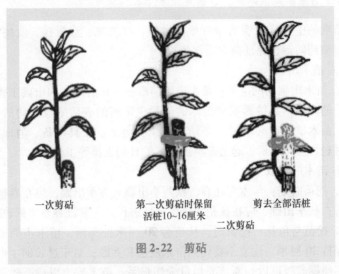

一次剪砧　　　第一次剪砧时保留　　剪去全部活桩
　　　　　　　活桩10~16厘米
　　　　　　　　二次剪砧

图 2-22　剪砧

⑤ 定干整形：可培养矮干多分枝的优良树形，其操作方法如下。

A. 摘心或短截：春梢老熟后，将过长的枝梢留 10 ~ 15 厘米长进行摘心，以促发夏梢。夏梢抽出后，只留顶端健壮的一条，其余摘除。夏梢老熟后，在 20 厘米处剪断，以促发分枝，若有花序也应及时摘除，以减少养分消耗，促发新芽。

B. 剪顶与整形：当摘心后的夏梢长至 10 ~ 25 厘米时，在立秋前 7 天剪顶，立秋后 7 天左右放秋梢。剪顶高度以离地面 50 厘米左右为宜，剪顶后有少量零星萌发的芽，要抹除 1 ~ 2 次，促使大量的芽萌发至 1 厘米长时，统一放梢。剪顶后，对剪口附近的 1 ~ 4 个节，每节留 1 个大小一致的幼芽，其余的摘除。选留的芽要分布均匀，以促使幼苗长成多分枝的植株。

⑥ 加强肥水管理和病虫害防治：要经常对苗圃进行中耕除草、疏松土壤，并做到合理灌水施肥，以促进苗木生长。为使嫁接苗生长健壮，可在 5 月下旬~6 月上旬，每亩追施硫酸铵 7.5~10 千克，追肥后浇水，苗木生长期及时中耕除草，保持土壤疏松、草净。

【提示】

   施肥时，坚持勤施薄施为原则，以腐熟的人粪尿肥为主，辅以化肥，特别是在 2~8 月，应每半个月施 1 次稀薄粪水，或加 0.5%~1% 的尿素溶液淋施，以满足苗木生长的需要。

苗期的主要病虫害有潜叶蛾、凤蝶、红蜘蛛、炭疽病、溃疡病等，要及时喷药防治，保证苗木正常生长。

5）苗木出圃：

① 苗木出圃前的准备：苗木出圃前准备工作的好坏和出圃工作中技术水平的高低，直接影响到苗木的质量、定植的成活率及幼树的生长。因此，苗木出圃前必须做好劳动力组织与分工、工具准备、消毒药品、包装材料、假植场所、起苗及调运苗木的日期安排等工作。

② 苗木的掘取：

A. 挖苗时期：苗木多在春、秋两季出圃。春季出圃，应在春梢萌发前进行；秋季出圃，应在秋梢停止生长后进行。一般以春季出圃较好。

B. 挖苗与包扎：挖苗时，从苗旁 20 厘米处深刨，苗木主侧根长度至少保持 20 厘米，注意不要伤到苗木皮层和芽眼；对于过长的主根和侧根，不便掘起时可以切断，要尽量少伤根系。苗木挖出以后，要用黄泥浆蘸根，外加塑料薄膜或稻草包裹，以便保湿（图 2-23）。

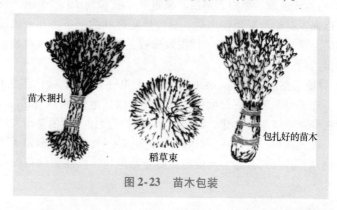

苗木捆扎　　稻草束　　包扎好的苗木

图 2-23　苗木包装

【注意】

　　挖出的苗木，应挂牌标明品种、来源、苗龄及砧木类型等。土壤过于干旱时，可在挖苗前 1～2 天灌 1 次水，待土壤稍干后再挖苗。挖苗时，要注意整畦或整区挖，以便空出土地另行安排。不合格的小苗，可集中进行栽植，继续培育。若发现有检疫性病虫的苗木，则要彻底烧毁，避免传播。

　　③ 苗木的分级与修剪：苗木挖出后，要尽快进行分级，以减少风吹日晒的时间。苗木分级标准可参照当地的要求，但基本要求是：干茎生长发育正常，组织充实，有一定高度和粗度；整形带内要有足够数量且充实饱满的芽，接合部要愈合良好；有发达的根系，包括根的条数、长度及粗度，均需达到一定标准；无检疫对象和严重的病虫害，无严重的机械损伤。

　　在苗木分级时，可结合苗木的修剪，剪去有病虫的、过长或畸形的主侧根。主根一般留 20 厘米长后短截（图 2-24）；受伤的粗根也应修剪平滑，以利于根系愈合和生长。地上部的枯枝、病虫枝、残桩、不充实的秋梢和砧木上的萌蘖等，应全部剪除。

图 2-24　修根

　　将分级后的各级苗木，分别按 20 株、50 株或 100 株绑成捆，以便统计、出售和运输。

　　④ 苗木检验：

　　A. 苗木径度：以卡尺测量嫁接口上方 2 厘米处主干直径的最大值。

　　B. 分枝数量：以嫁接口上方 25 厘米以上的主干上抽生的一级枝，且长度在 15 厘米以上的分枝。

　　C. 苗木高度：自土面量至苗木顶端。

　　D. 嫁接口高度：自土面量至嫁接口中央。

　　E. 干高：自土面量至第一个有效分枝处。

　　F. 砧穗结合部曲折度：用量角器测定接穗主干中轴线与砧木垂直延长线之间的夹角。

　　⑤ 苗木检验规则：包装苗木的检验，采用随机抽样法，即采用对角

交叉抽样法、十字交叉抽样法和多点交叉抽样法等，抽取有代表性的植株进行检验。

抽样数量为：1 万株以下（含 1 万株），抽样 60 株；1 万株以上，按 1 万株抽样 60 株计算，超出部分再按 2‰抽样，抽样数计算公式如下：

万株以上抽样数 = 60 + [（检验批苗木数量 − 10000）× 2‰]

一批苗木的抽样总数中，合格单株所占比例为该批次合格率，合格率≥95％则判定该批苗木合格。

⑥ 苗木的检疫与消毒：

A. 苗木检疫：苗木出圃时要做好检疫工作。苗木外运要通过检疫机关检疫，签发检疫证。育苗单位必须遵守有关检疫规定，对带有检疫对象的苗木严格施行苗木检疫制度，严禁出圃外运；对检疫性病虫害，要严格把关。一旦发现即应就地烧毁，这对于新发展区尤为重要。

B. 苗木消毒：苗木外运或贮藏前都应进行消毒处理，以免病虫害的扩散与传播。对带有一般性病虫害的苗木，可用 4 ~ 5 波美度的石硫合剂水溶液浸泡苗木 10 ~ 20 分钟，然后再用清水冲洗根部 1 次，以控制病虫害传播。

⑦ 苗木假植（图 2-25）：出圃后的苗木若不能定植或外运，应进行假植。假植苗木应选择地势平坦、背风阴凉、排水良好的地方，挖宽 1 米、深 60 厘米东西走向的定植沟，将苗木向北倾斜，摆一层苗木填一层混沙土，切忌整捆排放，培好土后浇透水，再培土。假植苗木均怕浸水、怕风干，应及时检查。

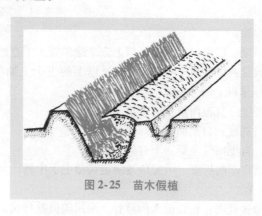

图 2-25　苗木假植

⑧ 苗木的包装与运输：掘起的苗木，要进行包装（图2-26），一般用的包装材料有集运箱、草包、蒲包、聚乙烯袋、涂沥青不透水的麻袋和纸袋等。包装时先将湿润物放在包装材料上，然后将苗木根对根放在上面，并在根间加些湿润物（如苔藓、湿稻草、湿麦秸等），或者将苗木的根部蘸满泥浆，最后将苗木卷成捆，用绳子捆住。小裸苗也用同样的办法即可。包装时一定要注意在外面附上标签，在标签上注明树种的苗龄、苗木数量、等级、苗圃名称等。短距离运输时，可将苗木散在筐篓中，在筐底放上一层湿润物，装满后在苗木上面再盖上一层湿润物即可。长距离运输时，裸根苗苗根一定要先蘸泥浆，再用湿苫布将苗木盖上。运输过程中，要经常检查包内的湿度和温度，以免不符合苗木运输要求。若包内温度高，则要将包打开，适当通风，并要换湿润物以免发热；若发现湿度不够，则要适当加水。另外，运苗时应选用速度快的运输工具，以便缩短运输时间。苗木调运途中严防日晒和雨淋，运到目的地后应立即检视，并尽快定植。有条件的还可用特制的冷藏车来运输。

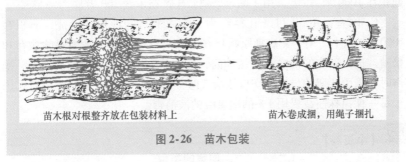

苗木根对根整齐放在包装材料上　　　　苗木卷成捆，用绳子捆扎

图2-26　苗木包装

（4）脱毒苗的繁育　砂糖橘的病毒类病害，是其生产过程中的潜在危险，因为种类多、分布广，尤其是黄龙病危害最严重，直接影响砂糖橘的产量和品质，难于防治，甚至造成大批砂糖橘园的毁灭。此外，还有衰退病、裂皮病、碎叶病等，这些病害已成为影响砂糖橘产业发展共同关注的重要问题。为此，推广无病毒苗木是砂糖橘产业一项基础性工作。

1）脱毒容器苗（彩图7）的特点：脱毒容器苗跟普通苗比较具有以下几大优点。

① 无病毒，不带检疫性病虫害。

② 具有健康发达的根系，须根多，生长速度快。

③ 高位嫁接，高位定干，树体高大乔化，耐寒，耐贫瘠，抗病虫害。

④ 可长年栽植，不受季节影响，没有缓苗期。

⑤ 高产，优质，寿命长，丰产期长。

2）基础设施：

① 苗圃的选择：苗圃的应选择地势平坦、交通便利、水源充足、通风和光照良好、远离病源、无环境污染的地方。要求苗圃周围 5000 米内无芸香科植物。采网室育苗时，1000 米内无芸香科植物，并用围墙或绿篱（彩图 8）与外界隔离。

② 育苗设施：

A. 脱毒实验室：用于提供脱毒苗，面积在 $400 \sim 500$ 米^2，门口设置缓冲间。

B. 玻璃温室：温室的光照、温度、湿度和土壤条件等，可人工调控，最好具备二氧化碳补偿设施，进出温室的门口要设置缓冲间。温室面积在 1000 米^2 以上，用于砧木繁殖，年产苗木约 100 万株。

C. 网室：用 50 目（孔径约为 300 微米）网纱构建而成，面积在 1000 米^2 以上。用于无病毒原始材料、无病毒母本园、采穗圃的保存和繁殖。进出网室的门口设置缓冲间，进入网室工作前，用肥皂洗手。操作时，人手要避免与植株伤口接触。网室内的工具要专用，修枝剪在用于每一棵植株前，要用 1% 的次氯酸钠液消毒。

【小资料】

网室的类型

1）网室无病毒引种圃：由华中农业大学提供无病毒品种原始材料，每个品种引进 3 株，种植在网室中。每个品种材料的无病毒后代在网室保存 $2 \sim 4$ 年，均采用枳作为砧木，每 2 年要检查 1 次黄龙病感染情况，每 5 年鉴定 1 次裂皮病和碎叶病的感染情况。发现受感染植株，应立即淘汰。

2）品种展示圃：从网室引种圃中采穗，每个品种按 1:5 比例繁殖 5 株，种植在大田品种展示圃中，并认真观察其园艺性状。植株连续 3 年显示其品种固有的园艺学性状后，开始用作母本树。

　　3）网室无病毒母本园：每个品种材料的无病毒母本树，在无病毒母本园内种植 2～6 株。每年 10～11 月，调查砂糖橘黄龙病发生情况；每隔 3 年应用指示植物或血清学技术（酶联免疫吸附检测法 ELISA），检测砂糖橘裂皮病和碎叶病感染情况；每年采果前，观察枝叶生长和果实形态，确定品种是否纯正。经过病害调查、检测和品种纯正性观察，淘汰不符合本规程要求的植株。

　　4）网室无病毒采穗圃：从网室无病毒母本园中采穗，用于扩大繁殖，建立网室采穗圃。可以采集接穗的时间，限于植株在采穗圃中种植后的 3 年内。

　　D. 育苗容器：有播种器和育苗桶两种。播种器是由高密度低压聚乙烯经加工注塑而成，长 67 厘米，宽 36 厘米，有 96 个种植穴，穴深 17 厘米；每个播种器可播 96 棵枳种子，能装营养土 8～10 千克，耐重压，防紫外线，耐高温和低温，耐冲击，可多次重复使用，使用寿命为 5～8 年。育苗桶由线性高压聚乙烯吹塑而成，桶高 38 厘米，桶口宽 12 厘米，桶底宽 10 厘米，呈梯形方柱；底部有 2 个排水孔，能承受 3～5 千克压力，使用寿命为 3～4 年；桶周围有凹凸槽，有利于苗木根系生长、排水和空气的渗透；每桶移栽 1 株砧木大苗。

　　3）容器育苗：

　　① 营养土的配制：营养土可就地取材，采用的配方为泥炭∶河沙∶谷壳 = 1.5∶1∶1（按体积计），长效肥和微量元素肥可在以后视苗木的生长需要而加入。泥炭用粉碎机粉碎，再过筛，其最大颗粒粒径控制在 0.3～0.5 厘米内；河沙若有杂物，则需过筛；栽种幼苗时，土中的谷壳需粉碎，移栽大苗则无须粉碎。配制时要充分拌匀，不能随意增加或减少各成分的用量，以免影响营养土的结构，不利于保肥、保水、透气和苗木根系生长。

【提示】

　　营养土的配制方法：用一个容积为 150 升的斗车，按泥炭、沙和谷壳的配方，把各种原料加到建筑用的搅拌机中搅拌，每次 5 分钟，使其充分混合。加入量可视搅拌机的大小而定，混合后堆积备用。

　　② 播种前的准备：将混匀的营养土，放入由 3 个各 200 升分隔组成

的消毒箱中，利用锅炉产生的蒸汽消毒。每个消毒箱内装有两层蒸汽消毒管；消毒管上，每隔 10 厘米打 1 个直径为 0.2 厘米的孔；管与管之间的蒸汽可以互相循环。每个消毒箱长 90 厘米，深 60 厘米，宽 50 厘米，离地面高 120 厘米。使锅炉蒸汽温度保持在 100℃ 大约 10 分钟，然后将消毒过的营养土，堆放在堆料房中，冷却后即可装入育苗容器。

③ 种子消毒：播种量是所需苗木数量的 1.2 倍，同时还需要考虑种子的饱满程度来决定播种量是否增加。播种前，要用 50℃ 的热水浸泡种子 5～10 分钟。捞起后，把它放入用漂白粉消毒过的清水中冷却，然后捞起晾干备用。

④ 播种方法：播种前，把温室、播种器与工具，用 3% 来苏儿或 1% 的漂白粉溶液消毒 1 次。将营养土装到播种容器中，边装边抖动，装满后搬到温室苗床架上，每平方米可放 4.5 个播种器。播种后覆盖 1～1.5 厘米厚的营养土，灌足水，以后可视温度高低决定灌水次数。

【提示】

    然后把种子有胚芽的一端植入土中，这样长出的砧木幼苗根弯曲的情况比较少，根系发达，分布均匀，生长快速。这是培养健壮幼苗的关键措施之一。

⑤ 砧木苗移栽：当播种苗长到 15～20 厘米高时，即可移栽。移栽前，要对幼苗充分灌水，然后把播种器放在地上，抓住两边抖动，直到营养土和播种器接触面松动，再抓住苗根颈部一提即起。把砧木苗下面的弯曲根剪掉，轻轻抖动后去掉根上营养土，并淘汰主干或主根弯曲苗、畸形苗和弱小苗。装苗之前，先在育苗桶装上 1/3 的营养土，把苗固定在育苗桶口的中央位置；再往桶内装土，边装边摇动，使土与根系充分接触，然后压实即可。注意主根不能弯曲，同时也不能种得过深或过浅，其位置比原来与土壤接触的位置深 2 厘米即可。然后灌足定根水，第二天施 0.15% 进口复合肥（氮：磷：钾 = 15：15：15）。采用以上方法移栽，成活率可达 100%，4～7 天即可发新梢。

⑥ 嫁接方法：当砧木直径达到 0.5 厘米时，即可嫁接。采用"T"字形芽接（图 2-27），嫁接口高度离土面高 23 厘米左右。用嫁接刀在砧木上比较光滑的一面，垂直向下划一条 2.5～3 厘米长的口子，深达木质部。然后在砧木水平方向上横切一刀，长约 1.5 厘米，并确定完全穿透

皮层。在接穗枝条上取 1 个单芽，插入切口皮层下，用长 20 ~ 25 厘米、宽 1.25 厘米的聚乙烯薄膜从切口底部包扎 4 ~ 5 圈，扎牢即可。每人每天可嫁接 1500 ~ 2000 株，成活率一般都在 95% 以上。为防止品种间、单株间的病毒感染，嫁接前对所有用具和手，用 0.5% 的漂白粉溶液消毒。嫁接后给每株挂上标签，标明砧木和接穗，以免混杂。

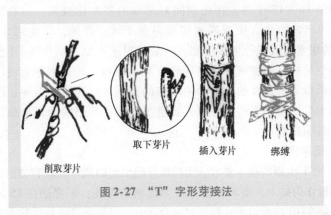

削取芽片　　取下芽片　　插入芽片　　绑缚

图 2-27　"T" 字形芽接法

⑦ 嫁接后的管理：

A. 解膜、剪砧、补接：在苗木嫁接 21 天后，用刀在接芽反面解膜。此时嫁接口砧穗结合部已愈合并开始生长，待解膜 3 ~ 5 天后，把砧木顶端接芽以上的枝干反向弯曲过来，把未成活的苗移到苗床另一头进行集中补接。接芽萌发抽梢，待顶芽自剪（自枯）成熟后，剪去上部弯曲砧木。剪口要平滑，并与芽生长相反方向呈 45 度倾斜，以免水分和病菌入侵。由于容器育苗生长快，嫁接后接芽愈合期间砧木萌芽多，应及时抹除。

图 2-28　立支柱

B. 立柱扶苗：容器嫁接苗嫩梢生长快，极易倒伏弯曲，需立柱扶苗（图 2-28），可用长 80 厘米、粗 1 厘米左右的竹片或竹竿作为立柱。第一次扶苗是在嫁接自剪后插柱，插柱位置应离苗木主干 2 厘米，使其不致伤根。立柱插好后，用塑料条带把苗和立柱捆成 "∞" 字形，不能把苗捆死在立柱上，以免苗木被擦伤或生长被抑制而不能长粗，造成凹痕等。应随苗

木生长高度而增加捆扎次数，一般应捆 3 ~ 4 次，使苗木直立向上生长而不弯曲。

C. 肥水管理和病虫害防治：小苗从播种后经 5 ~ 6 个月可长到 15 厘米以上，即可移栽。移栽后的砧木苗，只需 5 个月左右就可嫁接，嫁接后 6 个月左右即可出圃，也即从砧木种子播种开始算起，到苗木出圃只需 16 ~ 17 个月。在此期间对肥水的要求比较高，一般每周用 0.3% ~ 0.5% 的复合肥或尿素溶液淋苗 1 次；此外，可使用 0.2% ~ 0.4% 的尿素溶液进行根外追肥。一般情况下在幼苗期喷 3 ~ 4 次杀菌剂防治立枯病、脚腐病、炭疽病和流胶病即可，药剂有甲霜灵、乙磷铝、可杀得等。虫害的防治除用相应的药剂外，还可在温室、网室内安装黑光灯诱杀。要严格控制人员进出，执行严格的消毒措施，防止人为带进病虫源。

⑧ 苗木出圃：

A. 苗木出圃的基本要求：无检疫性病虫害的脱毒健壮容器苗，采用枳或枳橙作为砧木。要求嫁接部位离地面的高度：枳橙砧在 15 厘米以上，枳砧在 10 厘米以上；嫁接口愈合正常，已解除绑缚物，砧木残桩不外露，断面已愈合或在愈合过程中。主干粗直、光洁、高 40 厘米以上，具有至少 2 个以上非丛生状分枝，枝长达 15 厘米以上。枝叶健全，叶色浓绿，富有光泽，砧穗结合部的曲折度不大于 15 度。根系完整，主根长 15 厘米以上，侧根、细根发达，根颈部不扭曲。

B. 苗木分级：苗木分级，通常以苗木径粗、分枝数量、苗木高度作为分级依据。以枳作为砧木的砂糖橘嫁接苗，按其生长势的不同可分为一级和二级，其标准见表 2-3。

表 2-3　砂糖橘无病毒嫁接苗分级标准

砧　　木	级　　别	苗木径粗/厘米	分枝数量/条	苗木高度/厘米
枳	1	≥0.7	≥3	45
	2	≥0.6	≥2	35

以苗木径粗、分枝数量、苗木高度 3 项中最低一项的级别定为该苗级别，低于 2 级标准的苗木即为不合格苗木。

C. 苗木调运：连同完整容器（容器要求退回苗圃，以再次利用）调运。将苗木装在有分层设施的运输工具上，层间高度以不伤枝叶为准。调运途中严防日晒和雨淋，运达目的地后立即检视苗木，并尽快定植。

⑨ 苗木假植：营养篓假植苗是容器育苗的一种补充形式，具有栽植成活率高、幼树生长快、树冠早成形、早投产、便于管理、可周年上山定植等优点。

A. 营养篓的规格：采用苗竹、黄竹、小山竹和藤木等材料，编成高 30 厘米、上口直径为 28 厘米、下口直径为 25 厘米、格孔大小为 3～4 厘米的小竹篓（图 2-29）。

B. 营养土的配制：

方式一：以菜园土、水稻田表土、塘泥土和火土为基础，每方土中加入人粪尿或沼液 1～2 担（50～100 千克）、钙镁磷肥 1～2 千克、垃圾（过筛）150 千克、猪牛栏粪 50～100 千克、谷壳 15 千克或发酵木屑 25 千克，充分混合拌匀做堆。堆外用稀泥糊成密封状，堆沤 30～45 天，即可装篓（袋）栽苗。

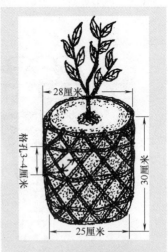

图 2-29　营养篓规格及苗木假植示意图

方式二：以菜园土、水稻田表土、塘泥土和火土为基础，每方土中加入饼肥 4～5 千克、复合肥 2～3 千克、石灰 1 千克、谷壳 15 千克或发酵木屑 25 千克，充分混合拌匀做堆。堆外用稀泥湖成密封状，堆沤 30～45 天，即可装篓（袋）栽苗。

方式三：按 50% 水稻田表土、40% 蘑菇渣、5% 火土灰、3% 鸡粪、1% 钙镁磷肥和 1% 复合肥的比例配制，待营养土稍干后，充分混合，耙碎拌匀做堆。堆外用稀泥糊成密封状，堆沤 30～45 天，即可装篓（筐）栽苗。

C. 苗木假植时间：砂糖橘苗木进入营养篓（袋）假植，最适宜时间为 10 月秋梢老熟后。此时气温开始下降，天气变得凉爽，蒸发量不大，但土温尚高，苗木栽后根系能得到良好愈合，并发出新根，有利于安全越冬。

D. 假植方法：苗木装篓假植前，先解除苗木嫁接口的薄膜带，将主侧根的伤口剪平，并适当剪短过长的根。假植时，营养篓内先装 1/3 ~ 1/2 的营养土，再把苗木放在篓的中央，将根系理顺，一边加营养土，一边将篓内营养土压紧。土填至嫁接口下即可。4 ~ 6 篓排成一排，整齐排成畦，畦的宽度为 120 厘米，畦与畦之间留 30 厘米以上的作业小道（图 2-30）。篓与篓之间的空隙用细土填满，用稻草或芦箕进行覆盖，以保温并防止杂草滋生。最后，浇足定根水。

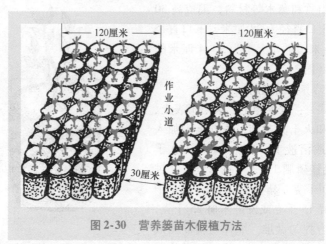

图 2-30 营养篓苗木假植方法

E. 假植苗的管理：采用营养篓假植苗木，应做好以下几项工作，以确保苗木的质量。

一是秋冬假植的苗木，注意搭棚遮盖防冻，霜冻天晚上遮盖，白天棚两头注意通风透气或不遮盖，开春后揭盖。

二是空气干燥的晴天，注意浇水，保持篓内土壤湿润，雨季则应注意挖沟排水。

三是苗木假植期，施肥做到勤施薄施。苗木生长期间，一般每隔 15 ~ 20 天浇施 1 次腐熟的稀薄人粪尿（或腐熟饼肥稀释液）或 0.3% 的尿素溶液加 0.5% 的复合肥混合液。秋梢生长老熟后则停止土壤施肥。若叶色欠绿，则可每月叶面喷施 1 次叶面肥，如叶霸、氨基酸、倍力钙等。

四是加强病虫害防治。砂糖橘幼苗一年多次抽梢（彩图 9），易遭受食叶性害虫，如金龟子、凤蝶、象鼻虫、潜叶蛾、红蜘蛛和炭疽病、溃疡病等病虫危害，要及时防治。

五是除萌蘖和摘除花蕾。主干距地面 20 厘米以下的萌蘖枝，要及时抹除，保证苗木的健壮生长。同时，要及时摘除花蕾，疏掉部分丛生弱枝，促发枝梢健壮生长。

砂糖橘无病毒苗木繁育流程如图 2-31 所示。

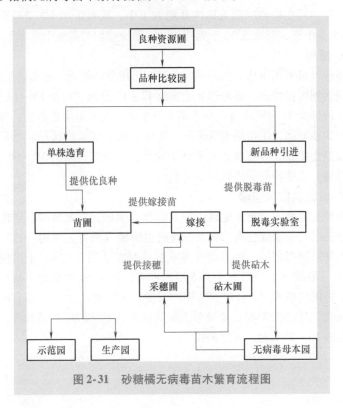

图 2-31　砂糖橘无病毒苗木繁育流程图

三、小拱棚育砧、秋季嫁接法操作规程

1. 选种

种子的采集、贮藏和催芽，可仿照芽苗嫁接法进行。

2. 整地做畦

苗圃地深翻后耙平、整细、起畦，在播种前撒施基肥，一般每亩地施入优质有机肥 2000～2500 千克、复合肥 30 千克、过磷酸钙 25～30 千克、草木灰 50 千克，深翻 30～50 厘米。根据需要筑垄或做畦，一般垄宽 60～70 厘米，畦高 15 厘米，并做成畦面宽 80 厘米，任意长，畦埂宽 40 厘米的苗床。畦间沟宽 25～30 厘米，畦面耙细，要整理成四周略高、中间平的状态。施基肥后整细，稍加镇压待播。为预防苗期立枯病、根腐病、蛴螬等，结合整地喷（撒）60%硫黄·敌磺钠可湿性粉剂。为防治地下害虫，也可使用辛硫磷药剂，每亩用2.5%辛硫磷粉剂2千克，拌细土30千克，拌匀后在播种时撒入田内并耙入土中。或每亩用5%辛硫磷颗粒剂1~1.5千克，与细土30千克拌匀，在播种前均匀撒施于苗床上。

3. 播种

播种时可采用稀播，进行单粒条播，不用分床移栽，砧木苗生长快，能较快达到嫁接要求。播种密度是株距12~15厘米、行距15~18厘米，每亩播种量为40~50千克，砧木苗2万多株。也可采用撒播法，即将种子均匀撒在畦面，用粗圆木棍滚压，使种子和土壤紧密接触，然后用火土灰或细土覆盖，厚度以看不见种子为度，每亩播种量为50~60千克。采用撒播方式播种的要进行间苗移栽。

4. 设置拱棚和盖膜

播种完成后，在寒冻地区，要及时建造拱棚，并盖薄膜。拱棚的建造方法：用竹条或绵槐条等树条，弯成拱形插入垄背，可用一竹竿纵向连接拱杆以增强结构，再用塑料薄膜覆盖即成（图2-32）。小拱棚宽度为100~120厘米，拱杆相距0.5厘米左右，拱高50厘米的拱形。盖棚后，要根据气温变化，及时调节棚内温度。棚内温度达30℃左右时，要及时通气；超过32℃时，要及时盖棚，防止日灼。5月上旬前后，平均气温达到16~18℃时，可以揭膜。

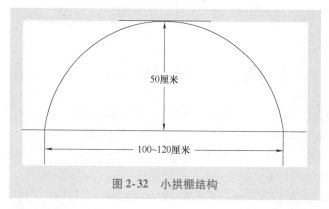

50厘米

100~120厘米

图2-32　小拱棚结构

5. 幼苗期管理

（1）揭去覆盖物　种子萌芽出土后，及时除去覆盖物。通常在种子拱土时揭去，当幼苗出土率达五六成时，即可揭去一半覆盖物；当幼苗长出八成时，可揭去全部覆盖物，以保证幼苗正常生长。

(2) 淋水　注意苗木土壤湿度的变化，若发现表土过干，影响种子发芽出土时，要适时喷水，使表土经常保持湿润状态，为幼苗出土创造良好条件。忌大水漫灌，以免表土板结，影响幼苗正常出土。

(3) 间苗移栽　当撒播幼苗长有 2~3 片真叶时，密度过大的应进行间苗移栽，间掉病苗、弱苗和畸形幼苗，对生长正常而又过密的幼苗进行移栽。移栽前 2~3 天要浇透水，挖苗时多带土，少伤侧根，主根较长的应剪去 1/3。分床移栽按株距 10~12 厘米、行距 18~20 厘米，每亩播种量为 45~55 千克，砧木苗 2 万~3 万株。苗床要保持湿润，1 个月后苗木已恢复生长，开始施稀薄人粪尿，每月施肥 2 次，其中一次可每亩施 20 千克复合肥。

(4) 除草与施肥　幼苗出齐后，注意及时除草、松土、施肥和防治病虫害，保持土壤疏松和无杂草，有利于幼苗的健壮生长。当幼苗长出 3~4 片真叶时，应开始浇施 1:10 的稀薄腐熟人粪尿，每月 2 次。还要及时防治危害新梢嫩叶和根部的害虫。

6. 幼苗嫁接

嫁接时，采用小芽腹接法，具体操作方法参见前文的介绍。

四、砂糖橘高接换种

高接换种就是在原有老品种的主枝或侧枝上，换接优良品种（新品种）的接穗，使原有品种得到更新的一种方法（彩图 10）。

1. 高接换种的意义

进行高接换种，由于充分利用了原有植株的强大根系和枝干，营养充足，能很快形成树冠，恢复树体，提早结果，因而对改造旧果园，更换良种园中混杂的劣株，实现良种区域化，提高产量和品质，加快良种选育等，都具有重要的意义。

2. 品种的选择

(1) 高接的品种　所换上的品种，是经过试验证明，比原有品种更丰产、品质更优良、抗逆性更强、并具有较高的市场竞争力的新品种；或是对一些新选、新育和新引种的优良株系的接穗，通过高接来扩大接穗来源；或是为了加快良种的选育，将其高接在已结果的成年树上，可缩短童期，提早进入结果，达到提前鉴定遗传性状的目的。

（2）被换接的品种　被换接的品种，一是品种已发生退化，品质变劣，经过高接换种，可以将劣质品种更换。二是需要进行结构调整的品种，以提高市场竞争力，以达到高产、优质、高效的栽培目的。三是长期不结果的实生树，经过高接换种，可达到提早结果，提早丰产的目的。四是树龄较长，已经进入衰老阶段，或是长期失管的砂糖橘树，树体衰弱，通过高接良种壮年树上的接穗，可达到更新树体、恢复树势和提高产量的目的。

3. 高接换种的时期

高接换种的时期，通常选择春、秋两季较为适合。春季为 2 月下旬 ~ 4 月；秋季为 8 月下旬 ~ 10 月。夏季，由于气温过高，在超过 24℃时，不适宜高接换种。因此，夏季即 5 月中旬 ~ 6 月中旬，不宜进行大范围的高接换种，只能进行少量的补接。

4. 高接换种的方法

高接换种的方法，可选择切接、芽接和腹接。如果被接树枝较粗大时，也可选用劈接法。嫁接方法，除砧木部位不同外，与苗圃嫁接方法相同。

（1）春季高接换种方法　春季进行高接换种，可采用切接、劈接和腹接。即在树枝上部，可选用切接法，并保留 1/4 ~ 1/3 量辅养枝，以制造一定的养分，供给接穗及树体的生长；在树枝中部，砧木较粗大时，可采用劈接法，在砧桩切面上的切口中，可接 1 ~ 2 个接穗；在树枝的中下部，可采用腹接法。

（2）秋季高接换种方法　秋季可采用芽接和腹接，以芽接为主，腹接为辅。

（3）夏季高接换种方法　夏季可采用腹接和芽接，以腹接为主，芽接为辅。

5. 高接换种的部位

一般幼树可在一级主枝上 15 ~ 25 厘米处，采用切接或劈接，接 3 ~ 6 枝；较大的树，在主干分枝点以上 1 米左右处，选择直立、斜生的健壮主枝或粗侧枝，采用切接或劈接时，在离分枝点 15 ~ 20 厘米处锯断，进行嫁接。一般接 10 ~ 20 枝，具体嫁接数量，可根据树冠大小及需要而定。如果采用芽接和腹接，则不必回缩，只要选择分布均匀，直径 3 厘米以下的侧枝中、下部，进行高接。高接时，直立枝接在外侧，斜生枝接在两侧，水平枝接在上方。

6. 高接换种后的管理

高接换种后，认真做好管理工作，是高接换种成败的关键。

(1) 伤口消毒包膜，防止病菌入侵 高接换种时，采用芽接和腹接作业者，接后，立即用塑料薄膜包扎伤口，要求包扎紧密，防止伤口失水干燥，影响成活。对于高接树枝较粗者，通常采用切接和劈接法进行作业，要求用75%的酒精进行伤口消毒，涂上树脂净或防腐剂（如油漆、石硫合剂等）进行防腐，然后包扎塑料薄膜，进行保湿。对于主干和主枝，可用2%~3%的石灰水（加少许食盐，增加黏着性）刷白，以防日灼和雨水、病菌侵入。

(2) 检查成活，及时补接 高接后，10天左右检查成活情况，凡接穗失去绿色，表明未接活，应立即补接。

(3) 解膜、剪砧

1) 春季高接树的解膜与剪砧：春季采用切接、劈接和腹接作业者，待伤口完全愈合后，若接穗保持绿色，便及时解除薄膜，切忌过早除去包扎物，以免影响枝芽成活。

2) 夏季高接树的解膜与剪砧：夏季采用腹接和芽接作业者，待伤口完全愈合后，若接芽保持绿色者，便及时解除薄膜，露出芽眼，及时剪砧。剪砧分2次，第一次剪砧在接穗芽萌发后，在离接口上方15~20厘米处剪断，保留的活桩可作为新梢扶直之用。待新梢停止生长时，进行第二次剪砧，在接口处以30度角斜剪去全部砧桩，要求剪口光滑，不伤及接芽新梢，伤口涂接蜡或沥青保护，以利于愈合。

3) 秋季高接树的解膜与剪砧：秋季采用芽接和腹接作业者，应在第二年立春后解除薄膜，露出芽眼，并进行剪砧，防止接穗越冬时受冻死亡。

(4) 及时除萌，促进接芽生长 高接后，砧桩上常抽发大量萌蘖。对砧木上的所有萌蘖要及时除去，一般5~7天抹除萌蘖1次，以免影响接芽生长。

(5) 适时摘心整形，设立支柱护苗 高接后，当接芽抽梢20~25厘米长时，应摘心整形。以后再次抽发的第二次梢和第三次梢，均应留20~25厘米长时摘心，以培养紧凑树冠。接穗新梢枝粗叶大，应设立支柱，加以保护，以防机械损伤和风吹折断。

(6) 加强病虫害防治 接穗新梢生长期，要加强病虫害防治，尤其要防治好凤蝶、潜叶蛾、蚜虫、卷叶蛾和红蜘蛛等害虫，保护新梢叶片，促使接穗新梢生长健壮。

第三章
建设高标准砂糖橘园是提高效益的基础

第一节　选好园址

一、选址的误区和存在的问题

在选择砂糖橘园址时，往往会盲目地认为：只要气候条件适宜，至于栽培砂糖橘的位置、土壤条件和地势，就没有那么重要了。因此，在有些不适宜栽培砂糖橘的地区及地块也盲目建设砂糖橘园，终因违背砂糖橘生长发育对环境条件的要求而失败，造成经济损失。

砂糖橘同其他果树一样，与环境是一个矛盾的统一体，两者相辅相成，相互制约。环境影响着砂糖橘的生长、发育和分布，同样砂糖橘也影响它的环境条件。砂糖橘对生长环境的影响，诸如空气、土壤和气候等，都有不同于其他树种的特点。

砂糖橘栽植地选择不当，其不良影响将累积，等到树已经长大了，才发现栽植地点与环境不适宜，但为时已晚。更换树种或园址又会劳民伤财，造成经济损失。因此，栽培地的气候、土壤和水源等环境条件，直接影响砂糖橘的生长发育和经济效益。要正确选择园地，就要从气候、土壤和水源等条件入手，做出科学的论证。建园时，园地的规划、品种的选择、栽植密度与栽培技术等，都非常重要。

二、高标准砂糖橘园的环境条件

1. 空气环境条件

随着社会经济的高速发展和城市化进程的加快，砂糖橘等果树因污染而受害的问题逐渐显露出来。

（1）污染空气的有害物质　造成空气污染的主要有害物质如下。

1）二氧化硫（SO_2）：它是燃烧含硫的煤、石油时产生的气体。

2）氟化物：主要来自磷肥、冶金、塑料、砖瓦等生产工厂及以煤为主要能源的工厂排放的废气。

3）氮氧化物（NO_x）：它是各种含氮氧化物衍生物的总称，主要包括一氧化氮、二氧化氮等，其主要来自汽车、锅炉排放的气体。

4）氯气：主要来自生产农药、漂白粉、塑料、合成纤维等工厂排放的废气。

5）粉尘、烟尘：主要来自以煤炭为主要能源的工厂排放的粉尘、烟尘等。

以上这些大气污染物达到危害浓度时，会破坏植物细胞结构，阻碍水分和养分的吸收（如氯气）；破坏叶绿素，影响树体的光合作用，甚至造成叶片黄化、白化、变红、坏死，花、叶片和果实脱落（如二氧化硫、二氧化氮）；粉尘、烟尘降落到树体的叶片上，影响树体正常的光合作用、蒸腾作用和呼吸作用等，花期时受污染，会影响授粉和坐果。所以，大气污染物直接影响树体的正常生长发育，并且污染物会在树体内外积累，人们食用被污染的果实后会引起急、慢性中毒，影响身体健康，导致疾病的发生和加重。

（2）空气质量安全标准　进行绿色食品和有机食品生产，空气环境必须符合 NY/T391—2013《绿色食品　产地环境质量》中的规定（表3-1）。

表3-1　空气质量要求（标准状态）

项　目	指　标		检测方法标准
	日平均[①]	1小时[②]	
总悬浮颗粒物/（毫克/米³）	≤0.30	—	GB/T 15432
二氧化硫/（毫克/米³）	≤0.15	≤0.5	HJ 482
二氧化氮/（毫克/米³）	≤0.08	≤0.20	HJ 479
氟化物/（微克/米³）	≤7	≤20	HJ 480

① 日平均指任何一日的平均指标。

② 1小时指任何一小时的指标。

2. 气候环境条件

（1）温度　砂糖橘系亚热带常绿果树，对低温十分敏感，温度是限制砂糖橘分布和种植的主要因子。适宜砂糖橘生长的气温是：年平均气温15~22℃，生长期间大于或等于10℃的年活动积温为4500~8000℃。砂糖橘树体生长最适气温为23~29℃。生理活动的有效温度为12.8~

37℃，低于12.8℃或高于37℃都会使生理活动处于抑制状态而停止生长；根系生长要求的土温和地上部相似，但其生理活动的最适宜土温为17~26℃。1月平均温度不低于8℃，冬季低温不低于-5℃才能安全越冬。

夏季高温，影响砂糖橘的生长发育。当气温上升到35℃时，其光合作用就降低50%。温度过高，在水分缺乏时，易造成树体落叶，果实发生日灼。砂糖橘在花期和幼果期，遇到高温，尤其是35℃以上的持续高温，加上天气干旱，会加剧花果的脱落，出现异常的落花落果现象。生产上应采取树盘覆盖，并结合灌溉，防止高温干旱造成落果，对保果意义重大。昼夜温差大，有利于砂糖橘品质的提高。

（2）光照 光照是砂糖橘叶片进行光合作用、制造有机养料不可缺少的条件。光照充足，有利于叶片的光合作用，形成的光合产物多，树势强健，花芽分化好，结果多，产量高，果实色泽鲜艳，而且含糖量高，果实品质优良。光照不足，树体营养差，不利于花芽分化，易滋生病虫害，果实着色差、产量低、品质下降。砂糖橘耐阴性较强，要求适度的光照，尤其是漫射光。光照过弱，对其生长发育不利。但光照过强，易形成日灼果，甚至伤害到树枝与树干。砂糖橘要求年光照时间在1600小时左右。

（3）水分 一般砂糖橘枝、叶的含水量为50%左右，果实为85%以上，茎尖和根尖的含水量可高达80%~90%。当水分不足时，生长停滞，枯萎，卷叶、落叶与落花落果，产量下降，并影响到果实品质。当土壤水分过多时，土壤中氧含量下降，根系进行无氧呼吸，引起根系毒害，形成黑根烂根现象，根系生长缓慢，甚至停止生长，也会引起落叶落果。年降水量为1200~2000毫米的地区，有利于砂糖橘的生长。在雨量不足或分布不均的地区，要有水源和灌溉设施。

空气湿度对砂糖橘的生长也有很大的影响。比如空气过于干燥或湿度过低，都不利于砂糖橘的生长结果，造成落花落果严重。空气湿度在80%左右时，有利于砂糖橘的生长。在雨水充足的地区或多雾地区栽种砂糖橘，由于空气湿度较高，生产的果品表现为果形大而均匀，果皮薄而光滑，色泽鲜艳，果汁多，风味佳，落果少，产量高而且稳定。

砂糖橘园应保持适量的土壤水分，通常要求土壤田间持水量保持在60%~80%，这对于枝叶生长、果实发育、花芽分化及产量提高，都极为有利。

（4）风 微风能促进空气流动，调节树叶周围的二氧化碳与氧气的浓度比，加强光合作用的进行，有利于风媒传粉，提高产量，减少病虫危害，并可改善生态环境条件，因而对砂糖橘生长有利。但是，强风轻则吹落花果，折枝碎叶，影响植株的正常生长，若风速大于每秒 10 米，则常使枝干折断，果实脱落，甚至拔树毁园。早春及春夏之交，大风，尤其是狂风暴雨，会对砂糖橘造成很大的危害。若伴随冰雹发生，则受灾更重。此外，冬季大风常伴随着低温寒冷，低于 -3℃ 的低温易出现冻害。因此，在有风害时，必须营造防风林带。

3. 土壤环境条件

砂糖橘园地的土壤环境，如通透性、酸碱度、含盐量和农药积累等各种情况，对根系的生长发育及机能的发挥，有直接或间接的作用，从而对砂糖橘的生长发育也有明显的影响。

砂糖橘适应性强，对土壤要求不严，红壤、紫色土、冲积土等均能适应，但以土层深厚、肥沃、疏松、排水通气性好、pH 为 6～6.5（微酸性）且保水保肥性能好的壤土和砂壤土为佳。红壤和紫色土通过土壤改良，也适合种植砂糖橘。

土壤若被污染，土质变坏、板结，砂糖橘就会生长不良，果实中的有害物质就会超标。在进入规范的国内外市场时，会遭遇"绿色壁垒"。因此，砂糖橘园必须选择在未受污染的土地。在进行砂糖橘绿色食品和有机食品生产时，土壤中重金属污染物的含量必须符合 NY/T391—2013《绿色食品 产地环境质量》中的规定（表3-2）。

表3-2 土壤质量要求

| 项 目 | 不同土壤 pH（旱地） | | | 检测方法标准 |
	<6.5	6.5～7.5	>7.5	NY/T 1377
总镉/（毫克/千克）	≤0.3	≤0.3	≤0.4	GB/T 17141
总汞/（毫克/千克）	≤0.25	≤0.3	≤0.35	GB/T 22105.1
总砷/（毫克/千克）	≤25	≤20	≤20	GB/T 22105.2
总铅/（毫克/千克）	≤50	≤50	≤50	GB/T 17141
总铬/（毫克/千克）	≤120	≤120	≤120	HJ 491
总铜/（毫克/千克）	≤50	≤60	≤60	GB/T 17138

注：果园土壤中铜限量值为旱田中铜限量值的 2 倍。

4. 水源条件

砂糖橘枝叶中的水分含量占总重的 50%~75%，根中的水分占 60%~85%，果肉中的水分占 85%。当水分不足时，生长停滞，从而引起枯萎、卷叶、落叶、落花、落果，降低产量和品质。因此，建立砂糖橘园，特别是大型砂糖橘园，应选择近水源或可引水灌溉的地方。当水分过多时，土壤积水，土壤中含氧量降低，根系生长缓慢或停止，也会产生落叶落果及根部危害。尤其是低洼地，地下水位较高，若逢降水多的年份，易造成砂糖橘园积水，常常产生硫化氢等有毒害的物质，使砂糖橘根系受毒害而死亡。同时，地势低洼，通风不良，易造成冷空气沉积，砂糖橘开花期易受晚霜危害，影响产量。因此，在低洼地不宜建立砂糖橘园。

5. 园地位置

在丘陵山地建园，以选择坡度在 25 度以下的缓坡地为宜。缓坡地建园具有光照充足，土层深厚，排水良好，建园投资少，管理便利等优点；在平地或水田建园，必须深沟高畦种植，以利于排水。平地建园具有管理方便，水源充足，树体根系发达，产量高等优点。但果园通风、光照及雨季排水往往不如山地果园。特别要考虑园地的地下水位，以防止果园积水。通常要求园地地下水位在 1 米以上。另外，园地的选择，还要考虑交通因素。因为果园一旦建立，就少不了大量生产资料的运入和大量果品的运出，没有相应的交通条件是不行的。

第二节　园地规划

一、园地规划的误区与存在的问题

目前，砂糖橘园经营者都是在承包的土地、荒山上新建的，按每一农户的占有量计算，规模一般不大，但栽种的连片面积达上百公顷，甚至上千公顷者，在集中产区到处可见。由于受小生产观念的束缚和缺乏统一的规划，这些砂糖橘园中真正按规范化要求进行园地规划者，并不多见。随着栽培技术的发展，园区功能不全、不便操作和管理的弊端逐渐显现，影响了效益的进一步提高。

砂糖橘的生命周期长，为了获取最大而稳定的效益，必须要有一套适应现代化管理的配套生产服务设施。新建砂糖橘园，尤其是大型砂糖橘园，在建园之初就应先行规划；对老砂糖橘园，也应根据生产需要，亡羊补牢，逐步补缺。

二、园地规划的方法

园址选定后，应根据建园要求与当地自然条件，本着充分利用土地、光能、空间和便于经营管理的原则，进行全面的规划。规划的具体内容包括：作业小区的划分、道路设置、水土保持工程的设计、排灌系统的设置，以及辅助建筑物的安排等。

1. 作业小区的划分

根据地形、地势和土壤条件，为便于耕作管理，将果园划分成不等或相等面积的作业小区。果园小区的面积大小，取决于果园规模、地形及地貌。同一小区，要求土壤类型、地势等尽量保持一致。小区的划分，应以便于管理、有利于水土保持和便于运输为原则。一般不要跨越分水岭，更不要横跨凹地、冲刷沟和排水沟。小区面积不宜过大或过小，过大管理不便，过小浪费土地。通常，小区面积大则 1 ~ 2 公顷（15 ~ 30 亩），小则 0.6 ~ 1 公顷（9 ~ 15 亩）。在丘陵山地建园，地面崎岖不平，小区面积甚至可小于 0.4 公顷（6 亩）。

2. 道路的设置

因地制宜地规划好园路系统，可方便田间作业，减轻劳动强度，降低生产成本。道路的设置应根据果园面积的大小，规划成由主干道、支道和田间作业道组成的道路网。

（1）主干道　主干道一般要求路宽 5 ~ 7 米，能通行货车，是果品、肥料和农药等物资的主要运输道路。山地果园的主干道，可以环山而上，或呈"之"字形延伸（图 3-1），路边要修排水沟，以减少雨水对路面的冲刷。

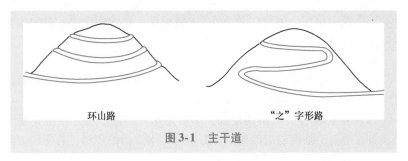

环山路　　　　　　　　　　"之"字形路

图 3-1　主干道

（2）**支道** 支道可与小区规划结合设置，作为小区的分界线。支道应与主干道相连，要求路宽 3 ~ 4 米。山地建园，支道可沿坡修筑，但应具有 0.3% 的坡度，不能沿等高线修筑。

（3）**田间作业道** 为方便管理和田间作业，园内还应设田间作业道，要求路面宽 1 ~ 2 米。小区内应沿水平横向及上下坡纵向，每距离 50 ~ 60 米设置一条小路。

3. 水土保持工程的设计

在山地建立砂糖橘园，必须规划和兴建水土保持工程，以减少水土流失，为砂糖橘的生长发育奠定良好的基础。

（1）**营造涵养林** 在果园最高处山顶，保留植被，作为涵养林。这就是通常所说的"山顶戴帽"。涵养林具有涵养水源、保持水土、降低风速、增加空气湿度、调节小气候等作用。一般坡度在 15 度以上的山地要求留涵养林。涵养林范围应占坡长的 1/5 ~ 1/3。

（2）**修筑等高截洪沟** 坡度在 15 度以上的山地，应在涵养林下方挖宽、深各 1 米的等高环山截洪沟。挖截洪沟时，要将挖起的土堆在沟的下方，做成小堤。截洪沟每隔 10 ~ 20 米留一土埂，土埂比沟面高 20 ~ 30 厘米，以拦截并分段储蓄山顶径流，防止山洪冲刷橘园。截洪沟与总排水沟相接处，应用石块砌一堤埂或种植草皮，以防止冲刷。

（3）**修筑等高梯田** 等高梯田是将陡坡变成带状平地，使种植面的坡度消失，可以防止雨水侵蚀冲刷，起到保水、保肥、保土作用。目前江西省赣南地区盛行修筑的是反坡梯田，即在同一等高水平线上，把梯田面修成内低外高，里外高差 20 厘米左右，形成一个倾斜面（彩图 11）。

（4）**挖竹节沟** 在梯壁脚下挖掘背沟，沟宽 30 厘米，深 20 ~ 30 厘米，每隔 10 ~ 15 米在沟底挖 1 个宽 30 厘米、深 10 ~ 20 厘米的沉沙坑，并在下方筑一小坝，形成"竹节沟"，使地表水顺内沟流失，避免大雨时雨水冲刷梯壁而崩塌垮壁。

4. 排灌系统的设置

规划排灌系统的总原则：以蓄为主，蓄排兼顾，降水能蓄，旱时能灌，洪水能排，水不流失，土不下山。

（1）**蓄水和引水** 山地建园，多利用水库、塘、坝来拦截地面径流，蓄水灌溉。临河的山地果园，需制订引水上山的规划；若距河流较远，则宜利用地下水（挖井）为灌溉水源。

（2）**等高截洪沟**　在涵养林下方挖 1 条宽、深各 1 米的等高环山截洪沟，拦截山水，将径流山水截入蓄水池。下大雨时，要将池满后的余水排走，保护园地免冲刷。

（3）**排（蓄）水沟**　纵向与横向排（蓄）水沟要结合设置。纵向（主）排水沟，即利用主干道和支道两侧所挖的排水沟（深、宽各 50 厘米），将等高截洪沟和部分小区排水沟中蓄纳不了的水，排到山下。横向排水沟，如梯田内侧的"竹节沟"，可使水流分段注入主排水沟，减弱径流冲刷。

（4）**引灌设施**

1）修筑山塘或挖深水井：水源丰富的地方，可修筑山塘或挖深水井，用于引水灌溉。

2）修筑大型蓄水池：在果园最高处，也可在等高截洪沟排水口处，修建大型蓄水池，容量为 100 米^3，并且安装管道，使水通往小区，便于浇灌。

3）简易蓄水池：每个小区内，要利用有利地势，修建 1 个 20～30 米^3 的简易蓄水池，以便在雨季用于蓄水，旱季用于浇灌。

5. 辅助建筑物的安排

辅助建筑物包括管理用房，药械、果品、农用机具等的贮藏库。管理用房，即场部（办公室、住房）是果园组织生产和管理人员生活的中心。小型果园场部应安排在交通方便、位置比较靠近中心、地势较高而又距水源不远或提水、引水方便的地方；大型果园场部应设在果园干道附近，与果园相隔一定距离，防止非生产人员进入果园时将危险性病虫带进果园。果品仓库应设在交通方便，地势较高、干燥的地方；储藏保鲜库和包装厂应设在阴凉通风处。此外，包装场和配药池等，建在作业区的中心部位较合适，以利于果品采收集散和便于药液运输。粪池和沤肥坑，应设置在各区的路边，以便于运送肥料。一般每 0.6～0.8 公顷（9～12 亩）的砂糖橘园，应设一处水池、粪池或沤肥池（彩图 12），以便于小区施肥、喷药。

第三节　深翻整地

一、深翻整地的误区与存在的问题

土壤是砂糖橘生长结果的基础，也是实现高产高效的基础。然而，由于诸多的因素，在现有的砂糖橘园中未经过深翻整地者占有相当大的比例。究其原因，有认识上的误区，如认为砂糖橘根系浅，不深翻也能生长结果；也有经济方面的原因，如深翻整地需加大投入，这对财力不足又无资金来源的生产经营者来说，是心有余而力不足；也有规定方面的原因，如土地承包期短，投入多了等于给他人做嫁衣，因而不想深翻；还有的山坡较陡，深翻整地难度较大，单户难以操作，只得望而却步。但从未深翻整地的砂糖橘园，土壤出现的问题是显而易见的：一是由于雨水冲刷和地面径流，使土壤和养分流失；二是土层浅薄，根系外露，生长受阻，极易发生旱害、冻害和风害，使砂糖橘生长结果受到很大的不利影响。

在许多山区，农民有"土如珍珠水如油，囤土蓄水保丰收"的谚语。这是山区农民世世代代耕作中对深翻整地重要性认识的写照。砂糖橘生长结果需要土层深厚、有机质丰富的壤土、砂壤土，只有通过深翻整地，增施有机肥，改良土壤，为砂糖橘生长结果创造良好的根际环境，才是提高砂糖橘种植效益的重要措施。

二、深翻整地的方法

深翻整地，要根据地势、坡度、地质、耕作习惯和水土保持情况来确定，一般分为全面整地、梯田整地和块状整地 3 种。

1. 全面整地

（1）平地砂糖橘园的整地 平地包括旱田、平缓旱地、疏林地及荒地。

1）规模在 10 公顷以上的果园：可采用重型拖拉机进行深犁（30 厘米），重耙 2 次后，与坡度垂直方向定线开行和定坑，根据果树树种来确定行株距。如坡度在 5~10 度可按等高线定行。按同坡向 1 公顷或 2~3公顷为 1 个小区，小区间设 1 米宽的小道（或小工道），4 个以上的小区间设 3 米宽的作业道与支道相连。果园内设等高防洪、排水、蓄水沟；防洪沟设于果园上方，宽 100 厘米、深 60 厘米；排水和蓄水沟宽 60 厘米、深 30 厘米。

2）规模在 10 公顷以下的小果园：由于设在平地或平缓地，应精心开垦和进行集约化栽培与管理。开垦中尽量采用重型拖拉机深耕重耙2 次，然后根据地形地势和果树树种按等高或直线确定行株距。坡度在5~10 度，可采用水平梯田式开垦，根据果树树种来确定行株距；坡度在 5 度以下，地形完整的经犁耙可按直线开种植畦，畦开浅排水沟，沟宽 50 厘米、深 20 厘米，种植坑直径 1 米、深 0.8～1 米。若在旱田或地下水位高的旱地建园，必须采用深沟高畦，以利于排水和果树根系的正常生长。

（2）丘陵砂糖橘园的整地　海拔在 400 米以下，坡度在 20 度以内的丘陵地建果园较为适宜。

1）规模在 10 公顷以上的果园：可根据海拔、坡面大小、坡度大小的不同，采取以下方法建园。

①海拔在 200 米以下、坡度为 10～15 度、坡地面积在 5 公顷以上的丘陵地，可采取 45 马力（1 马力≈735 瓦）履带式或中型集挖土和推地于一体的多功能拖拉机，先按行距等高定点线推成 2～3 米宽的水平梯带（彩图 13），而后再按株距定点挖种植坑（1 米见方）。

②海拔为 200～400 米、坡度为 15～20 度、坡地面积在 5 公顷以下的丘陵地，先按行距等高定点线挖、推成 1～1.5 米宽的水平梯带，再按株距定点挖成 0.6 米×0.6 米×0.6 米的种植坑。

2）规模在 10 公顷以下的果园：可根据海拔、坡度，以坡面大小进行等高定行距，先开成水平梯带，然后按株距挖坑；或者根据行距等高线定株距挖坑，种植后力求在 2 年内，结合扩坑压施绿肥、作物秸秆、有机肥改土时逐次修成水平梯带，方便今后作业、水土保持和抗旱。开垦和挖坑应在回坑、施基肥前 2 个月完成，使种植坑壁得到较长时间的风化。

（3）水田及洼地果园的开垦　洼地、水稻田地表土肥沃，但土层薄，能否排水、降低地下水位是种植果树成功的关键。洼地、水稻田应考虑能排能灌，即雨天能排水，天旱时能灌水。洼地、水田可用深浅沟相间的形式，即每两畦之间一深沟蓄水、一浅沟为工作行。洼地、水稻田种果树不能挖坑，而应在畦上做土墩。应根据地下水位的高低进行整地，确定土墩的高度，但必须保证在最高地下水位时，根系活动的土壤层至少要有 60～80 厘米厚。在排水难、地下水位高的园地，土墩的高度最少要有 50 厘米，土墩基部直径 120～130 厘米，墩面宽 80～100 厘米，呈馒头形。地下水位较低的园地，土墩可以矮一点，一般土墩高为 30～35 厘米，墩面直径 80～100 厘米，田的四周要开排水沟，保证排水畅通。墩高确定以后，就可依已定的种植方式和株行距，标出种植点后筑墩。筑墩时应把表土层的土壤集中起来做墩，并在墩内适当施入有机肥。

无论高墩式还是低墩式，种植后均应逐年修沟培土，有条件的还应不断客土，增大根系活动的土壤层，并把畦面整成龟背形，以利于排除畦面积水。

2. 山地梯田"三合一"式整地

一般坡度在30度以下的坡地，宜筑等高水平、增厚土层和能蓄能排的"三合一"式保土、保水、保肥的梯田，也可修成撩壕。这是一种效果较好，应用较广的深翻整地方法。

（1）水平梯田 梯田是山地果园普遍采用的一种水土保持形式。水平梯田是将坡地改成台阶式平地，使种植面的坡度消失，从而防止雨水对种植面的土壤冲刷的一种田地类型。同时，由于地面平整，耕作方便，保水保肥能力强，因而所栽植的砂糖橘生长良好，树势健壮（图3-2）。

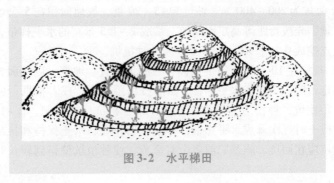

图3-2　水平梯田

梯田由梯壁、梯面、边埂和背沟（竹节沟）组成（图3-3）。

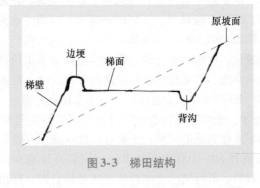

图3-3　梯田结构

1）清理园地：把杂草、杂木与石块清理出园，草木可晒干后集中烧掉作为肥料用。

2）确定等高线：

① 测定竖基线：以作业小区为施工单位，选择有代表性的坡面，用绳索自坡顶拦洪沟到坡脚牵直画一条直线，即为竖基线。选择画竖基线的坡面要有代表性，若坡度过大，则全区梯面多数太宽；若过小，全区梯面会出现很多过窄的"羊肠子"。

② 测定基点：基点是每条梯面等高线的起点。在距坡顶拦洪沟以下 3 米左右处的竖基线上定出第一个基点，即第一梯面中心点，插上竹签，做好标记。选一根与设计梯面宽相等的竹竿（或皮尺），将其一端放在第一个选定的基点上，另一端系绳并悬重物，顺着基线执在手中，使竹竿顺竖基线方向保持水平，悬重物垂直向下指向地面的接触点，就是第二个基点。依次得出第三、第四……个基点，基点选出后，各插上竹签。

③ 测定等高线：通常以竖基线上各基点为起点，向左右两侧测出，其方法如下。

第一种方法是用等腰人字架（图 3-4）测定。人字架长 1.5 米左右，两人操作，一人手持人字架，另一人用石灰画点，以基点为起点，向左右延伸，测出等高线。测定时，人字架顶端吊一条铅垂线，将人字架的甲脚放在基点上，乙脚沿山坡上下移动，待铅垂线与人字架上的中线相吻合时，定出的这一点为等高线上的第一个等高点，并做上标记。然后使人字架的乙脚不动，将甲脚

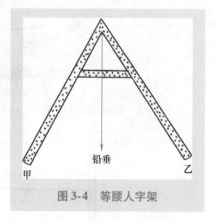

图 3-4　等腰人字架

旋转 180 度后，沿山坡上下移动，当铅垂线与人字架上的中线相吻合时，测出的这一点为等高线上的第二个等高点。照此法反复测定，直至测定完等高线上的各个等高点为止。将测出的各点连接起来，即为等高线。依同样的方法测出各条等高线（图 3-5）。

第二种方法是用水平仪或自制双竿水平等高器（图 3-6）测定。用两根标写有高度尺码的竹竿，两竿等高处捆上 10 米长的绳索，绳索

中央固定一块木制等边三角板，在三角板底边中点悬一个重物。当两端竹竿脚等高时，则重垂线正好对准三角板顶点。若要求坡度时，则先计算出两竿间距的高差。高差 = 坡度×间距。如要求坡度为 0.5%，两竿间距为 10 米，则两竿高差为 0.5%×1000 厘米 = 5 厘米。如一端系在甲竿的 160 厘米处，则另一端应系在乙竿的 155 厘米处，绳索牵水平后，两点间的坡度即为 0.5%。操作时，3 人一组，以基点为起点，甲人将甲竿垂直立于基点，高为 A 点。乙人持乙竿垂直，同时拉直绳索在基点一侧坡地上下移动。第三人看三角板的垂直线指挥，当垂线正好位于三角板顶端时，乙竿所立处即为与 A 点等高的 A1 点。以此类推，测出 A2、A3、A4、A5 等各点，将各点连接，即为梯面中心等高线（图 3-7）。

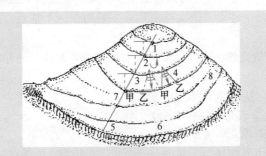

图 3-5 用等腰人字架测定基点、等高线示意图
1—第一个基点　2—第二个基点　3—第三个基点
4—等腰人字架　5—基线　6—等高线　7—增线　8—减线

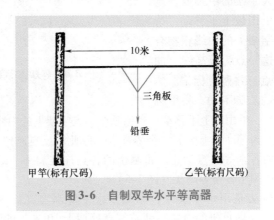

图 3-6 自制双竿水平等高器

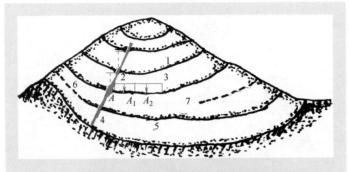

图 3-7 用双竿水平等高器测定基点、等高线示意图
1—第一个基点 2—第二个基点 3—双竿水平等高器
4—基线 5—等高线 6—减线 7—增线

由于坡地地形及地面坡度大小不一，在同一等高线上的梯面可能宽窄不一。等高线测定后，必须进行校正。按照"大弯随弯，小弯取直"的原则，通过增线或减线的方法，进行调整。也就是等高线距离太密时应舍去过密的线，太宽时酌情加线。经过校正的等高线就是修筑梯田的中轴线，按照一定距离定下中线桩，并插上竹签。

全园等高线测定完成后，即可开始施工修筑梯田。

3）梯田的修筑方法：修筑梯田，一般从山的上部向下修。修筑时，先修梯壁（垒壁）。随着梯壁的增高，将中轴线上侧的土填入，逐层踩紧捶实。这样边筑梯壁边挖梯（削壁），将梯田修好。然后，平整好梯面，并做到外高内低，外筑埂而内修沟，即在梯田外沿修筑边埂。边埂宽 30 厘米左右，高 10~15 厘米。梯田内沿开背沟，背沟宽 30 厘米，深度 20~30 厘米。每隔 10 米左右在沟底挖一个宽 30 厘米、深 10~20 厘米的沉沙坑，并在下方筑一小坝，形成"竹节沟"，使地表水顺内沟流出，避免大雨时雨水冲刷梯壁而崩塌垮壁。

4）挖壕沟或种植穴：山地、丘陵地采用壕沟式，即将种植行挖深 60~80 厘米、宽 80~100 厘米的壕沟（彩图 14）。挖穴时，应以栽植点为中心，画圆挖掘，将挖出的表土和底土分别堆放在定植穴的两侧。最好是秋栽树、夏挖穴，春栽树、秋挖穴。如果栽植穴内有石块、砾片，则应捡出。一般深度要求在 60~100 厘米。水平梯田定植穴、沟的位置，应在梯面靠外沿 1/3~2/5 处（图 3-8），即在中心线外沿，因内沿土壤熟化程度和光线均不如外沿，且生产管理的便道都设在内沿。

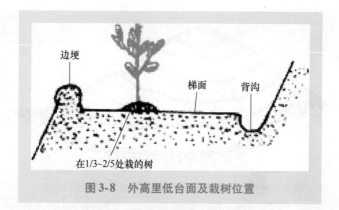

图3-8 外高里低台面及栽树位置

5）回填表土与施肥：无论是栽植穴还是栽植壕沟，都必须施足基肥，这就是通常所说的大肥栽植。栽植前，把事先挖出的表土与肥料回填穴（沟）内。回填通常有两种方式，一种是将基肥和土拌匀填回穴（沟）内，另一种是将肥和土分层填入（图3-9）。一般每立方米需新鲜有机肥50~60千克或干有机肥30千克，磷肥1千克，石灰1千克，枯饼2~3千克，或每亩施优质农家肥5000千克。

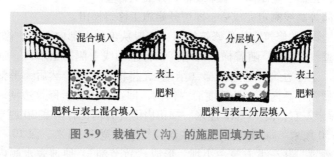

图3-9 栽植穴（沟）的施肥回填方式

（2）撩壕（图3-10） 这是在山坡上，按照等高线挖成等高沟，把挖出的土在沟的外侧堆成垄，在垄的外坡栽果树，这种方法可以削弱地表径流，使雨水渗入撩壕内，既保持了水土，又可增加坡的利用面积。

1）确定等高线：其方法与等高梯田相同。

2）挖撩壕：一般自壕顶到沟心，宽为1~1.5米，沟底距原坡面25~30厘米，壕外坡宽1~1.2米，壕高（自原坡面至壕顶）25~30厘米。撩壕工程不大，简单易行，而且对坡面土壤的层次及肥沃性破坏不大，保水性好，撩壕增厚了土层，所以对果树生长是很有利的，适合于坡度较小的缓坡（5度左右）地建园时采用。但撩壕没有平坦的种植面，不便施肥管理，尤其在坡度过大（超过10度）时，撩壕堆土困难，壕外土壤流失大。因此，撩壕应用范围小，是临时水土保持措施。

3）回填表土：把事先挖出的表土与肥料回填沟内。回填通常有两种方式，一种是将基肥和土拌匀填回沟内，另一种是将肥和土分层填入。

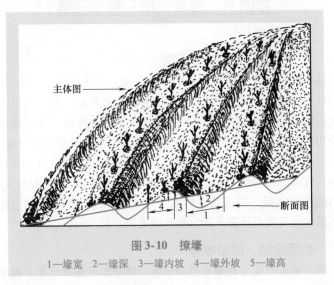

图3-10　撩壕

1—壕宽　2—壕深　3—壕内坡　4—壕外坡　5—壕高

3. 块状整地——修筑鱼鳞坑

在坡度较大、地形复杂的山坡地，不适合修水平梯田和撩壕时，可以挖鱼鳞坑（图3-11）。资金紧缺，来不及修筑梯田的山坡时，也可先修鱼鳞坑，以后逐步修筑水平梯田。

（1）**确定定植点**　修筑时，先定基线，测好等高线，其方法与等高梯田相同。在等高线上，根据果树行距来确定定植点。

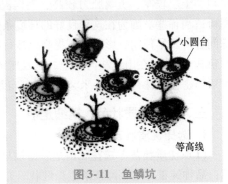

图3-11　鱼鳞坑

（2）**挖坑**　以定植点为中心，从上部取土，修成外高内低半月形的小台面，大小为 $2 \sim 5$ 米^2，一半在中轴线内，一半在中轴线外，台面的外缘用石块或土堆砌，以利于保蓄雨水。将各小台面连起来看，好似鱼鳞状排列。

（3）回填表土、有机肥　在筑鱼鳞坑时，要将表土填入定植穴，并施入有机肥料。这样，栽植的果树才能生长好。

第四节　合理密植，精细定植

一、定植的误区和存在的问题

一些砂糖橘产区，种植者采用计划密植，追求早期产量与效益，但由于对这种高技术生产管理缺乏深刻的认识和理解，常出现以下误区：一是认为既然密植可以早实、丰产，那就是越密越好，不顾具体条件，全部采用高密度和超高密度；二是已经实行密植栽培的砂糖橘园，普遍只重视增加密度和早期结果与效益，忽视控制树冠，改善光照保持稳产，导致有些较高密植的砂糖橘，投产 2～3 年就已郁闭；三是对树冠已经出现郁闭的砂糖橘园，仍任其自然生长，导致郁闭逐年加重，内膛光秃，产量下降，经济效益严重下滑，高产园变成了低产园。

二、合理密植，提早收益

合理密植可以充分利用光照和土地，使砂糖橘提早结果，提早收益，也能提高单位面积产量，提早收回投资。但提倡密植，并不是越密越好。栽植过密，树冠容易郁闭，植株容易衰老，经济寿命缩短。通常在地势平坦、土层较厚、土壤肥力较高、气候温暖、管理条件较好的地区，栽植可适当稀些。因为在这种良好的环境条件下，单株生长发育比较茂盛，株间容易及早郁闭，影响品质提高。株行距可采用 2.5 米×3 米的规格，每亩栽 88 株。在山地和河滩地，以及肥力较差、干旱少雨的地区栽植，可适当密植，株行距为 2 米×3 米，每亩栽 110 株。

三、选择优质壮苗，精细定植

1. 选择优质壮苗

（1）优质壮苗　选择壮苗是砂糖橘早结丰产的基础。壮苗的基本要求：品种纯正，地上部枝条生长健壮、充实，叶片浓绿有光泽；苗高 35 厘米以上，并有 3 个分枝；根系发达，主根长 15 厘米以上，须根多，断根少；无检疫性病虫害和其他病虫害，所栽苗木最好是自己繁育或就近选购的，起苗时尽量少伤根系，起苗后要立即栽植。

（2）**营养篓假植苗**　营养篓假植苗木与大田苗木直接上山定植相比，具有以下优点。

1）成活率高：春季定植，多数不带土。由于取苗伤根，特别是从外地长途调运的苗木，往往是根枯叶落，加上瘦土栽植，成活率不高，通常只有70%～80%。而采用营养篓假植苗木移栽新技术，苗木定植后成活率达98%以上。

2）成园快：常规建园栽植，由于缺苗严重，不但补栽困难，而且成活苗木往往根系损伤过重，春梢不能及时抽发，影响正常生长，造成苗木大小不一，常要2～3年成园。而营养篓假植苗木栽植，伤根能及早得到愈合，春季能正常抽发春梢，不但克服了春栽的"缓苗期"，同时，减少了缺株补苗过程，可使上山定植苗木生长整齐一致，实现一次定植成园。

3）投产早：营养篓假植苗，由于营养土供应养分充足，又避免了缓苗期，上山当年就能抽生3～4次梢，抽梢量大，树冠形成快。实践证明：采用营养篓假植苗是实现"三年始果、四年投产、五年丰收"的基本措施之一。

4）集中管理：有利于防冻、防病虫，并可做到周年上山定植。由于营养篓假植苗木相对集中，因此可以采用塑料薄膜等保温措施，防止苗木受冻。同时，可以集中防止病虫害。由于营养篓假植苗定植时不伤根，没有缓苗期，因此，可以周年上山定植。

2. 科学栽植

（1）**栽植时期**　砂糖橘的栽植时期，应根据它的生长特点和当地气候条件来确定。一般在新梢老熟后到下一次新梢抽发前，都可以栽植。

1）大田繁殖的苗木栽植时期：春季栽植，以2月底～3月进行为宜，此时春梢转绿，气温回升，雨水较多，容易成活，省去秋植灌水之劳。秋季栽植，通常在9月下旬～10月秋梢老熟后进行。这时气温尚高，土温适宜，苗木根系的伤口愈合快，并能长一次新根，从而有利于第二年春梢的正常抽生。秋季栽植可用营养篓（袋）假植。秋植比春植效果好。

2）营养篓假植苗栽植时期：不受季节限制，随时可以定植，但夏秋干旱季节降水少，水源不足，也会影响成活率，所以移栽最佳时期是春梢老熟后5月中下旬～6月上中旬为宜。

（2）**栽植方法**

1）大田苗木的栽植方法：栽植前，要解除薄膜，修理根系和枝梢，对受伤的粗根，剪口应平滑，并剪去枯枝、病虫枝及生长不充实的秋梢。

栽植时，根部应醮稀薄黄泥浆，泥浆浓度以手沾泥浆不见指纹而见手印为适宜。泥浆中最好加入适量的碎小牛粪，并将"爱多收"600倍液与70%甲基托布津500倍液混合溶解后，加入泥浆中搅拌均匀，然后醮根，以促进生根。种植时，两人操作，将苗木扶正，保证根顺，让新根群自然斜向伸展，一边埋土，一边踩实，均匀压实，并将树苗微微振动上提，以使根土密接，然后再加土填平。土不能盖过嫁接口部位，并要做成树盘。充分灌水，其上覆盖一层松土，以便保湿。栽植中，要真正做到苗正、根舒、土实和水足，并使根不直接接触肥料，防止肥料发酵而烧根。栽后树盘可用稻草、杂草等覆盖。

【注意】

　　　泥浆不能太浓，否则会引起烂根，"爱多收"加入太多会引起死苗。

　　2）营养篓苗的栽植方法：定植前，先在栽植苗木的位置挖一个定植穴（穴深与篓等高为宜），将营养篓苗置于穴中央，注意应去除营养篓塑料袋，用肥土填于营养篓四周，轻轻踏实，然后培土做成直径1米左右的树盘，浇足定植水，栽植深度以根颈露出地面为宜，最后树盘覆盖稻草保湿，可防杂草滋生，保持土壤疏松、湿润。

　　四、栽后管理

　　砂糖橘苗木定植后如无降水，则在3~4天内，每天均要淋水保持土壤湿润。以后视植株缺水情况，隔2~3天淋1次水，直至成活。植后7天，穴土已略下陷，可插竹枝支撑固定植株，以防风吹摇动根群，影响成活。植后若发现卷叶严重，可适当剪去部分枝叶，以提高成活率。一般植后半个月部分植株开始发根，1个月后可施稀薄肥，以腐熟人尿加水5~6倍，或尿素加水配成0.5%的水液，或0.3%复合肥浇施，每株施1~2千克。若施用绿维康液肥100倍液，则效果更好，它能促使幼树早发根，多发根。以后每月淋水肥1~2次。注意淋水肥时，不要淋在树叶上，只要施在离树干10~20厘米的树盘上即可。

【注意】

　　　新根未发、叶片未恢复正常生长的植株不宜过早施肥，以免引起肥害，影响成活。

第四章
科学管理土肥水是提高效益的关键

砂糖橘生长所需的水分和主要的矿质营养元素，都来自土壤。良好的土壤结构，充足的肥水供应，是砂糖橘生长发育、丰产优质的基本条件。所以，科学管理土肥水，采取各种管理措施，深翻熟化土壤，增施有机肥料，合理用水和及时排涝，不断改善土壤的理化性状，给砂糖橘创造一个良好的生长条件，是提高砂糖橘种植效益的关键。

第一节　砂糖橘根系的特性

根系发育情况，决定着地上部分的生长发育。根系强大，树冠旺盛，丰产稳产，寿命长，抗逆性、适应性强；反之，则树弱、低产、寿命短。根系的分布状况和生长发育，与地上部的生长发育及开花结果有着密切的关系。砂糖橘的根，不仅用于将植株固定在土壤中吸收水分和养分，而且还具有合成、贮藏、分泌有机养分（如氨基酸、蛋白质、有机酸和激素等）的作用。

一、根系结构

砂糖橘以枳作为砧木，进行嫁接繁殖。其根系包括主根、侧根、须根等部分（图4-1）。

（1）主根　由枳种子的胚根发育而来，向下垂直生长，构成了砂糖橘根系的主根。主根是根系的永久中坚骨架，具有支撑和固定树体、输送与贮存养料的作用。

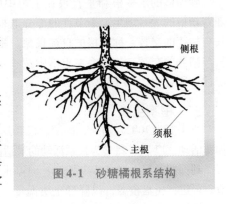

图4-1　砂糖橘根系结构

（2）侧根　直接着生在主根上较粗大的根系，称为侧根。砂糖橘的各

级侧根和主根一道，构成根系的骨架部分，为永久性的根，称为骨干根。

（3）须根　着生在主根和侧根上的大量细小的根，称为须根。须根经过生长，构成了强大的根系，增强了根系吸收和输送养料的作用。

栽培的砂糖橘，不生根毛，而是靠与真菌共生所形成的菌根来吸收水分和养分。通过菌根分泌有机酸和酶，促使土壤中的难溶性矿物质的分解，增加土壤中的可供给养料。菌根还能产生对砂糖橘生长有益的生长激素和维生素，增强根系的吸收功能。

二、根系分布

砂糖橘的根系按其在土壤中生长方位的不同，分为水平根和垂直根。

（1）水平根　水平根多数分布在离地面20～40厘米处，最深可达1米以上。水平根系的根群角（主根与侧根之间的夹角为根群角）较大，分枝性强，易受外界环境条件的影响。

水平根的分布范围较广，一般可达树冠冠幅的1.5～3倍。在土壤肥沃、土质黏重时，水平根分布较近；在瘠薄山地、土质沙性重时，水平根分布较远。

（2）垂直根　垂直根距离地面较远，几乎与地面成垂直状态，根群角较小，分枝性弱，根系受外界环境条件的影响较小。

砂糖橘垂直根分布深度一般小于树高，直立性强，生长势旺的树垂直根深。垂直根的主要作用是固定树体和吸收土壤深层的水分和养分，对适应不良外界环境条件有重要的作用。

砂糖橘的水平根和垂直根在土壤中的综合配置，构成了整个根系。随着新根的大量增生，季节性的部分老根发生枯死。这种新、旧根的生长与枯死的交替，称为根的自疏现象。根系就是借助于这种新旧根的生长与枯死的交替，使根系在土壤中按一定的密度分布，并表现出明显的层性，通常为2～3层。

三、根系生长

当土温为10℃左右时，砂糖橘根系开始生长，随着土温的继续升高而加速活动，以20～25℃为根系活动的最适温度。土温超过30℃时，根系生长受到抑制；当土温高达37℃时，即停止生长。因此，在夏季高温干旱季节，可进行树盘覆盖，以降低土壤温度，满足根系正常生长的环境条件。砂糖橘根系生长所要求的土壤湿度，一般为土壤田间最大持水量的65%左右。土壤的通气性对根系生长极为重要，当土壤孔隙含氧量在8%以上时，有利于新根的生长；当土壤孔隙含氧量低于4%时，新根生长缓慢；当土壤含氧量在2%时，根系生长逐渐停止；当土壤含氧量低于1.5%时，不但新根不能生长，原有的根系也会腐烂，出现根系死亡现象。生产上，为了促使砂糖橘树体生长健壮，常常通过深翻扩穴，增施有机肥，改良土壤结构，为根系生长创造良好的环境条件，保证根系健壮生长。

砂糖橘根系与枝梢生长高峰相交错，每年有3次生长高峰，春季发芽后，根系开始生长，在抽生春梢开花以后，出现第一次生长高峰。此时，新根开始的生长数量较小，至夏梢抽生前，新根大量发生，发根量为较多的一次。8月中旬~9月上旬，为砂糖橘根系第二次生长高峰，常在夏梢抽生后，发根量较少。第三次生长高峰发生在秋梢停止生长后，即9月下旬~11月下旬，这一次生长高峰也能形成一定数量的根系。此后，根系活动趋向缓慢。所以，生产上要求采果前后早施冬肥，就是为了促使根系还在继续进行生长活动时吸收营养，以利于树势恢复和树体营养贮藏，保证花芽分化及第二年春季发芽开花的营养需要。

根群生长的总量大小，取决于地上部分输送的有机营养的数量多少。当树势弱，枝叶营养生长不良，或因开花结果过多消耗大量养分时，地上部输送至根部的养分不足，都会影响根系的生长。

第二节　土壤管理

一、土壤管理的误区和存在的问题

在砂糖橘所有的栽培措施中，土壤管理是最基本的，也是最容易被人们忽视的措施。一些果农以为，一旦砂糖橘园已经建成，土壤管理就可有可无。因此，有相当数量的砂糖橘园，虽然已经建园十几年，却从未进行过规范、有效的土壤管理。如许多建园时只开挖了较小的定植穴的园地，建园后却从未再深翻扩穴，因而严重制约了根系的发展。为数不多的砂糖橘园虽然进行了扩穴，但在扩穴时操作很不规范，大量伤根，只深翻、不浇水等错误操作随处可见，从而使树势变弱。这是造成砂糖橘低产的重要原因。

影响砂糖橘生长的条件有光、热、水、空气和养分等。除光之外，其他条件全部直接或间接与土壤关系密切。砂糖橘园土壤由于受气候条件、不合理的栽培措施及砂糖橘树生长结果带走养分物质和能量等因素

的干扰或破坏，造成土壤物理、化学性状恶化和肥力下降，使土壤中水、肥、气、热、微生物状态失调，不利于根系的生长发育。砂糖橘园土壤管理的任务，就是通过各种措施，深翻熟化土壤，不断改善土壤的理化性质，提高土壤肥力，改善生长的立地条件，为砂糖橘的生长创造一个疏松肥沃的根际环境。

二、土壤管理的主要内容和方法

1. 砂糖橘幼龄果园

砂糖橘幼龄树根系分布范围小，可通过扩穴改土、翻压绿肥、进行间种和树盘覆盖等措施，来提高果园土壤肥力，改善土壤的理化性状，增强土壤调节水、肥、气、热的能力，改善植株根系的生长发育环境，促进根的良好发育。

（1）扩穴改土 砂糖橘定植后 1 ~ 2 年，根系就会充满定植穴。虽然在定植时做了定植穴或定植壕沟的土壤改良熟化工作，但穴或壕沟外的土壤和底土未经熟化，这就阻碍了根的发展，影响根系的生长。为了促进根系的生长，可分别在 1 月和 6 ~ 7 月，在树冠外围滴水线处，开挖 50 ~ 60 厘米宽、60 ~ 80 厘米深、长与树冠等长的扩穴坑。每次在两个相对方向各挖一穴，隔年按东西或南北向操作，将绿肥、杂草和土杂肥等有机肥，分 2 ~ 3 层填入坑内，撒适量的石灰，再盖上表土，加入适量的饼肥或腐熟禽兽粪，一层层将坑填满，并高出地面 5 ~ 10 厘米。经过数年后，可将全园土壤改良一遍（图 4-2）。扩穴深翻可结合施绿肥、农家肥（粪肥、厩肥与麸饼肥等）、磷肥及石灰等，每株可施有机肥 30 ~ 40 千克、畜粪肥 10 ~ 20 千克、石灰和过磷酸钙各 0.5 ~ 1 千克及少量硫酸镁、硫酸锌、硼砂作为基肥。有条件的地区，可采用小型挖掘机挖条沟，进行深翻，能大大提高劳动效率（彩图 15）。

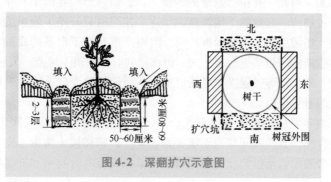

图 4-2　深翻扩穴示意图

（2）**合理间作**　幼龄砂糖橘园，树冠小，行间距大，覆盖率低，果园收入少。此期应充分利用植株间的空隙，间作一些绿肥作物，如花生、蚕豆、黄豆、豌豆、印度豇豆和肥田萝卜等（图 4-3、彩图 16）。据试验，用绿肥作物覆盖的橘园，在夏季高温季节，可降低地表温度 3～5℃；可抑制杂草的生长，抑制力一般在 55.5%；连续 4 年套种、覆盖绿肥作物，土壤中的有机质、全氮、速效钾、速效磷等养分含量，土层 0～20 厘米深的分别比清耕法管理果园增加 0.27%、0.02%、5.95×10^{-4}%、2.15×10^{-4}%，20～40 厘米深的则分别增加 0.19%、0.01%、6.0×10^{-4}%、5.0×10^{-4}%；土壤孔隙度增加 3.85% 和 1.2%。通过合理间作，有效地促进了砂糖橘树体生长发育，提高了坐果率，使产量和品质有了明显的提高。

图 4-3　幼龄砂糖橘园种植间作物

【注意】

间作时，不要把绿肥作物种得离树盘过近，不要间作如木薯、甘蔗和玉米等之类的高秆作物和攀缓、缠绕作物，以及与砂糖橘有共同病虫害的其他柑橘类果树。否则，就会出现间作物丰收，而砂糖橘受损，以致造成"以短吃长"的恶果。因此，要提倡合理间作，但又不能损害果树。

（3）**树盘覆盖**　在幼树树盘上覆盖一层 10～15 厘米厚的杂草、秸秆或落叶等材料（彩图 17），可防止土壤冲刷和杂草丛生，保持土壤疏松透气，夏季可降低地表温度 10～15℃，冬季可提高土温 2～3℃，具有明显的护根作用。同时，可改良土壤理化性质，有益于微生物的活动，提高土壤肥力，有利于砂糖橘的生长发育。其方法是：每年 6 月以后，结合中耕除草，将树盘杂草清除，并覆盖于离树干 5～10 厘米的树盘周围。进入

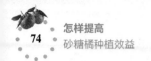

旱季时，可在树盘上再添盖 1 次覆盖物，以利于抗旱及越冬防寒。

2. 砂糖橘成年果园

（1）中耕除草　通过中耕，疏松土壤，切断土壤毛细管，减少土壤水分蒸发，还能起到保墒和防止杂草争夺果树所需肥水的作用。同时，在干旱、半干旱地区，可使砂糖橘园积蓄雨水，保持土壤温度和湿度。冬季结合清园，进行全园中耕除草，还能清除病虫害的越冬场所，减少病虫越冬基数。中耕除草深度，以 15～20 厘米为宜。中耕可在以下几个时期进行。

1）早春：在早春土壤解冻后，及早耙地，浅刨树盘或树行，可保持土壤水分，提高土温，促进根系活动。这是干旱地区春季一次重要的抗旱措施。

2）生长季节：生长期勤中耕除草，可使土壤松软无杂草，促进微生物活动，减少养分和水分的流失与消耗。

3）秋季：秋季深中耕，可使山区旱地砂糖橘园多蓄雨水，涝洼地砂糖橘园散墒，以免土壤湿度过大及通气不良。

除草可用化学除草剂，除草剂按作用途径，分触杀型、内吸型和土壤残效型三大类。防治 1 年生杂草多用触杀型，如百草快、五氯酚钠等。它能杀死接触到药液的茎、叶，而不能杀死草根，对多年生杂草作用不大。内吸型除草剂在茎叶上喷洒，被植物吸收后，能遍及全体而影响根系，因此能杀死多年生杂草，如草甘膦、茅草枯等。土壤残效型除草剂，主要通过植物根系吸收传导来杀死杂草，并能保持较长的药效，如敌草隆、敌草腈和西玛津等。使用时应根据各地砂糖橘园杂草的种类、危害程度、间作物种类及各地购买药物条件，来制订本园的除草计划。

（2）果园覆盖　对成年砂糖橘园，多采用全园覆盖，即在果园地面上覆盖一层 10～15 厘米厚的稻草或杂草、秸秆等，可减少土壤水分蒸发，起到保墒的作用，并能抑制杂草的生长，保持土壤的通透性。所覆盖的秸秆等有机物质，经过 1～2 年腐烂后，结合深翻土壤，把它埋入地下，可增加土壤中有机质的含量，提高土壤肥力。实行果园覆盖，有利于土壤微生物活动，增强土壤的保水、保肥能力，夏季覆盖可降低地表温度 10～15℃，冬季覆盖可提高土温 2～3℃，具有明显的护根作用，使根系不至于因地表温度的急剧变化而影响生长，有利于砂糖橘树的生长发育。

（3）培土与客土　坡地或沙地果园，常因水土流失而导致果树根系外露，影响树体生长发育。通过树盘培土，加厚土层，可提高土壤保肥蓄水能力，培土适宜时间为冬季。培土原则是，黏性土客沙性土，沙性土客黏性土。这样可起到客土改良土质的作用，同时还有增加土壤养分，防止土壤流失而造成的根系裸露的作用。

（4）生草栽培　果园生草栽培就是在砂糖橘园株行间生草或种植牧草，使其覆盖整个果园地表。

1）果园生草的作用：在砂糖橘园实行生草栽培，具有以下作用。

① 由于地表被草覆盖，可以防止大雨或暴雨造成的水土流失，减缓雨涝对果园的危害，起到保水、保肥、保土的作用。

② 果园生草后，增加地面覆盖层，能减少土壤表层温度变幅，有利于砂糖橘根系的生长。

③ 在砂糖橘果园生草能够提高土壤的有机质含量，改善土壤结构，提高土壤肥力，促进砂糖橘树的生长发育。尤其对质地黏重的土壤和沙砾土，改土作用更大。

④ 生草有利于果园的生态平衡，改善园中小气候。在果园种草，为砂糖橘螨类、蚧类天敌提供栖身和繁殖场所，形成了有利于天敌，而不利于害虫的生态环境，起到了以益虫控制害虫的生物防治效果，减少了农药用量，是对害虫进行生物防治的一条有效途径。

⑤ 果园生草有利于改善果实品质，生草使土壤含氮量降低，磷素和钙素有效含量提高，能增加果实可溶性固形物含量和果实硬度，促进果实着色，提高果实商品价值。

⑥ 果园生草还省去了清耕除草的劳动力，省工、省投资。

2）果园生草的方法：果园生草可采用全园生草、行间生草和株间生草、树盘覆盖等方法，具体应根据果园具体情况而定。幼龄果园除树盘覆盖外，可全园生草；成年果园提倡行间生草（图4-4），树盘内使用除草剂铲除杂草或覆盖。

3）果园生草的草种：果园生草对草的种类有一定的要求，其主要标准是要求矮秆或匍匐生长，适应性强，耐阴耐践踏，耗水量较少，与砂糖橘无共同的病虫害，能引诱天敌，生育期较短。最适宜的草种是意大利多花黑麦草，其次是百喜草、藿香蓟、蒲公英、旱稗等草种。播种量视生草种类而定，如黑麦草、兰茅草等牧草每亩用种2.5～3千克，白三叶草、紫花苜蓿等豆科牧草每亩用种1～1.5千克。

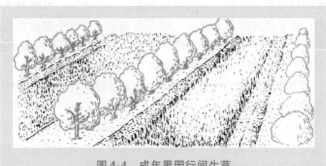

图4-4　成年果园行间生草

4）果园种草的时间：自春季至秋季均可播种，一般春季3～4月（地温15℃以上）和秋季9月最为适宜。3～4月播种，草被可在6～7月果园草荒发生前形成；9月播种，可避开果园草荒的影响，减少剔除杂草的繁重劳动。

5）果园种草的方法：直接将选定的草种播在园内。播前宜先平整土地。为减少杂草的干扰，最好在生草播种前半个月灌1次水，诱使杂草种子萌发出土，然后喷施短期内降解的除草剂（如克芜踪），10天后再灌水1次，将残留的除草剂淋溶下去，然后播种草籽。若事先不施除草剂，生草出苗后，杂草掺和在内，很难拔除。

6）生草果园的管理：果园生草，应当控制草的长势，适时进行刈割，用镰刀或机械割草均可，以缓和春季与砂糖橘争水夺肥的矛盾，还可增加年内草的产量，增加果园土壤有机质。生草最初几个月，不要割，当草根扎深、营养体显著增加后，再开始刈割。一般1年刈割2～4次，灌溉条件好的可多割1次。刈割要掌握留茬高度，一般豆科草要留1～2个分枝，禾本科草要留有心叶，以便草体恢复长势，如果割得太狠，草体就会失去再生能力。一般豆科常留茬高15厘米以上，禾本科草留茬10厘米左右。带状生草的，刈割下的草覆盖于树盘上；全园生草的，果园刈割的草就地撒开，也可开沟深埋，与土混合沤肥。

第三节　合理施肥

一、施肥的误区和存在的问题

在施肥中，一些果农片面地认为有肥就丰产，盲目施肥，不讲究科学性，造成肥料的极大浪费，甚至错误的施肥操作方法，严重影响着肥效的发挥，甚至产生负面效应，主要表现在以下方面。

① 在肥料种类上，单独长期施用化学肥料，不施或很少施用有机肥。

② 在施用化肥时，只施用氮肥，不施或很少施用磷、钾肥。

③ 在施肥时间和数量上，不是根据砂糖橘生长发育的需要，分期适量施肥，而是按照农时的忙闲，在闲时一次施入，往往造成施肥过量。

④ 在施肥的方式上，不是因肥制宜，深度适中，而是地面撒施或埋土过浅，致使养分流失。

⑤ 只施肥不浇水。这些问题的存在，首先是造成巨大的浪费，据土肥专家调查，我国施用氮肥的利用率仅为50%左右。其次，对土壤结构造成破坏，使根系生长环境恶化，产生一些"缺素"症状，进而影响砂糖橘的生长发育。这是造成砂糖橘低产的又一重要原因。

所谓合理施肥，就是要科学地营养诊断，了解各种营养元素在其生长结果方面所起的作用，根据砂糖橘树的营养生理特性，选用适当的肥料，确定适合的施肥量，掌握恰当的施肥时期，运用合理的施肥方法。合理施肥，既能保证树体生长发育和果实的优质丰产，还能提高土壤肥力，改善土壤结构。实践证明，对砂糖橘树进行合理施肥，可以确保树体生长健壮，促进花芽分化，减少落花落果，提高产量和品质，防止大小年结果现象，延长结果年限，增强树体的抗性。

二、砂糖橘所需营养元素及功能

砂糖橘在其生长发育的各个阶段，都需要从外界吸收多种营养元素，其中碳、氢、氧等来自空气和水，其他的矿质元素通常都从土壤中吸收。氮、磷、钾、钙、镁、硫等，需要的量较多，称为大量元素；而锰、锌、铁、硼、钼等，需要的量少，称为微量元素。营养元素供应过多或不足，都会对砂糖橘生长发育产生不良的影响。

（1）氮　氮是蛋白质、叶绿素、氨基酸等的组成成分，有增大叶面积，提高光合作用，促进花芽分化，提高坐果率的功能。氮素不足，新梢生长缓慢，树势衰弱，形成光秃树冠，易形成"小老树"。严重缺氮时，外围枝梢枯死，叶片小而薄、叶色褪绿黄化（彩图18），老叶发黄，无光泽，部分叶片先形成不规则绿色和黄色的杂色斑块，最后全叶发黄而脱落；花少而小，无叶花多，落花落果多，坐果率低。果小，延迟果实着色和成熟，使果皮粗而厚，果肉纤维增多，糖分降低，果实品质差，风味变淡。但是，对砂糖橘施用氮素过多时，会出现徒长，树冠郁闭，上强下弱，下部枝及内膛枝易枯死；且枝梢徒长后，花芽分化差，易落花落果。

（2）磷 磷是核酸及核苷酸的组成部分，是组成原生质和细胞核的主要成分。磷参与糖类、含氮化合物、脂肪的代谢过程。磷对砂糖橘有促进花芽分化、新根生长与增强根系吸收能力的作用，有利于授粉受精，提高坐果率，使果实提早成熟，果汁增多，含糖量增加，提高果实品质。缺磷时，根系生长不良，吸收力减弱，叶少而小，枝条细弱，叶片失去光泽，呈暗绿色，老叶上出现枯斑或褐斑（彩图19）。严重缺磷时，下部老叶趋向紫红色，新梢停止生长，花量少，坐果率低，果皮较粗，着色不良，味酸，品质差，易形成"小老树"。

（3）钾 钾能促进碳水化合物和蛋白质转化，提高光合作用能力。钾素对砂糖橘的果实发育特别重要。据分析，果实中钾的含量为氮素的2倍，钾含量充足时，产量高、果个大、质优良；钾素不足时，叶片小，叶色浅绿，叶尖变黄（彩图20）。严重缺钾时，梢枯死，老叶叶尖和叶缘部位开始黄化，随后向下部扩展，叶片稍卷缩，呈畸形；新梢生长短小细弱；落花落果严重，果实变小，果皮薄而光滑，易裂果；抗旱、抗寒能力降低。

（4）钙 钙在树体内以果胶酸钙形态存在时，是细胞壁、细胞间层的组成成分。适量的钙，可调节土壤酸碱度，有利于土壤微生物的活动和有机质的分解，供根系吸收的养分增多，果面光滑，减少裂果。果实中有足够的钙，可延缓果实衰老过程，提高砂糖橘果实耐贮性。缺钙后，细胞壁中果胶酸钙形成受阻，从而影响细胞分裂及根系生长。严重缺钙时，根尖受害，生长停滞，可造成烂根，影响树势，多发生在春梢叶片上，表现为叶片顶端黄化，而后扩展到叶缘部位（彩图21），病叶的叶幅比正常窄，呈狭长畸形，并提前脱落。树冠上部的新梢短缩丛状，生长点枯死，树势衰弱。果实缺钙，落花落果严重，果小、味酸、易裂果、畸形果多，汁胞皱缩。

（5）镁 镁是叶绿素的主要成分，也是酶的激活物质，参与多种含磷化合物的生物合成。因此，缺镁时结果母枝和结果枝中位叶的主脉两侧出现肋骨状黄色区域，即出现黄斑，形成倒"∧"形黄化。叶尖到叶基部保持绿色，形成倒三角形，附近的营养枝叶色正常。严重缺镁时，叶绿素不能正常形成，光合作用减弱，树势衰弱，并出现枯梢，开花结果少，低产，果实着色差，风味淡。冬季大量落叶，有的患病树采果后就开始落叶。病树易遭冻害，大小年结果明显。

（6）硼　硼能促进花粉的发育和花粉管的伸长，有利于受精结实。缺硼时植株体内碳水化合物代谢发生紊乱，影响碳水化合物的运转，因而生长点（枝梢与根系）首先受害。缺硼时，初期新梢叶出现黄色不定型的水浸状斑点，叶片卷曲，无光泽，呈古铜色、褐色甚至黄色。叶畸形，叶脉发黄增粗，叶脉表皮开裂而木栓化；新芽丛生，花器萎缩，落花落果严重，果实发育不良，果小而畸形，幼果发僵发黑，易脱落，成熟果实果小，皮红，汁少，味酸，品质低劣。严重缺硼时，树顶部生长受到抑制，树上出现枯枝落叶，树冠呈秃顶景观，有时还可看到叶柄断裂，叶倒挂在枝梢上，最后枯萎脱落。果皮变得厚而硬，表面粗糙呈瘤状，果皮及中心柱有褐色胶状物，果小、畸形，坚硬如石，汁胞干瘪，渣多汁少，淡而无味。

（7）锌　锌可影响氮素代谢作用，锌还是碳酸酐酶的组成成分。色氨酸是合成吲哚乙酸的原料，缺锌时果树的色氨酸减少，枝梢生长受抑制，节间显著变短，叶窄而小，直立丛生，表现出簇叶病和小叶病，叶色褪绿，形成黄绿相间的花叶，抽生的新叶随着老熟，叶脉间出现黄色斑点，逐渐形成肋骨状的鲜明黄色斑块，严重时整个叶片呈浅黄色。花芽分化不良，退化花多，落花落果严重，产量低。果小、皮厚汁少。同一树上的向阳部位较荫蔽部位发病重。

（8）铁　铁虽不是叶绿素的成分，但铁是合成叶绿素时某些辅基的活化剂，对叶绿素的形成有促进作用，因而缺铁时影响叶绿素的形成，引起褪绿症，幼嫩新梢叶片变薄，叶色变浅、黄化，而老叶仍正常。缺铁叶片开始时叶肉变黄，叶脉仍保持绿色，呈极细的绿色网状脉，而且脉纹清晰可见。随着缺铁程度加重，叶片除主脉保持绿色外，其余呈黄白化。严重缺铁时，整个叶片呈黄色，叶缘也会枯焦褐变，直至全叶白化而脱落。枝梢生长衰弱，果皮着色不良，呈浅黄色，味淡且酸。缺铁黄化以树冠外缘向阳部位的新梢叶最为严重，而树冠内部和荫蔽部位黄化较轻；一般春梢叶发病较轻，而秋梢或晚秋梢发病较重。

（9）锰　锰是叶绿素的组成物质，直接参与光合作用。锰还是多种酶的活化剂。缺锰时，叶绿素合成受阻，大多在新叶暗绿色的叶脉之间出现浅绿色的斑点或条斑，随着叶片成熟，症状越来越明显，浅绿色或

浅黄绿色的区域随着病情加剧而扩大。最后叶片部分留下明显的绿斑，严重时则变成褐色，引起落叶，果皮色浅发黄，果皮变软。

（10）**铜**　铜是许多重要酶的组成成分，在光合作用中有重要作用，能促进维生素A的形成。缺铜时，初期表现为新梢生长曲折呈"S"形，叶特别大，叶色暗绿，进而叶片脉间褪绿呈黄绿色，网状叶脉仍为绿色。顶端叶叶形不规则，主脉弯曲，变成窄而长、边缘不规则的畸形叶。顶端生长停止而形成簇状叶。严重缺铜时，叶和枝的尖端枯死，幼嫩枝梢树皮上产生水泡，泡内积满褐色胶状物质，最后病枝枯死。幼果浅绿色，易裂果而脱落，果皮厚而硬，果汁味淡。

（11）**钼**　钼是硝酸还原酶的组成物质，直接参与硝态氮的转化。缺钼时，引起树体内硝酸盐积累，使构成蛋白质的氨基酸形成受阻。叶片出现黄斑，早春叶脉出现水渍状病斑，夏、秋梢叶面分泌树脂状物。斑块坏死，开裂或呈孔状，严重时落叶。果实出现不规则褐斑。

　【禁忌】

　　　忌施用氯肥。砂糖橘为忌氯果树，对氯离子反应很敏感，施后根系腐烂，叶片枯黄，轻者树势衰弱，重者整株死亡，所以果农不要施氯化钾，可施用硫酸钾或硝酸钾等肥料。

三、肥料的种类与特点

常用肥料包括有机肥和无机肥。

（1）**有机肥料**　有机肥料也叫农家肥料，包括人畜粪尿、牲畜厩肥（马粪、牛粪、羊粪、猪粪、鸡粪等）、堆肥、饼肥、草木灰、作物秸秆及绿肥等，其特点是大多含有丰富的有机质、腐殖质及果树所需要的大量元素和微量元素，并含有多种激素、维生素、抗生素等，为完全肥料，主要用于基肥。其养分主要以有机状态存在，要经过微生物发酵分解，才能为果树吸收利用。人粪尿、厩肥等通过腐熟堆沤后，经微生物分解，养分易被吸收，也可与适量的无机速效氮肥混合施用，是绿色食品生产的主要肥料，也可用作追肥。

1）人、畜粪尿：人粪、尿含氮量高，为半速效性肥料，沤制后可变成速效肥，用作追肥和基肥均可。畜粪富含磷素，其中猪粪的氮、磷、钾含量比较均衡，分解较慢，是迟效肥料，宜作为基肥用。羊粪含钾量大，对生产优质砂糖橘果有利。鸡粪的肥分最高，且与复合肥的成分近似，既是优质基肥，也可以作为追肥使用。人粪、尿及主要畜禽粪、尿的养分含量见表4-1。

表4-1   人粪、尿及主要人畜禽粪、尿的养分含量

名　　称	氮（N,%）	磷（P_2O_5,%）	钾（K_2O,%）	有机物（%）
人粪尿	0.3 ~ 0.6	0.27 ~ 0.30	0.25 ~ 0.27	5 ~ 10
牛粪	0.30 ~ 0.32	0.20 ~ 0.25	0.10 ~ 0.16	15
羊粪	0.50 ~ 0.75	0.30 ~ 0.60	0.10 ~ 0.40	24 ~ 27
猪粪	0.50 ~ 0.60	0.40 ~ 0.75	0.35 ~ 0.50	15
鸡粪	1.03	1.54	0.85	25
鸭粪	1.0	1.4	0.62	36

2）厩肥：厩肥由猪、牛、马、鸡、鸭等畜禽的粪、尿和垫栏土或草沤制而成，含有机质较多，但肥效较慢，一般用作基肥。主要厩肥的养分含量见表4-2。

表4-2   主要厩肥的养分含量

名　　称	氮（N,%）	磷（P_2O_5,%）	钾（K_2O,%）
牛厩粪	0.34	0.16	0.40
羊厩粪	0.83	0.23	0.67
猪厩粪	0.45	0.19	0.60

3）堆肥：堆肥是以秸秆、杂草、落叶、垃圾和其他有机废物为原料，通过堆沤，利用微生物的活动，使之腐烂分解而成的有机肥。含有机质多，但肥效较慢，属迟效性肥料，只能作为基肥用。主要堆肥的养分含量见表4-3。

表4-3   主要堆肥的养分含量

名　　称	氮（N,%）	磷（P_2O_5,%）	钾（K_2O,%）
麦秆堆肥	0.88	0.72	1.32
玉米秆堆肥	1.72	1.10	1.16
棉秆堆肥	1.05	0.67	1.82
稻草堆肥	1.35	0.80	1.47
生活垃圾	0.37	0.15	0.37

4）饼肥：饼肥是各种含油分较多的种子，经压榨去油后的残渣制成的肥料，如菜籽饼、豆饼、花生饼、桐籽饼等。饼肥经过堆沤，可以用作基肥或追肥。施用饼肥，可促进砂糖橘生长，对果实品质的提高作用明显。主要饼肥的养分含量见表4-4。

表4-4　主要饼肥的养分含量

名　　称	氮（N,%）	磷（P_2O_5,%）	钾（K_2O,%）
大豆饼	6.3~7.6	1.1~1.79	1.2~2.5
花生饼	6.3~7.6	1.1~1.4	1.3~1.9
菜籽饼	4.6~5.4	1.6~2.5	1.3~1.5
桐籽饼	2.9~5.0	1.3~1.5	0.5~1.5
棉籽饼	3.4~6.2	1.61~3.1	0.9~1.6
茶籽饼	4.6	2.5	1.4

5）绿肥：绿肥是植物嫩绿秸秆就地翻压或经沤制、发酵形成的肥料，也是有机肥的一种。在肥源不足的情况下，可以充分利用绿肥。园地种植绿肥，可实现以园养园，是解决砂糖橘肥源的重要途径之一。通常在砂糖橘行间、空闲地里种植毛叶苕子、肥田萝卜、绿豆、豌豆等绿肥作物，待其进入花期，刈割或拔除掩埋土中。绿肥富含有机质，养分完全，不仅肥效高，还可改良土壤理化性质，促进土壤团粒结构的形成，提高土壤肥力，增强土壤的保水、保肥能力。绿肥可直接翻压、开沟掩青或经过堆沤后再施入土壤。主要绿肥作物鲜草的养分含量见表4-5。

表4-5　主要绿肥作物鲜草的养分含量

名　　称	氮（N,%）	磷（P_2O_5,%）	钾（K_2O,%）
紫云英	0.33	0.08	0.23
紫花苜蓿	0.56	0.18	0.31
苕子	0.51	0.12	0.33
大叶猪屎豆	0.57	0.07	0.17
草木樨	0.77	0.04	0.19
蚕豆	0.52	0.12	0.93
绿豆	0.58	0.15	0.49
豌豆	0.51	0.15	0.52
印度豇豆	0.36	0.10	0.13

（续）

名　称	氮（N,%）	磷（P_2O_5,%）	钾（K_2O,%）
肥田萝卜	0.36	0.05	0.36
油菜青	0.46	0.12	0.35
玉米秆	0.48	0.38	0.64
稻草	0.63	0.11	0.85

（2）**无机肥料**　无机肥料多数为化学合成肥料，农民称其为化肥。化肥具有养分含量高，肥效快等优点，但也具有养分单纯，不含有机物，肥效时间不长等缺点。有些化肥长期单独使用，会使土壤板结、土质变坏，故应将无机肥与有机肥配合施用。

1）氮肥：即含有氮化物的无机肥，含氮量高，肥效快，多作为追肥。主要氮肥的理化性状及养分含量见表4-6。

表4-6　主要氮肥的理化性状及养分含量

肥料种类	氮（N,%）	化学反应	溶解性	物理性状
尿素	42~46	中性	水溶性	白色半透明小颗粒
硝酸铵	34~35	弱酸性	水溶性	白色结晶，易流失，吸湿性强
硫酸铵	20~21	弱酸性	水溶性	白色结晶或粉末，不能与碱性肥料混用
碳酸氢铵	17~17.5	弱碱性	水溶性	白色粉末或细粒结晶
氯化铵	24~25	弱酸性	水溶性	白色结晶，吸湿性强

2）磷肥：可供给植物磷素的肥料，有利于砂糖橘开花和坐果。主要磷肥的理化性状及养分含量见表4-7。

表4-7　几种磷肥的理化性状及养分含量

肥料种类	磷（P_2O_5,%）	化学反应	溶解性	物理性状
过磷酸钙	16~18	酸性	水溶性	有吸湿性，不能与碱性肥料混用
钙镁磷肥	14~20	带碱性	弱酸溶性	灰绿色或灰棕色粉末，不吸潮，不结块
骨粉	20~35	中性	微酸溶性	灰白色粉末，不溶于水，较难保存

3）钾肥：可供给植物钾素的肥料，钾肥多作为壮果肥施用。几种钾肥的理化性状及养分含量见表4-8。

表4-8　几种钾肥的理化性状及养分含量

肥料种类	钾（K_2O,%）	化学反应	溶解性	物 理 性 状
硫酸钾	48～52	中性	水溶性	白色结晶，吸湿性弱
氯化钾	50～60	中性	水溶性	白色，吸湿性强，易结块
硝酸钾	33	中性	水溶性	吸湿性强

4）复合肥料：含有两种以上营养元素的肥料。复合肥料可用两种方法制成，即用化学方法制成的化合物和用机械混合方法得到的混合物。几种复合肥料的理化性状及养分含量见表4-9。

表4-9　几种复合肥料的主要理化性状及养分含量

肥 料 种 类	养分含量（%）	化学反应	溶解性	物理性状
氨化过磷酸钙	氮（N）：2～3 磷（P_2O_5）：14～18	中性	水溶性	吸湿性强，易结块
磷酸铵	氮（N）：12～18 磷（P_2O_5）：46～52	中性	水溶性	无色晶体或白色粉末
磷酸二氢钾	磷（P_2O_5）：52 钾（K_2O）：35	酸性	水溶性	白色粉末，易潮解
氮磷钾复合肥	氮（N）：10 磷（P_2O_5）：10 钾（K_2O）：10	中性	水溶性	—

5）微量元素肥料：能够供给植物多种微量元素的肥料。如果土壤中某一元素供应不足，砂糖橘就会出现相应的缺素症状，产量降低，品质下降。有的果园，微肥成了生产上的限制因子，严重影响砂糖橘树势、产量和品质。栽种在红壤土地上的砂糖橘树，普遍存在着不同程度的缺锌，严重时，树势衰弱，落叶落果，果实偏小。因此，合理使用微肥是获得高产、优质的重要措施。主要微量元素肥料的养分含量及性质见表4-10。

表4-10　微量元素肥料的养分含量及性质

类　　型	名　　称	养分含量（%）	水　溶　性
铁肥	硫酸亚铁	铁（Fe）：19～20	易溶
	螯合铁	铁（Fe）：5～14	
硼肥	硼砂	硼（B）：11	40℃热水中易溶
	硼酸	硼（B）：17	易溶
锌肥	硫酸锌	锌（Zn）：35～40	易溶
	螯合态锌	锌（Zn）：14	
锰肥	硫酸锰	锰（Mn）：24～28	易溶

　　（3）生物肥料　生物肥料是指微生物（细菌）肥料，简称菌肥，是由具有特殊效能的微生物经过发酵（人工培制）而成的、含有大量有益微生物、对作物有特定肥效（或有肥效又有刺激作用）的特定微生物制品。通过施用微生物肥料，将作物不能吸收利用的物质转化为可被作物吸收利用的营养物质，改善作物的营养条件（有些兼有刺激作物生长或抗病性的作用）。

　　1）生物肥料的特点：

　　① 不破坏土壤结构，保护生态，不污染环境，对人畜和作物无毒害。

　　② 肥效持久。

　　③ 提高作物产量和改进农产品品质。

　　④ 成本低廉。

　　⑤ 有些种类具有选择性。

　　⑥ 其效果受土壤条件和环境因素影响较大。

　　⑦ 不能与杀菌剂接触或混用。

　　⑧ 不能长期暴露于阳光下。

　　2）生物肥料的种类：生物肥料中的细菌，以其功能分，主要有以下几类。

　　① 固氮菌：常温常压下以利用空气中的氮气作为氮素养料，将分子态氮还原为氨，即固氮作用。通常固氮菌制剂被称为固氮菌肥料，主要含有好气性的自生固氮菌和联合固氮菌。固氮菌除利用分子态氮外，也能利用铵盐和硝酸盐等无机含氮化合物，本身需要磷、钾、钙等矿质养

分；还能制造很多维生素类物质，如生物素、泛酸等，对作物生长有一定的刺激作用。

② 钾细菌肥料：钾细菌肥料又称生物钾肥、硅酸盐菌剂，是一种由人工选育的高效硅酸盐细菌经过工业发酵而成的一种生物肥料，其主要成分是硅酸盐细菌。施用生物钾肥是缓解我国钾肥不足、改善土壤大面积缺钾状况的有效措施。

钾细菌肥料的作用机理为：一是钾细菌肥料中的硅酸盐细菌可以通过其产生的有机酸直接破坏硅酸盐矿物的晶格结构，从而释放出固定在其中的钾素，供作物吸收利用；二是转化土壤中无效钾、磷、镁、铁、硅等灰分元素，可改善作物钾、磷和某些微量元素的营养水平；三是减少施入钾肥的固定量；四是硅酸盐细菌在生命活动过程中，产生多种活性物质如赤霉素等，这些物质可以刺激作物生长发育，增强植株的抗寒、抗旱、抵御病虫害、防早衰、防倒伏的作用。

③ 磷细菌肥料：磷细菌肥料就是能把土壤中的无效磷转化成有效磷的一种微生物制剂，其中包括两类细菌：一种是转化无机态的无效磷为有效磷的无机磷细菌，其作用是借助于细菌生命活动过程中产生的酸对无机磷的溶解作用；另一种是转化有机态的无机磷为有效磷的有机磷细菌，其作用是细菌生命活动中产生的酶对有机磷的分解作用。

④ 抗生菌肥料：抗生菌肥料是特定有益微生物经过工业化发酵生产的，对作物有特定的肥效、刺激生长或抗病虫害作用的生物制品。在这类肥料中，应用较为广泛的是"5406"抗生菌肥。"5406"抗生菌是1953年从老苜蓿的根际土壤中分离出来的一种放线菌，能分解有机碳化物获得碳源和能源，可利用葡萄糖、蔗糖，而以淀粉为最好；能利用有机氮化物，也能利用硝酸盐或铵盐等无机氮化物。其作用机制为：一是转化土壤中作物不能吸收利用的氮、磷养料；二是其代谢产物中产生抗菌物质能抑制某些病原菌，增强作物的抗病能力；三是其产生的刺激物质苯乙酸和琥珀酸等能促进种子萌发，增加叶绿素含量，提高酶的活性。

四、施肥时期

1. 基肥

基肥是在生长季之前施入的肥料，为全年的主要肥料，以迟效性有机肥为主，如厩肥、堆肥、枯饼、绿肥、杂草、垃圾、塘泥、滤泥等。它被施入土壤后，需经土壤微生物分解成小分子营养成分，才会被作物所吸收和利用。为尽快发挥肥效，可混施部分速效氮素化肥、磷肥等。结合基肥施入少量石灰，可调节土壤酸碱度。秋施基肥比春施好，早秋施肥比晚秋或冬施好。基肥秋施，肥料腐烂分解时间长，矿质化程度高，施肥当年，即可被根系吸收并贮备在树体内，第二年春季可及时被果树吸收利用，对满足果树第二年萌芽、开花、坐果和生长，都具有重要意义。另外，基肥秋施还可以提高土温，减少根系冻害。

2. 追肥

追肥又称补肥，是在砂糖橘树体生长期间，为弥补基肥的不足而临时补充的肥料。追肥以速效性无机肥为主，如尿素等。施入土壤后，易被作物吸收。追肥的时期与次数，应结合当地土壤条件、树龄树势及树体挂果量而定。一般土壤肥沃的壤土可少施，砂质土壤宜少施，勤施；幼树、旺树施肥次数比成年树少；挂果多的树可多次追肥；结果少或不结果的树，可少施或不施。砂糖橘的追肥分以下几个时期。

（1）促芽肥　春季砂糖橘大量开花，加上枝梢生长，消耗养分大，去年树体内虽然积累了一定的营养，但由于早春土壤温度低，根系吸收养分的能力弱，仍不能满足需要，养分供需矛盾比较突出。为此，必须在2月上中旬给较弱树和多花树适量追施速效性肥料，加以补充，可明显提高坐果率，又能促进枝叶生长，叶片长大转绿，尽早进入功能期，增强光合能力。但是，如树势较旺，或花芽量少的，花前不宜追肥，要避免春肥过重，导致春梢旺长，花更弱而造成大量落花落果（彩图22）。这次追肥应以氮、磷、钾配合，而适当多施氮肥为主。

（2）稳果肥　正值砂糖橘生理落果和夏梢抽发期，此时，施肥的主要目的在于提高坐果率，控制夏梢大量发生。另外，由于开花消耗了大量养分，如果营养不足，易造成大量生理落果。因此，在谢花时施肥有稳果的作用，即在4月下旬～5月上中旬适量追施速效性氮肥，并配合磷、钾肥，补充砂糖橘对营养物质的消耗，可减少生理落果，促进幼果迅速膨大。需要注意的是氮肥的施用不要过量，以免促发大量的夏梢，而加重生理落果。

（3）壮果促梢肥　7～9月是果实迅速膨大期，又是秋梢萌发、生长期，此时的肥水条件好坏，决定着当年的产量；同时也关系到秋梢的数量和质量，而秋梢又是来年良好的结果母枝，对来年的产量至关重要。为了确保果实增大及秋梢的质量，应在7月上旬施壮果促梢肥，结合抗旱灌水，适量施入速效性氮肥，加大磷、钾肥的比例，有利于促进果实迅速膨大，提高产量，并可促使秋梢老熟，有利于花芽分化。此时气温、土温均较高，正值根系生长高峰，发根量多，根系吸收能力强，是砂糖橘施肥的一个重要时期。

（4）采果肥　砂糖橘经过一年的生长、开花、结果，消耗了大量养分。果实采收后及时施采果肥，以速效性氮肥为主，配合磷、钾。用于补偿由于大量结果而引起的营养物质亏空，尤其是消耗养分较多的衰弱树，对恢复树势，增加树体养分积累，提高树体的越冬性，防止落叶，促进花芽分化具有重要作用，对来年的产量极为重要。

幼龄砂糖橘的施肥，目的在于促进枝梢的速生快长，迅速扩大形成树冠，为早结丰产打基础。所以，幼树施肥应以氮肥为主，配合磷、钾肥，可在生长期内勤施薄施，促使树体迅速生长，形成丰产树冠（彩图23）。

五、施肥量

施肥量要根据树龄、树势、结果量、土壤肥力等综合考虑。一般幼龄旺树结果少，土壤肥力高的可少施肥，大树弱树、结果多、肥力差的山地和荒滩要多施肥，沙地保水保肥力差，施肥时要少量多次，以免肥水流失过多。理论施肥量可按砂糖橘各器官对营养元素的吸收量减去土壤中原有的营养元素含量，再除以肥料的利用率来计算。

$$施肥量 = \frac{砂糖橘吸收肥料元素量 - 土壤供给量}{肥料利用率}$$

其中：吸收肥料元素量由一年中新梢、新叶、枝干及花量等总生成量中含有的营养成分算出；土壤供给量，氮约为吸收量的1/3，磷、钾为吸收量的1/2；肥料利用率，氮约为50%，磷约为30%，钾约为40%。

据实践经验，1～3年生幼树的施肥量为：基肥以有机肥为主，配合磷、钾肥，每株施绿肥青草30～40千克、猪栏粪50千克、磷肥1.5千克、复合肥1千克、饼肥0.5～1千克、石灰0.5～1千克。由于幼树根系不发达，吸水吸肥能力较弱，追肥以浇水肥为主，便于吸收。一般坚持"一梢两肥"，即每次发新梢施2次肥，分别在春、夏、秋梢各施1次促梢肥和壮梢肥。春、夏、秋三次梢的促梢肥，萌发前1周施，以氮肥为主，每株施尿素0.15～0.25千克、复合肥0.25千克，促使新梢萌发整齐、粗壮。春、夏、秋三次梢的壮梢肥，在新梢自剪时以磷、钾肥为主，每株施复合肥0.15～0.2千克促进新梢加粗生长，加速老熟。成年砂糖橘，基肥占全年施肥量的 60% ~ 70%，以有机肥为主，配合磷、钾肥，每株施猪牛栏粪 50 千克、饼肥 2.5 ~ 4.0 千克、复合肥 1 ~ 1.5 千克、硫酸钾 0.5 千克、钙镁磷肥和石灰各 1 ~ 1.5 千克，结合扩穴改土进行。追肥占全年施肥量的 30% ~ 40%。

[促芽肥]　用肥量占全年施肥总量的 10%，一般宜在春芽萌发前 2 周施下，以保证壮梢促花，提高坐果率。常以速效氮肥为主，配以适量磷钾肥。

[稳果肥]　用肥量占全年施肥总量的 10%，一般在第一次生理落果结束至第二次生理落果之前施下。以速效性氮、磷为主，配以适量钾。

[壮果肥]　施肥量约占全年施肥总量的 20%。此时是果实迅速膨大期，也是夏梢充实和秋梢抽出期。一般在秋梢抽发前 1 ~ 2 周内施下，以氮肥为主，适当配合磷、钾肥。

[施肥量]　一般砂糖橘对氮、磷、钾三要素的需求的比例是：1 : (0.3 ~ 0.5) : 1.2。我们假设施肥量是以经济产量作为计算的重要依据。通常 50 千克经济产量所需要的纯氮约为 0.5 千克、纯磷（P_2O_5）0.15 ~ 0.2 千克、纯钾（K_2O）为 0.6 千克。综合上述的分析和计算，得出各时期的施肥量。即基肥：10 千克鸡粪或鸽粪或 2.5 千克花生麸或 25 千克猪粪，加入 0.35 千克过磷酸钙，加入 0.3 千克硫酸钾。促芽肥：0.25 千克尿素，加入 0.25 千克过磷酸钙，加入 0.25 千克硫酸钾。稳果肥：0.16 千克尿素，加入 0.2 千克过磷酸钙，加入 0.18 千克硫酸钾。壮果肥：0.35 千克尿素，加入 0.15 千克过磷酸钙，加入 0.35 千克硫酸钾。

此外，肥料的种类较多，如施用复合肥，则要根据实际的商品肥的纯素含量计算；中量元素（如钙、镁、硫、锌等）也是植株不可缺少的必需元素，这要根据各地的土壤情况，进行适量补充。在改土施肥时，适量施用石灰，增加土壤中钙的含量，也可叶面喷施氨基酸钙。在砂糖橘枝梢生长期、花果期适当补充含锌、硼、镁的氨基酸液肥，如金装绿兴、绿芬威等叶面肥。

【提示】

　　增施有机肥。在生产中果农只注重化肥的施用，而忽视有机肥的施用，造成土壤板结。为此，建议果农要从思想上提高施用有机肥的意识。

六、施肥方法

施肥方法对提高肥效和肥料利用率，起着十分重要的作用。施肥不当，不仅浪费肥料，甚至会伤害果树，造成减产。

砂糖橘树的营养有无机营养和有机营养（图4-5）。无机营养来自于根系吸收，如氮、磷、钾、钙、镁、铁、硼、锰、锌、硫、钼、铜等；有机营养来自于叶片的光合作用。叶片除了进行光合作用，制造有机营养外，还具有吸收功能。叶子背面有许多气孔，通过渗透，可吸收一些无机营养。叶面施肥（根外追肥）是无机营养来源的一种补充形式。因此，砂糖橘的施肥方法有土壤施肥和根外追肥两种，土壤施肥效果的好坏，与施肥范围、深度、方法密切相关。

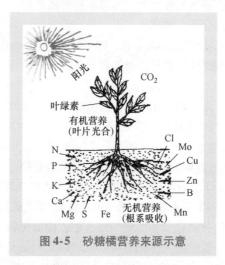

图4-5 砂糖橘营养来源示意

1. 土壤施肥

根据砂糖橘根系分布特点，追肥可施用在根系分布层的范围内，使肥料随着灌溉水或雨水下渗到中下层而无流失为目标。基肥应深施，引导根系向深广方向发展，形成发达的根系。氮肥在土壤中移动性较强，可浅施；磷、钾肥移动性差，宜深施至根系分布最多处。土壤施肥又分为沟施、穴施、撒施等。

（1）环状沟施肥 在树冠投影外围挖宽50厘米、深40~60厘米的环状沟，将肥料施入沟内，然后覆土（图4-6）。挖沟时，要避免伤大根，逐年外移。此法简单，但施肥面较小，只局限沟内，适合幼树使用。

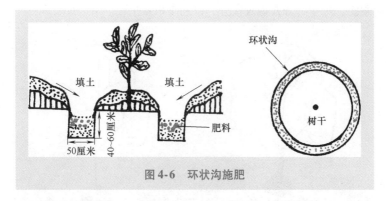

图4-6　环状沟施肥

（2）**条状沟施肥**　在树冠外围相对方向挖宽50厘米、深40～60厘米的由树冠大小而定的条沟。东西、南北向，每年变换1次，轮换施肥（图4-7）。这种方法在肥源、劳动力不足的情况下使用比较广泛，缺点是肥料集中面小，果树根系吸收养分受到局限。

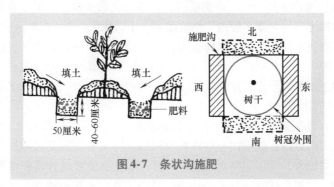

图4-7　条状沟施肥

（3）**放射沟施肥**　以树干为中心，距树干1米向外挖4～8条放射形沟（图4-8），沟宽30厘米，沟里端浅外端深，里深30厘米，外深50～60厘米，长短以超出树冠边缘为止，施肥于沟中。隔年或隔次更换沟的位置，以增加砂糖橘根系的吸收面。此法若与环状沟施肥相结合，如施基肥用环状沟，追肥可用放射状沟，效果更好。但挖沟时要避开大根，以免伤根。采用此法，肥料与根系接触面大，里外根都能吸收，效果较好。但在劳动力紧缺、肥源不足时不宜采用。

（4）**穴状施肥**　追施化肥和液体肥料如人粪尿等，可用此法。在树冠范围内挖穴4～6个（图4-9），穴深30～40厘米，倒入肥液或化肥，

然后覆土，每年将开穴位置错开，以利于根系生长。

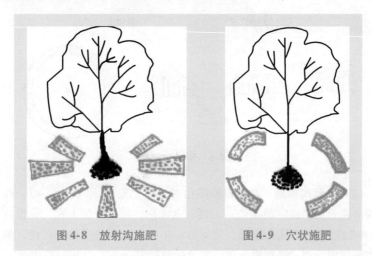

图 4-8　放射沟施肥　　　　　图 4-9　穴状施肥

（5）全园撒施　成年砂糖橘园，根系已布满全园，可采用全园施肥法，即将肥料均匀撒于园内，然后翻入土中，深度约 20 厘米，一般结合秋耕或春耕进行。此法施肥面积大，大部分根系能吸收到养分，但施肥过浅，常导致根系上浮，降低根系固地性，雨季还会使肥效流失，山坡地和砂土地更为严重。此法若与放射沟施肥隔年更换，可互补不足，发挥肥料的最大效用。

（6）灌溉施肥　将各种肥料溶于水中，成为根系容易吸收的形态，直接浇于树盘内，能很快被根系吸收利用。与土壤干施肥料相比，可大大地提高肥效，增加肥料利用率。同时，灌溉施肥通过管道把液肥输送到树盘，被根系吸收，减少劳动力，节约了果园的施肥成本。灌溉施肥的推荐用量：0.5% 的复合肥（氮、磷、钾含量各为 15%）液、10% 的稀薄腐熟饼肥液或沼液、0.3% 的尿素液等。

2. 根外追肥

根外追肥又称叶面喷肥，是把营养元素配成一定浓度的溶液，喷到叶片、嫩枝及果实上，15～20 分钟即可被吸收利用。这种施肥方法简单易行，用肥量少，肥料利用率高，发挥肥效快。砂糖橘树的保花保果、微量元素缺乏症的矫治、根系生长不良引起叶色褪绿、结果太多导致暂时脱肥、树势太弱等，都可以采用根外追肥，以补充根系吸肥的不足。但根外追肥不能代替土壤施肥，两者各具特点，互为补充。

砂糖橘根外追肥的使用量不宜过大，喷布次数不宜过多，如尿素应使用0.2%~0.4%，否则容易发生肥害。使用时间应选择阴天或晴天无风上午10:00前或下午4:00后进行，喷施应细致周到、喷布均匀，包括叶背，一般喷至叶片开始滴水珠为度。喷后下雨，会出现效果差或无效应，应进行补喷。为了节省劳动力，在不产生药害的情况下，根外追肥可与农药或生长调节剂混用，这样可起到保花保果、施肥和防治病虫害的多种作用。但各种药液混用时，应注意合理搭配。根外追肥常使用的肥料见表4-11。

表4-11　根外追肥常使用的肥料

肥料种类	质量分数（%）	喷施时期	喷施效果
尿素	0.1~0.3	萌芽、展叶、开花至采果	提高坐果，促进生长
硫酸铵	0.2~0.3	萌芽、展叶、开花至采果	提高坐果，促进生长
过磷酸钙	1~2	新梢停长至花芽分化	促进花芽分化
硫酸钾	0.3~0.5	生理落果至采果前	果实增大，品质提高
硝酸钾	0.3~0.5	生理落果至采果前	果实增大，品质提高
草木灰	2~3	生理落果至采果前	果实增大，品质提高
磷酸二氢钾	0.1~0.3	生理落果至采果前	果实增大，品质提高
硼砂、硼酸	0.1~0.2	发芽后至开花前	提高坐果率
硫酸锌	0.1	萌芽前、开花期	防治小叶病
柠檬酸铁	0.05~0.1	生长季	防治缺铁黄叶病
硫酸锰	0.05~0.1	春梢萌发前后和始花期	提高产量，促进生长
钼肥	0.1~0.2	花蕾期、膨果期	增产

七、砂糖橘的营养诊断及营养失调的矫正

1. 叶片营养诊断

叶片是砂糖橘的主要营养器官，其养分含量反映了树体的营养状况。在树体内，各种营养元素都有一定的适量范围，缺乏或过量都会引起树体生长不平衡。叶片分析就是应用化学分析或其他方法，把叶片中的各种元素的含量及其变化测定出来。根据土壤养分测定，判断砂糖橘树体内各种营养元素的需求余缺情况及其相互关系，作为指导施肥的依据。目前，砂糖橘营养诊断指标在国内尚无统一标准，现将美国的柑橘叶片营养诊断标准介绍如下（表4-12），仅供参考。

表4-12　柑橘叶片营养诊断标准

营养元素	占干物质总量的比例				
	缺乏	偏低	适量	偏高	过量
氮（%）	<2.20	2.20~2.40	2.50~2.70	2.80~3.00	>3.00
磷（%）	<0.09	0.09~0.11	0.12~0.16	0.17~0.29	>0.30
钾（%）	<0.70	0.70~1.10	1.20~1.70	1.80~2.30	>2.40
钙（%）	<1.50	1.50~2.90	3.00~4.50	4.60~6.00	>7.00
镁（%）	<0.20	0.20~0.29	0.30~0.49	0.50~0.70	>0.80
硫（%）	<0.14	0.14~0.19	0.20~0.39	0.40~0.60	>0.60
硼/（毫克/千克）	<20.00	20.00~35.00	36.00~100.00	101.00~200.00	>260.00
铁/（毫克/千克）	<35.00	35.00~49.00	50.00~120.00	130.00~200.00	>250.00
锌/（毫克/千克）	<18.00	18.00~24.00	25.00~49.00	50.00~200.00	>200.00
铜/（毫克/千克）	<3.60	3.70~4.90	5.00~12.00	13.00~19.00	>20.00
锰/（毫克/千克）	<18.00	18.00~24.00	25.00~49.00	50.00~500.00	>1000.00
钼/（毫克/千克）	<0.05	0.06~0.09	0.10~1.00	2.00~50.00	>100.00

2. 营养元素失调及矫正

砂糖橘缺乏某种元素时，其生理活动就会受到抑制，并在树体外部（枝、叶、果实等）表现出特有的症状。通过典型症状，就可判断缺乏某一元素，从而采取相应的矫正措施。

（1）缺氮

【症状表现】　缺氮时新梢生长缓慢，叶片小而薄，叶色褪绿黄化，老叶发黄，无光泽，部分叶片先形成不规则绿色和黄色的杂色斑块，最后全叶发黄而脱落；花少而小，无叶花多，落花落果多，坐果率低。老叶有灼伤斑，果皮粗厚，果心大，果小，味酸，汁少，多渣。果实着色和成熟延迟，果实品质差，风味变淡。严重缺氮时，枝梢枯死，树势极度衰退，形成光秃树冠，易形成"小老树"。

【矫正措施】　①新建砂糖橘园，土壤熟化程度低、结构差、有机质贫乏，应增施有机肥，改良土壤结构，提高土壤的保氮和供氮能力，防止缺氮症的发生。②合理施用基肥，以有机肥为主，适量增施氮肥，配合磷、钾肥，以满足树体对氮素的需求，特别是在雨水多的季节，氮素易遭雨水淋溶而流失，应注重氮肥的施用。对已出现缺氮症状的砂糖橘树，可用0.3%~0.5%的尿素溶液或0.3%的硫酸铵溶液叶面喷施，一般连续喷施 2~3 次即可矫治。③加强水分管理。雨季应加强果园的排水工作，防止果园积水，尤其是低洼地的砂糖橘园，以免根系因无氧呼吸造成黑根烂根现象。旱季及时灌水，保证根系生长发育良好，有利于养分的吸收，防止缺氮症发生。

（2）缺磷

【症状表现】 缺磷时，根系生长不良，吸收力减弱，叶少而小，枝条细弱，叶片失去光泽，呈暗绿色，老叶呈青铜色，出现枯斑或褐斑、灼伤斑，新梢纤细。严重缺磷时，下部老叶趋向紫红色，新梢停止生长，花量少，坐果率低，形成的果实皮粗而厚，着色不良，味酸汁少，品质差，易形成"小老树"。

【矫正措施】 ①在红壤丘陵山地栽种砂糖橘时，酸性土壤应配施石灰，以调节土壤 pH，减少土壤对磷的固定，提高土壤中磷的有效性。同时还应增施有机肥，改良土壤，通过微生物的活动促进磷的转化与释放。②合理施用磷肥。酸性土壤宜选用钙镁磷肥较为理想。磷肥的施用期宜早不宜迟，一般在秋、冬季结合有机肥作为基肥施用，可提高磷肥的利用率。对已出现缺磷症状的砂糖橘树，可在砂糖橘生长季节用 0.2%~0.3% 的磷酸二氢钾溶液、1%~3% 的过磷酸钙溶液或 0.5%~1.0% 的磷酸二铵溶液进行叶面喷施。③认真做好果园的排水工作，防止果园积水，避免根系因无氧呼吸造成黑根烂根现象。雨季要及时排水，提高土壤温度，保证砂糖橘根系生长发育良好，增加对土壤中磷的吸收。

（3）缺钾

【症状表现】 缺钾时老叶叶尖和叶缘部位开始黄化，随后向下部扩展，叶片变细并稍卷缩、皱缩，呈畸形，并有枯斑。新梢生长短小细弱。花量少，落花落果严重，果实变小，果皮薄而光滑，易裂果，不耐贮藏。抗旱、抗寒能力降低。

【矫正措施】 ①增施有机肥和草木灰等，充分利用生物钾肥资源，实行秸秆覆盖，能有效地防止钾营养缺乏症的发生。②合理施用钾肥。砂糖橘要尽量少用含氯的化学钾肥，因砂糖橘对氯离子比较敏感，通常施用硫酸钾代替氯化钾。对已出现缺钾症状的砂糖橘树，可在砂糖橘生长季节用 0.3%~0.5% 的磷酸二氢钾溶液或 0.5%~1.0% 的硫酸钾溶液进行叶面喷施，也可用含钾浓度较高的草木灰浸出液进行根外追肥。③缺钾症的发生与氮肥施用过量有很大的关系。应控制氮肥用量，增施钾肥，以保证养分平衡，避免缺钾症的发生。④认真做好果园的排水工作，尤其是低洼地果园。因为当地下水位高时，易造成果园积水，导致根系出现黑根烂根现象，并且生长发育不良，影响根系对土壤中钾的吸收，从而发生缺钾症。

（4）缺钙

【症状表现】 缺钙时，根尖受害，生长停滞，严重时可造成烂根，影响树势。缺钙多发生在春梢叶片上，表现为叶片顶端黄化，而后扩展到叶缘部位，叶脉褪绿、变狭小，病叶的叶幅比正常窄，呈狭长畸形，并提前脱落；树冠上部的新梢短缩丛状，生长点枯死，树势衰弱；落花落果严重；果小味酸，果形不正，易裂果。

【矫正措施】 ①红壤山地开发的砂糖橘园，土壤结构差，有机质含量低，应增施有机肥料，以改善土壤结构，增加土壤中可溶性钙的释放。②对已出现缺钙症状的果园，一次用肥不宜过多，特别要控制氮、钾化肥用量。一方面，氮、钾化肥用量过多，易与钙产生拮抗作用；另一方面，土壤盐浓度过高，会抑制砂糖橘根系对钙的吸收。叶面喷施钙肥一般在新叶期进行，通常常用 0.3%～0.5% 的硝酸钙溶液或 0.3% 的过磷酸钙溶液，每隔 5～7 天喷 1 次，连续喷 2～3 次。③酸性土壤，应适量使用石灰，增加土壤钙含量，可有效地防止缺钙症的发生。④土壤干旱缺水时，应及时灌水，保证根系生长发育良好，以免影响根系对钙的吸收。

（5）缺镁

【症状表现】 缺镁时，结果母枝和结果枝中位叶的主脉间或沿主脉两侧出现肋骨状黄色区域，即出现黄斑或黄点，从叶缘向内褪色，形成"∧"形黄化，叶尖到叶基部保持绿色，约呈倒三角形，附近的营养枝叶色正常，老叶会出现主、侧脉肿大或木栓化。严重缺镁时，叶绿素不能正常形成，光合作用减弱，树势衰弱，开花结果少，味淡，果实着色差，低产。出现枯梢和冬季大量落叶现象，有的患病树采后就开始大量落叶。病树易遭冻害，大小年结果明显。

【矫正措施】 ①一般可施用钙镁磷肥和硫酸镁等含镁肥料，补给土壤中镁的不足。②对已发生缺镁症状的砂糖橘树，可在砂糖橘生长季节用 1%～2% 的硫酸镁溶液进行叶面喷施，每隔 5～10 天喷 1 次，连续喷施 2～3 次。③雨季加强果园的排水工作，尤其是低洼地果园，当地下水位高时，要防止果园积水，避免根系因无氧呼吸而造成黑根烂根现象。旱季及时灌水，保证砂糖橘根系生长发育良好，有利于养分的吸收，防止缺镁症的发生。

（6）缺硫

【症状表现】 新梢叶像缺氮那样全叶明显发黄，随后枝梢发黄、叶变小，病叶提早脱落，而老叶仍为绿色，形成明显对照。患病叶主脉较其他部位要黄一些，尤以主脉基部和翼叶部位更黄，且易脱落。抽生的新梢纤细，而且多呈丛生状。开花结果减少，果实成熟期延迟，果小畸形，皮薄汁少。严重缺硫时，汁胞干缩。

【矫正措施】 ①新建砂糖橘园，土壤熟化程度低、有机质贫乏，应增施有机肥，以改良土壤结构，提高土壤的保水保肥能力，促进砂糖橘根系的生长发育和对硫的吸收利用。②对已发生缺硫症状的砂糖橘树，可在砂糖橘生长季节用 0.3% 的硫酸锌、硫酸锰或硫酸铜溶液进行叶面喷施，每隔 5~7 天喷 1 次，连续喷施 2~3 次。

（7）缺硼

【症状表现】 缺硼初期，新梢叶片出现黄色不规则形水浸状斑点，叶片卷曲，无光泽，呈古铜色、褐色以至黄色。叶畸形，叶脉发黄增粗，主、侧脉肿大，叶脉表皮开裂而木栓化。新芽丛生，花器萎缩，落花落果严重，果实发育不良，果小而畸形，幼果发僵发黑、易脱落，成熟果实果小、皮红、汁少、味酸、品质低劣。严重缺硼时，嫩叶基部坏死，树顶部生长受到抑制，出现枯枝落叶，树冠呈秃顶景观；有时还可看到叶柄断裂，倒挂在枝梢上，最后枯萎脱落。果皮变得厚而硬，表面粗糙呈瘤状，果皮及中心柱有褐色胶状物，果小，畸形，坚硬如石，汁胞干瘪，渣多汁少，淡而无味。

【矫正措施】 ①改良土壤环境，培肥地力，增强土壤的保水供水能力，促进砂糖橘根系的生长发育及其对硼的吸收。②合理施肥，防止氮肥过量，通过增施有机肥、套种绿肥，增加土壤的有效硼含量，提高土壤供硼能力，可有效地防止缺硼症的发生。③雨季应加强果园的排水工作，减少土壤有效硼的固定和流失。夏秋干旱季节，砂糖橘园要及时覆盖或灌水，保证砂糖橘根系生长健壮，有利于养分的吸收，防止缺硼症的发生。④对已发生缺硼症状的砂糖橘树，可进行土施硼砂，最好与有机肥配合施用，用量视树体大小而定，一般小树每株施硼砂 10~20 克，大树施 50 克；也可在砂糖橘生长季节用 0.2%~0.3% 的硼砂溶液进行叶面喷施，最好加等量的石灰，以防药害，每隔 7~10 天喷 1 次，连续喷施 2~3 次。严重缺硼的砂糖橘园还应在幼果期加喷 1 次 0.1%~0.2% 的硼砂溶液。

【提示】

无论是土施还是叶面喷施，都要做到均匀施用，切忌过量，以防发生硼中毒；硼在树体内运转力差，以多次喷雾为好，至少保证2次，才能真正起到保花保果的作用。

(8) 缺铁

【症状表现】 缺铁时，幼嫩新梢叶片黄化，叶肉黄白色，叶脉仍保持绿色，呈极细的绿色网状脉，而且脉纹清晰可见。随着缺铁程度的加重，叶片除主脉保持绿色外，其余呈黄白化。严重缺铁时，叶缘也会枯焦褐变，叶片提前脱落；枝梢生长衰弱，果皮着色不良，浅黄色，味淡味酸。砂糖橘缺铁黄化以树冠外缘向阳部位的新梢叶最为严重，而树冠内部和荫蔽部位黄化较轻；一般春梢叶发病较轻，而秋梢或晚秋梢发病较重。

【矫正措施】 ①改良土壤结构，增加土壤通气性，提高土壤中铁的有效性和砂糖橘根系对铁的吸收能力。②磷肥、锌肥、铜肥、锰肥等肥料的施用要适量，以避免这些营养元素过量而出现对铁的拮抗作用，导致缺铁症发生。③对已发生缺铁症状的砂糖橘树，可在砂糖橘生长季节用0.3%~0.5%的硫酸亚铁溶液进行叶面喷施，每隔5~7天喷1次，连续喷施2~3次。

【注意】

在挂果期不能喷布树冠，以免烧伤果面，造成伤疤，影响果品商品价值。

(9) 缺锰

【症状表现】 缺锰时，大多在新叶暗绿色的叶脉之间出现浅绿色的斑点或条斑，随着叶片成熟，叶花纹消失，症状越来越明显，浅绿色或浅黄绿色的区域随着病情加剧而扩大。最后叶片部分留下明显的绿斑，严重时则变成褐色，中脉区出现黄色和白色小斑点，引起落叶，还会使部分小枝枯死。果皮色浅发黄，变软。缺锰多发生在春季低温干旱的新梢转绿期。

【矫正措施】 ①新建砂糖橘园，土壤熟化程度低，有机质贫乏，应增施有机肥和硫黄，改良土壤结构，提高土壤锰的有效性和砂糖橘根系对锰的吸收能力。②合理施肥，保持土壤养分平衡，可有效地防止缺锰症的发生。③适量施用石灰，以防超量，降低土壤有效锰的含量。④雨水多的季节，淋溶强烈，易造成土壤有效锰的缺乏。对已发生缺锰症状的砂糖橘树，可在砂糖橘生长季节用0.5%～1.0%的硫酸锰溶液进行叶面喷施，每隔5～7天喷1次，连续喷施2～3次。

（10）缺锌

【症状表现】　缺锌时，枝梢生长受抑制，节间显著变短，叶窄而小，直立丛生，表现出簇叶病和小叶病。叶色褪绿，形成黄绿相间的花叶，抽生的新叶随着老熟叶脉间出现黄色斑点，逐渐形成肋骨状的鲜明黄色斑块，严重时整个叶片呈浅黄色，新梢短而弱小。花芽分化不良，退化花多，落花落果严重，产量低。果小、皮厚汁少。同一树上的向阳部位较荫蔽部位发病重。

【矫正措施】　①增施有机肥，改善土壤结构。在施用有机肥的同时，结合施用锌肥（如硫酸锌），通过增施锌肥和有机肥来改善锌肥的供给状态。提高土壤锌的有效性和砂糖橘根系对锌的吸收能力。②合理施用磷肥，尤其是在缺锌的土壤上，更应注意磷肥与锌肥的配合施用；同时要避免磷肥过分集中施用，以免造成局部缺锌，诱发砂糖橘缺锌症的发生。③对已发生缺锌症状的砂糖橘树，可在砂糖橘生长季节用0.3%～0.5%的硫酸锌溶液加0.2%～0.3%的石灰及0.1%的洗衣粉作为展着剂，进行叶面喷施，每隔5～7天喷1次，连续喷施2～3次。④做好果园的排灌工作。春季雨水多，及时排除果园积水，并降低地下水位；干旱季节，加强灌溉，保证根系的正常生长和吸收，可防止砂糖橘树缺锌症的发生。

【注意】

　　叶面喷施最好不要在芽期进行，以免发生药害。锌肥的有效期较长，无论土壤施肥还是叶面喷施，都无须年年施用。

（11）缺铜

【症状表现】　缺铜时，幼枝长而柔软且上部扭曲下垂，初期表现为新梢生长曲折呈"S"形，叶特别大，叶色暗绿，叶肉呈浅黄色的网状，叶形不规则，主脉弯曲。严重缺铜时，叶和枝的尖端枯死，幼嫩枝梢树皮上产生水泡，泡内积满褐色胶状物质，爆裂后流出，最后病枝枯死。幼果浅绿色，果实细小畸形，皮色浅黄、光滑，易裂果，常纵裂或横裂并产生许多红棕色至黑色瘤，果皮厚而硬，果汁味淡。

【矫正措施】 ①在红壤山地开发的砂糖橘园，应适量增施石灰，以中和土壤酸性。同时增施有机肥，改善土壤结构，提高土壤有效铜含量和砂糖橘根系对铜的吸收能力。②合理施用氮肥，配合磷、钾肥，保持养分平衡，防止氮肥用量过度，引发缺铜症的发生。对已发生缺铜症状的砂糖橘树，可在砂糖橘生长季节用 0.2% 的硫酸铜溶液进行叶面喷施，最好加少量的熟石灰（0.15%~0.25%），以防发生药害，每隔 5~7 天喷 1 次，连续喷施 2~3 次。

(12) 氯害

【症状表现】 受害株叶片在中肋部基部有褐色坏死区域，褐（死组织）绿（活组织）界线清楚，继而叶身从翼叶交界处脱落，乃至整个枝条叶片脱光，同时枝梢出现褐色，变干枯。严重时整株死亡。

【矫正措施】 ①在砂糖橘树上严格控制施用含氯的化肥，因砂糖橘对氯离子比较敏感，尤其是要控制含有氯化铵及氯化钾的"双氯"复混肥的施用，以防发生氯中毒，给砂糖橘带来不必要的损失。②对已发生氯中毒的砂糖橘树，要及时地把施入土壤中的肥料移出，同时叶面喷施 6000 倍液的爱多收或 0.2% 的磷酸二氢钾，以恢复树势。③受氯危害严重的砂糖橘树，树体出现大量落叶，要加重修剪量，在春季萌芽前应早施肥，使叶芽萌发整齐，在各次枝梢展叶后，树冠叶面可喷施 0.3% 的尿素加 0.2% 的磷酸二氢钾混合液，也可喷施有机营养液肥 1~2 次，如农人液肥、氨基酸、倍力钙等，以促梢壮梢，尽快恢复树势和产量。

第四节 水 分 管 理

一、水分管理的误区与存在的问题

砂糖橘是常绿果树，枝梢年生长量大，挂果时期长，对水分要求较高；水是果实、枝叶、根系细胞原生质的组成部分；水是光合作用的原料，并直接参与呼吸作用，以及淀粉、蛋白质、脂肪等物质的水解；水是无机盐及其他物质的溶剂和各种矿质元素的运输工具；水还参与蒸腾作用，调节树体的温度，使砂糖橘适应环境。砂糖橘园土壤水分状况与树体生长发育、果实产量、品质有直接关系。水分充足时，砂糖橘营养生长旺盛，产量高，品质优；土壤缺水时，砂糖橘新梢生长缓慢或停止，严重时，造成落果和减产。但土壤水分过多，尤其是低洼地的砂糖橘园，雨季易出现果园积水，根系缺氧而进行无氧呼吸，致使根系受害，并出现黑根烂根现象。因此，加强土壤水分管理，保证果园干旱时的水分供应是高产优质的关键。

我国的砂糖橘绝大多数都是栽种在山坡和丘陵，普遍存在着干旱缺水的威胁。在对待水这个关键因素上，存在的主要问题是：①具备人工灌溉条件的砂糖橘园，灌水不科学，不能完全根据砂糖橘生长发育的需要，及时、适量地灌水，而是较多地盲目进行大水漫灌。②在依靠自然降水的砂糖橘园，多数缺乏在丰水季节进行简易集水、待缺水季节用来"救命"的观念与措施。③在自然降水丰富的地区，集中降水季节很少注意排涝。目前，仍有相当部分的砂糖橘园，因人工灌溉设备成本高而主要依靠自然降水，不能满足砂糖橘所需的水分要求，园地水利管理的缺位，也是造成砂糖橘低产的重要原因之一。

二、砂糖橘的需水特点

砂糖橘在生长发育过程中，需要大量的水分，如光合作用、呼吸作用和物质的吸收等，都与水分关系密切。当土壤水分不足时，生长停滞，从而引起枯萎、卷叶、落叶与落花落果，产量下降，并影响到果实品质。土壤孔隙含氧量在8%以上时，有利于新根的生长；当土壤水分过多，造成积水，土壤中含氧量下降，当土壤孔隙含氧量低于4%时，新根生长缓慢；当土壤含氧量在2%时，根系生长逐渐停止；当土壤含氧量低于1.5%时，根系进行无氧呼吸并积累有毒物质，引起根系毒害，导致新根不能生长，原有的根系也会腐烂，形成黑根烂根，甚至出现根系死亡现象。因此，当土壤积水导致板结时，根系生长缓慢，甚至停止生长，树势衰弱，树体叶片黄化（彩图24），引起落花落果，产量下降，甚至不能开花结果。在年降水量为1200～2000毫米且降水比较均匀的条件下有利于砂糖橘的生长。在雨量不足或分布不均的地方种植时，要有水源和灌溉设施。

土壤湿度也影响砂糖橘根系的生长，一般为土壤田间持水量保持在65%左右，利于砂糖橘根系生长。空气湿度对砂糖橘的生长，也有很大的影响，比如空气过于干燥或湿度过低，都不利于砂糖橘的生长结果，会导致落花落果严重。空气湿度在80%左右时，有利于砂糖橘的生长。在雨水充足或多雾的地区种植砂糖橘，由于空气湿度较高，生产的果品，表现为果形大而均匀，果皮薄而光滑，色泽鲜艳，果汁多，风味佳，落

果少，产量高而且稳定。

三、节水灌溉技术

1. 灌水时期

在生长季节，当自然降水不能满足砂糖橘生长和结果的需要时，必须灌水。正确的灌水时期，不是等砂糖橘已从形态上显露出缺水状态（如果实皱缩、叶片卷曲等）时再灌溉，而是要在砂糖橘未受到缺水影响以前进行。确定灌水时期的方法：一是测定土壤含水量。常用烘箱烘干法，在主要根系分布的10～25厘米土层，红壤土含水量18%～21%、砂壤土含水量16%～18%时，应灌水。二是测量果径。在果实停止发育增大时，即为果实膨大期需灌水期。三是土壤成团状况。果园土为壤土或砂壤土，在深5～20厘米处取土，用力紧握土不成团，轻碰即散，则要灌水；如果是黏土，就算是可以紧握成团，轻碰即裂，也需要灌水。四是土壤水分张力计的应用。现已较普遍地安装于果园中，用来指导灌水。一般认为，当土壤含水量降到田间最大持水量的60%，接近"萎蔫系数"时应灌水。生产中应关注以下4个灌溉时期。

(1) 高温干旱期 夏秋干旱季节，尤其是7～8月，温度高，蒸发量大，此时正值果实迅速膨大和秋梢生长时，需要大量水分。缺水会抑制新梢生长，影响果实发育，甚至造成大量落果。所以，7～8月是砂糖橘需水的关键时期。

(2) 开花期和生理落果期 当砂糖橘开花期和生理落果期气温高达30℃以上，或遇干热风时，极易造成大量落花落果，必须及时地对果园进行灌溉，或采取树冠喷水，可起到保花保果的作用，尤其是对防止异常落花落果的效果十分明显。

(3) 果实采收后期 果实中含有大量水分，采后，树体因果实带走大量的水分而出现水分亏缺现象，破坏了树体原有的水分平衡状态，再加上天气干旱，极易引起大量落叶。为了迅速恢复树势，减少落叶，结合施基肥，及时灌采（果）后水，可促使根系吸收和叶片的光合效能，增加树体的养分积累，有利于恢复树势，提高花芽分化质量，为树体安全越冬和下一年丰产打好基础。

(4) 寒潮来临前期 一般在12月～第二年1月，砂糖橘树常常遭受低温侵袭而出现冻害，引起大量的果实受冻，影响果实品质。为此，在寒潮来临之前，对果园进行灌水，对减轻冻害十分有效。

【注意】

　　忌采前浇水。采前浇水容易引起裂果，尤其是采前久旱浇水，裂果更加严重，还会引起果实含糖量降低，风味变差，成熟期推迟，果实不耐贮藏。

2. 灌水量

　　砂糖橘需水量受气候条件、土壤含水量等影响较大。一般应根据土质、土壤湿度和砂糖橘根群分布深度来决定。最适宜的灌水量，应在一次灌溉中使砂糖橘根系分布范围内的土壤湿度，达到最有利于其生长发育的程度，通常要求砂糖橘根系分布范围内的土壤持水量达到60%～80%，灌水以一次性灌足为好。如果灌水次数多而量太小，土壤很快干燥，不能满足砂糖橘需水要求，也易引起土壤板结。灌水时，幼龄砂糖橘树每株灌水25～50千克，灌水次数适当增加；成年砂糖橘树每株灌水100～150千克，水分达到土层深度的40厘米左右，可达到保持土壤湿润的目的。灌1次水后，若在7～8月高温季节未遇雨时，需隔10～15天再灌第二次水。灌溉后，适时浅耕，切断土壤毛细管，或进行树盘覆盖，减少土壤水分蒸发，有利于防旱蓄水效果的提高。

3. 灌水方法

　　山地果园灌溉水源多依赖修筑水库、水塘拦蓄山水，也有利用地下井水或江河水，引水上山进行灌溉。合理的灌溉，必须达到节约用水，充分发挥水的效能，又要减少对土壤的冲刷。灌溉有沟灌、浇灌、蓄水灌溉、喷灌和滴灌等多种方法。

　　(1) 沟灌　平地砂糖橘园，在行间挖深20～25厘米的灌溉沟，与输水道垂直，稍有坡度，实行自流灌溉。灌溉水由沟底、沟壁渗入土中。山地梯田可以利用台后沟（背沟）引水至株间灌溉。山地砂糖橘园因地势不平坦，灌溉之前，也可在树冠滴水线外缘开环状沟，并在外沟缘围筑一小土埂，将水逐株引入沟内或树盘中。灌水完毕后，将土填平。此法用水经济，全园土壤浸湿均匀。但应注意，灌水切勿过量。

　　(2) 浇灌　在水源不足或幼龄砂糖橘零星分布种植的地区，可采用人力排水或动力引水皮管浇灌。一般在树冠下地面开环状沟、穴沟或盘沟进行浇水。这种方法费工费时，为了提高抗旱的效果，可结合施肥进行，在每担水（按40～50千克计算）中加入6～7.5千克勺人粪尿，或

0.1～0.15 千克尿素，浇灌后即进行覆土。该法简单易行，目前在生产中应用极为普遍。

（3）蓄水灌溉

1）蓄水池选址：蓄水池要选在有一定的集水面积，能产生一定的地表径流，施工作业方便，距砂糖橘园较近的地方，或设在砂糖橘园中。

2）池数的测算：根据砂糖橘园对灌水的需要，一般 1200～1800 米^2（2～3 亩）修筑 1 个水池，就可基本解决一次灌溉的需水量。

3）蓄水池的建造：在果园内挖蓄水池，当降雨时，集中雨水到池内，以备干旱时解决水源不足的问题。建造蓄水池，以立式水池较适宜。

① 立式水池：建造时，首先在选定的建池点，开挖深 1.2～2 米和直径为 1～1.2 米，上口直径为 0.8～1 米的圆筒井，将池壁及底部铲平。然后将水泥与细沙按 1:3 的比例用水拌匀，均匀地涂抹池壁和底部，池壁抹面厚度为 2 厘米，池底抹面厚度为 5 厘米。为保证抹面的严密度，作业应分 2 次完成，每次抹后要用抹刀压 3～4 小时。接着，用水泥浆细刷 2 遍。最后砌池口，挖缓冲池。在地表径流来水的方向，齐地面起砌1 个宽 20 厘米、逐渐向内收缩 10 厘米、墙面高出地面 20 厘米的喇叭形进水口。在距进水口 50 厘米处，挖 1 个长、宽各 50 厘米，深 60 厘米的缓冲池，将四周铲平或用水泥抹平，在底部放上碎石块。缓冲池的上口要与蓄水池的进水口持平，池盖为水泥盖。

这种蓄水池具有不受地形和土质限制，一次建造便可多年使用，简便实用，造价低和用工少等优点。

② 长方形水池：水池规格为长 3.5 米、宽 2.5 米、深 1.2 米，池内表面使用水泥或混凝土，以防水渗，1 个水池可蓄水 10 米^3。还可利用池水配制农药，节约挑水用工。

4）维护：雨季来临前，对蓄水池逐个进行检修，发现破损，及时用水泥修补好，并清理缓冲池及进水口的淤泥、杂草和乱石，疏通地表径流通路。蓄水后，要及时加盖，封堵进水口，并在周围埋上 40 厘米的厚土，以减少水分蒸发。在雨季蓄水不满或用水之后，或非雨季偶然降大雨时，要打开进水口，以补充蓄水。

（4）喷灌 喷灌是利用水泵、管道系统及喷头等机械设备，在一定的压力下将水喷到空中分散成细小水滴灌溉植株的一种方法。其优点是：减少径流，省工省水，改善果园的小气候，减少对土壤结构的破坏，保持水土，防止返盐，不受地域限制等。但其投资较大，实际应用有些困难。

（5）**滴灌** 滴灌又称滴水灌溉，是将有一定压力的水，通过系列管道和特制毛细管滴头，将水呈滴状渗入果树根系范围的土层，使土壤保持砂糖橘生长最适宜的水分条件。其优点是：省水省工，可有效地防止表面蒸发和深层渗透，不破坏土壤结构，增产效果好。滴灌不受地形限制，更适合于水源紧缺，地势起伏的山地砂糖橘园，可与施肥结合，提高工效，节省肥料。但滴灌的管道和滴头易堵塞。

（6）**地膜覆盖穴贮肥水**（图4-10） 在3月上旬，距砂糖橘树干70厘米处的四个方向，各挖1个深40厘米、直径为15～20厘米的穴，用作物秸秆或草做成长30厘米、粗15厘米的草把，将草把用水泡透（用尿稀释液更好）后放入穴内，再用土填满周围空隙，最后用地膜将树行覆盖，地膜周围用土压牢。穴上方开1个小孔，不浇水时用土把小孔盖严，浇水时扒开（图4-10）。3～4月，每隔10～15天浇水1次。5～6月，7天左右浇水1次，每个穴每次浇水5～8升。在萌动期和春梢停长时，浇水时可结合进行追肥，即先把肥料放入孔内再浇水。在汛期，将地膜清除干净，防止其污染土壤。

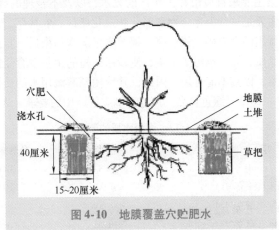

图4-10 地膜覆盖穴贮肥水

实践证明：对山丘旱地砂糖橘树采用穴贮肥水加地膜覆盖的浇水方式后，土壤含水量可提高1.4%。

（7）**竹筒贮肥水** 在南方竹产区可采用此法，即锯一段长50厘米、直径为5～8厘米的竹筒，把竹节打通。种植砂糖橘时，在离树20厘米处将其同时栽入，入土深度为40厘米，高出土面10厘米。竹筒上盖一层薄膜，用胶圈套紧。干旱时，通过竹筒灌水，使水缓缓渗入砂糖橘树根群密集区。追肥也可通过竹筒进行。经数年砂糖橘树长大后，在树的另一侧加埋竹筒1个，用2个竹筒渗输肥水。再过数年，还可在另外两侧增加第三、第四个竹筒，以满足砂糖橘树对肥水的需求。这种竹筒贮肥水的方法，与地表灌水追肥相比，水的利用率可达95%左右，节省化肥30%以上，从而使砂糖橘树生长快、结果早、丰产稳产。

（8）贮水袋简易滴灌技术　贮水袋，采用厚度0.09～0.1毫米的增强薄膜袋，袋径为50厘米，长度视装水量而定。一般每袋贮水200～250升，安装于距树干1米左右处。袋口接2根水管，一根直径为5～6厘米，用作补水管兼进气管；另一根直径为0.5～0.6厘米，作为滴水管。滴水端管口处固定在地面下20厘米处，管口放些卵石或石子，以利于渗水并防止管口阻塞。滴灌器具装好后，覆盖地膜、盖草，然后向袋内注入洁净的水（根据需要也可溶进各种肥料），装水量占水袋容积的80%。将进气管朝上系在树干上，以利于进气。可以在滴水管上装1个控制阀，在需要灌时打开阀滴灌。

四、生产砂糖橘绿色食品和有机食品对灌溉水质的要求

水质污染主要来自城市和工矿区的废水，以及不合理的施肥与喷药。工业废水，主要是含酸类化合物和氰化物及化肥厂、农药厂、化工厂和造纸厂等工厂排出的含有砷、汞、铬、镉等废水。水污染后，直接降低砂糖橘的产量和品质，同时也污染土壤，使砂糖橘树的生长发育受阻，果实中有毒物质积累，以致不能食用。因此，砂糖橘园灌溉用水的质量，必须符合 NY/T 391—2013《绿色食品　产地环境质量》中的要求（表4-13）。

表4-13　灌溉水质的要求

项　目	指　标	检测方法标准
pH	5.5～8.5	GB 6920
总汞/（毫克/升）	≤0.001	HJ 597
总镉/（毫克/升）	≤0.005	GB 7475
总砷/（毫克/升）	≤0.05	GB 7485
总铅/（毫克/升）	≤0.1	GB 7475
六价铬/（毫克/升）	≤0.1	GB/T 7467
氟化物/（毫克/升）	≤2.0	GB/T 7484
化学需氧量（CODer）/（毫克/升）	≤60	HJ 828
石油类/（毫克/升）	≤1.0	HJ 637
粪大肠菌群/（个/升）	≤10000	SL 355

第五章
整形修剪是提高效益的重要调节手段

第一节　正确认识砂糖橘树枝梢的生长发育特性

一、枝梢生长发育特性的认识误区和存在的问题

枝梢是构成树冠的主体。幼龄砂糖橘树应尽早形成树冠，尤其是 2~3 年生的幼树，尽量少结果，保证枝梢正常生长，不断扩大树冠，这是提高砂糖橘种植效益的基础。但有不少果农片面地认为，只要树体能结果，就让其自然挂果，而不管树体生长情况，常常造成幼树阶段结果过多，影响树体的进一步扩大，树冠小，后期产量低。也有不少果农对于成年砂糖橘树，只重视主干、主枝的环割、环剥，而不注意树冠内膛的修剪，致使树体通风透光条件差，内膛郁闭，严重地影响了砂糖橘的产量。

二、枝条的类型与特性

砂糖橘树每年抽发大量的新梢，不断扩大树冠，增加叶面积。枝梢是开花结果的基础。一年中枝梢发生的数量，是反映树体营养状况的重要标志和确定第二年产量的依据。

由芽萌发抽生的枝，又称梢。砂糖橘树枝梢的主要功能是输导和贮藏营养物质。枝梢幼嫩时，表面有叶绿素和气孔，能进行光合作用，形成有机营养，直至表皮和内部的叶绿素消失，伴随外层木栓化的出现，光合作用才停止。砂糖橘树枝梢因顶芽自枯而呈丛状分枝，这是造成成年砂糖橘树树体郁闭、树势衰弱、产量下降的主要原因。所以生产上应加强对成年砂糖橘树的栽培管理，合理修剪，改善树体通风透光条件，减少无效营养消耗，保证树体营养生长健壮，以达到高产、优质、高效的栽培目的。

1. 按季节划分

砂糖橘树的枝梢，1 年可抽生 3~4 次。依枝条抽生的季节，可将枝

梢划分为春梢、夏梢、秋梢和冬梢。

（1）春梢　春梢在3月中旬~4月初抽发。春梢是一年中最重要的枝梢，占全年新梢量的40%~60%。此时气温较低，光合作用产物少，梢的抽生主要利用树体去年贮藏的养分，所以，春梢节间短，叶片较小，先端尖。春梢抽生整齐，数量多，一般长5~10厘米，有4~8片叶，最长的春梢可达20厘米以上，有19片叶。

春梢是形成结果母枝的主要枝梢，也是构成二、三次梢的基枝，其抽生数量与质量，是衡量树体生长势强弱和大小年结果的标志。

（2）夏梢　夏梢在5月中旬~7月中旬陆续抽发。夏梢抽发不整齐，其发生量为全年新梢总量的10%左右。此时气温高，雨水多，枝梢生长快，故夏梢长而粗壮，一般长20~60厘米，最长可达60厘米以上。节间长，叶片大，叶色浅，枝条横断面呈三棱形，不充实。夏梢是幼树的主要枝梢，对夏梢留6~8片叶摘心，可以加快幼树树冠的形成。成年结果树夏梢过多，会加重梢与果之间的矛盾，引起幼果大量脱落。因此，抹除夏梢对成年砂糖橘树的保果极为重要。

（3）秋梢　秋梢在8月初抽发，一般长20~50厘米。秋梢生长势比春梢强，比夏梢弱，枝梢横断面呈三棱形。秋梢叶片大小介于春梢和夏梢之间。秋梢发生量一般为全年新梢总量的30%~40%。8月发生的早秋梢，有较长的生长季节，组织充实，能形成优质花芽，可成为优良的结果母枝（彩图25）。在江西省赣南地区，9月20日前抽生的秋梢都可以老熟成为结果母枝，而9月20日以后抽生的晚秋梢，易遭受潜叶蛾危害，引起落叶。所以，生产上要培养健壮的早秋梢，严格控制晚秋梢的发生。

（4）冬梢　立冬后抽生的枝梢，称为冬梢。在肥水条件好的冬季温暖地区，如广东省及江西南部地区，还可抽生冬梢。生长旺盛的幼树上抽发冬梢较多。在成年树上，冬梢抽生会影响夏、秋梢养分的积累，还会遭受潜叶蛾危害，故在生产中，应严格控制冬梢的萌发。

2. 按性质划分

依砂糖橘树枝梢性质的不同，可将其划分为生长枝、结果母枝和结果枝。

（1）生长枝　凡当年不开花结果或其上不形成混合芽的枝梢，都称为生长枝。根据生长枝长势强弱，可将其细分为普通生长枝、徒长枝和纤细枝。

1）普通生长枝：枝梢长度在 20～60 厘米，枝梢充实，先端芽饱满，是构成幼树树冠的主要枝梢，也可把它培育成结果基枝，为幼树生长不可缺少的枝条。普通生长枝在幼树上多（彩图 26），在成年树上较少。

　　2）徒长枝：是生长最旺盛的枝梢，长度在 60 厘米以上，多数由树冠内膛的大枝甚至主干上的隐芽抽生而成。徒长枝虽粗长，但组织不充实，节间长，叶片大而薄，叶色浅，枝的横断面呈三棱形，有刺。徒长枝应尽早将其从基部去除，以减少树体养分的消耗。

　　3）纤细枝：多发生在衰弱植株的内膛及中下部光照差的部位。通常枝条纤细而短，叶小而少。这类枝若任其自然生长，往往自行枯死。对纤细枝，应将其从基部去除或进行改造。通过短截，改善其光照条件，补充营养，可使其转弱为强，变成结果枝组。

　　(2) 结果母枝　砂糖橘树能抽生花枝的基枝，称为成花母枝。成花母枝上的花枝能正常坐果的枝条，称为结果母枝。换句话说，结果母枝是指当年形成、第二年开花结果的枝梢，如顶芽及附近数芽为混合芽，第二年春季由混合芽抽枝发叶、开花结果的枝条。结果母枝一般生长粗壮，节间较短，叶中等大，质厚而色浓，上下部叶片大小近似。

　　砂糖橘树的结果母枝有多种类型，包括去年抽生的春梢、夏梢、秋梢等一次梢，春夏梢、春秋梢和夏秋梢等二次梢，强壮的春夏秋三次梢，以及 2 年生以上的老枝，去年已采果的果梗枝及落花落果枝等，都可成为结果母枝，生长健壮的结果母枝抽生的结果枝坐果率高（彩图 27）。

　　(3) 结果枝　凡当年开花结果或其上形成混合芽的都为结果枝。通常由结果母枝顶端一芽或附近数芽萌发而成，但均表现为第一、第二节位（母枝顶端为第一节）抽生结果枝能力最强，以下节位抽生结果枝能力依次减弱，集中分布在第一至第四节位。结果枝长度为 2～15 厘米不等，节间短，叶较小或无叶，枝粗壮，近圆形。根据枝上叶片的有无，结果枝可细分为有叶结果枝和无叶结果枝。

　　1）有叶结果枝：这种结果枝花和叶俱全，多发生在强壮的结果母枝上部，长 3～15 厘米，最长可达 20 厘米，有 1～9 片叶，最多 12 片叶。生长健壮的有叶结果枝坐果率高（彩图 28）。有叶结果枝又分为有叶顶单花枝、有叶腋生花枝和有叶花序枝。

　　2）无叶结果枝：这种结果枝有花无叶，多发生在瘦弱结果母枝上，长度一般不超过 1 厘米，结果枝退化短缩，仅有不明显叶痕。无叶结果枝又分为无叶顶单花枝和无叶花序枝。

砂糖橘初结果树的有叶结果枝多。随着树龄增大，其有叶结果枝数量逐渐减少。一般 4 片叶以上的有叶结果枝，结果后的第二年能再抽生结果母枝，而在第三年结果，少数在结果后第二年直接抽出结果枝再度结果。而短的有叶结果枝及无叶结果枝，结果后第二年一般无力再抽新梢。

【提示】

砂糖橘树不同的结果枝种类，其结果能力是不同的。通常有叶结果枝坐果率较无叶结果枝高。生产上可通过短截或缩剪部分结果母枝、衰弱枝组与落花落果枝组，减少非生产性消耗，促发健壮的营养枝，增加有叶花枝数，减少无叶花枝（彩图 29），提高坐果率。

三、枝条的萌芽力与成枝力

萌芽力是指 1 年生枝条在自然状态下，所萌发的芽数占总芽数的百分比。成枝力，是指萌芽后抽生的长枝数占总萌发芽数的百分比。

砂糖橘是萌芽力和成枝力较强的树种，枝量增长快，易早结丰产，易整形，中长枝多，树冠成形快，但若控冠不及时，树冠易郁闭。

四、芽的种类及特性

砂糖橘芽萌发抽生，形成枝、叶、花等器官。芽是适应不良外界环境条件的一种临时性器官，具有与种子相似的特性。芽具有生长结果、更新复壮及繁殖新个体的作用。砂糖橘极易发生芽变，生产上可利用芽变来繁育砂糖橘新品种。

1. 芽的种类

砂糖橘的芽分为叶芽和花芽。在外部形态上，叶芽和花芽没有明显区别。叶芽萌发抽生枝叶，花芽属混合芽，即萌发后，先抽生枝叶，后开花结果。砂糖橘的芽是裸芽，无鳞片包裹，而是由肉质的先出叶包着。因枝梢生长有"自剪（自枯）"的习性，故无顶芽，只有侧芽。侧芽又称腋芽，着生于叶腋中。砂糖橘的芽是复芽，即在 1 个叶腋内着生数个芽，但外观上不太明显，其中最先萌发的芽称为主芽，其余后萌发或暂不萌发的芽称为副芽。

2. 芽的特性

（1）芽的早熟性　砂糖橘的芽具有早熟性，即在当年生枝梢上的芽当年就能萌发抽梢，并形成二次梢或三次梢。芽的早熟性使砂糖橘一年能抽生2~4次梢。生产上利用芽的早熟性和一年多次抽梢的特点，对幼树的夏季、秋季长梢进行摘心处理，可促使枝梢老熟，芽体提早成熟，提早萌发，缩短一次梢生长时间，多抽一次梢，增加末级梢的数量，有利于扩大树冠，使幼树尽早成形，尽早投产。

（2）**芽的异质性**　同一枝条不同部位的芽存在着差异，这是芽在发育过程中，因枝条内部营养状况和外界环境条件的差异所造成的，这种差异称为芽的异质性。如果早春温度低，新叶发育不完全，光合作用能力弱，制造的养分少，则枝梢生长主要依靠树体去年积累的养分。这时所形成的芽，发育不充实，常位于春梢基部而成为隐芽。其后，随着温度的上升，叶面积增大，光合作用增强，新叶开始合成营养，树体养分充足。此时形成的芽较充实饱满，位于枝梢中、下部。而枝梢顶部的芽，由于新梢生长到一定时期后顶芽自剪（自枯），侧芽（腋芽）代替顶芽生长，故最后生长的腋芽较为饱满。生产上利用芽的异质性，通过短截枝梢，促发中、下部的芽，增加抽枝数量，尽快扩大树冠。

【注意】

　　砂糖橘树枝梢顶芽自剪，通常是指新梢生长到一定时期后，枝梢顶芽自行变黄枯萎而脱落，由侧芽代替顶芽生长。当枝梢顶芽变黑色枯萎时，这不是顶芽自剪现象，而是炭疽病危害所致，应采取打药防治。

（3）**芽的潜伏性**　隐芽，也叫潜伏芽，发育不充实，通常位于枝梢和枝干基部。隐芽一般不萌发，只有在枝干受到损伤、折断或重缩剪等刺激后，隐芽才萌发，并抽生成生长势强旺的新梢。隐芽寿命长，可在树皮下潜伏数十年不萌发，只要芽位未受损伤，隐芽就始终保持发芽能力，而且一直保持其形成时的年龄和生长势，枝干年龄越老，潜伏芽的生长势就越强。生产上利用砂糖橘芽的潜伏性，对衰老树或衰弱枝组进行更新复壮修剪。

五、砂糖橘树的生长与结果习性

1. 叶片形态及特性

（1）**叶片形态**　砂糖橘树的叶片为单身复叶，带有较短的叶柄，叶身与翼叶之间有节。叶片的大小和形态由于发生时间、管理水平的不同

而差异显著。春梢的叶片最小，平均长 6.5 厘米、宽 3.2 厘米，为狭长披针形或长椭圆形，先端较尖，这是区别夏、秋梢叶片的重要标志。其质地也比夏梢叶薄，而比秋梢叶厚。翼叶在 3 种枝梢中最窄，叶柄基部肥大。夏梢叶片在 3 种枝梢中最为肥大而厚，平均长 7.3 厘米、宽 3.7 厘米，叶色浓绿。秋梢叶片似夏梢，但稍小，平均长 6.8 厘米、宽 3.4 厘米，色较浅，质地在 3 种叶片中最薄（图 5-1、彩图 30）。

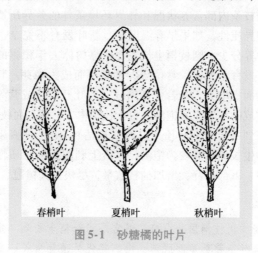

春梢叶　　　夏梢叶　　　秋梢叶

图 5-1　砂糖橘的叶片

砂糖橘树叶片的大小与厚薄，除与抽生季节有关外，还与树体营养状况密切相关。营养条件差，叶小而色浅；营养条件好，叶片大而厚，色深而有光泽。叶片的多少、大小、厚度与色泽变化，是衡量生长势强弱与产量高低的主要标志。

（2）**叶片的生理功能**　砂糖橘的叶片具有光合作用、蒸腾作用、吸收作用和贮藏作用等。因此，在砂糖橘栽培中，迅速扩大树冠，增加叶面积，提高叶片质量，增强光合效能，保护叶片正常生长，防止过早脱落，延长叶片寿命，使树体具有足够的贮藏养料，对砂糖橘的生产至关重要。

（3）**叶片的生长**　随着新梢的生长，叶片逐渐长大，光合作用加强，直到新梢老熟后，叶片停止生长。一年中以春季叶片发生最多，其次是夏季和秋季。

叶片的生长和制造养分，都需要有适当的光照。光照充足，叶色浓绿，有利于叶片光合作用，形成的光合产物多，树势强健。若树冠郁闭，光照不足，叶片生长不良，光合作用效能低，内部枝梢由于同化量显著降低，往往枯死。所以砂糖橘在整枝修剪时，应注意保持树冠内部通风透光。

夏秋干旱时，叶片因蒸腾作用过强，失水过多，造成叶片内卷，严重时，叶柄产生离层而脱落。所以，夏、秋季节要注意防止旱害。高温干旱季节，在果园地面上覆盖一层 10～15 厘米厚的稻草、杂草或秸秆等，可减少土壤水分蒸发，起到保墒的作用，并可降低土壤地表温度，达到降温保湿的目的。对未封行的幼龄砂糖橘园采用树盘覆盖后，节水抗旱效果显著。

2. 顶端优势

砂糖橘在萌发抽生新梢时，越在枝梢先端的芽，萌发生长越旺盛，生长量越大，分枝角（新梢与着生母枝延长线的夹角）越小，呈直立状。其后的芽，依次生长变弱，生长量变小，分枝角增大，枝条开张。通常枝条基部的芽不会萌发，而成为隐芽。这种顶端枝条直立而健壮，中部枝条斜生而转弱，基部枝条极少抽生而裸秃生长的特性，称为顶端优势。

生产上利用枝梢顶端优势的特性，在整形时将长枝摘心或短截，其剪口处的芽成为新的顶芽，仍具有顶端优势，虽不及原来的顶端优势旺盛，但中下部、甚至基部芽的抽生，缩短了枝条光秃部位，使树体变得比原来紧凑，无效体积减小，可逐步实现立体结果和增产。

砂糖橘枝条生长姿态不同，其生长势和生长量也不同。一般直立枝生长最旺，斜生枝次之，水平枝更次之，下垂枝最弱，这就是通常所说的垂直优势。其之所以如此，是养分向上运输，直立枝养分流转多的缘故。幼树整形时，常利用这一特性来调节枝梢的长势，抑强扶弱，平衡各主枝的生长势。

3. 干性和层性

干性是指中心干的强弱和维持时间长短的性状；层性是指树干上主枝呈层状分布的性状。由于顶端优势和不同部位芽的质量差异，每年自树干顶端抽生强壮的、直立向上的中心干，顶端以下的侧芽则抽生斜生的主枝，再下的芽潜伏不发。这样年复一年，树干上的主枝呈层状分布，形成明显的层次，即为层性。

砂糖橘树干性弱，层性不明显，故生产上宜采用自然圆头形树冠。

4. 结果习性

幼龄砂糖橘树以秋梢作为主要结果母枝。随着树龄的增长，成年砂糖橘树以春梢作为主要结果母枝。结果母枝在 35~50 厘米的长度范围内，坐果数及坐果率都较好。通过修剪，可以减少结果母枝的数量，减少结果枝，促发营养枝，从而调节生长与结果的关系。

结果母枝的着生姿态不同，其上抽生的结果枝的坐果率是有差异的。通常，斜生状态的结果母枝所抽生的结果枝，坐果率最高，水平母枝次之，下垂母枝和直立母枝相近，坐果率均较低。故幼龄结果树，可通过拉枝整形，培养开张树冠，提高早期产量。

第二节 砂糖橘树的整形修剪

一、整形修剪的误区和存在的问题

整形修剪是目前砂糖橘栽培管理中最薄弱的环节之一。存在的主要问题：一是有相当多的果农甚至管理层人士错误地认为，砂糖橘树只要进行树干的环割、环剥处理就行，对树冠其他部分可一概放任不剪；二是砂糖橘种植者每年都只进行修剪，不进行整形，而修剪的内容，也局限于清除重叠、过密、病虫枝等，而不注意树体丰产骨架的构建，这种不合理的修剪方法，随处可见；三是对整形修剪作用的认识存在盲目性，把修剪看得很神秘，好像是解决低产问题的"灵丹妙药"，因而忽视以土肥水管理为关键的综合措施的应用。

二、整形修剪的重要性

对于砂糖橘树来说，如果任其自然生长，势必造成树形紊乱，树冠枝条重叠郁闭，树体通风透光条件差，内膛枯枝多，树势早衰，极易形成伞形树冠，树体不易达到立体结果，而出现平面化结果，产量低，品质差，大小年结果现象十分明显，甚至出现"栽而无收"的结果（彩图 31）。因此，整形修剪是砂糖橘栽培管理中一项非常重要的技术措施。它以砂糖橘的生长发育规律和品种特性为依据，运用整形修剪技术，对砂糖橘树进行合理的整形修剪，培育高度适当的主干，配备一定数量、长度和位置合适的主枝、副主枝等骨干枝，使树体的主干、主枝、副主枝等具有明确的主从关系，形成结构牢固的理想树形，并能在较长的时期里承担最大的载果量。同时，采取修剪的技术手段，对砂糖橘树上的各类枝条进行合理的修剪，是提高砂糖橘栽培效益的重要调节手段。

三、整形修剪的方法与时期

1. 整形修剪的方法

对砂糖橘树进行整形修剪，其基本方法有短截、疏删、回缩、拉枝、抹芽与摘心等。

（1）**短截**　短截也叫短剪，通常剪去砂糖橘树 1 ~ 2 年生枝条前端的不充实部分，保留后段的充实健壮部分。

短截对砂糖橘树的生长和结果具有重要的作用。短截能刺激剪口芽以下 2 ~ 3 个芽萌发出健壮强枝，促进分枝，有利于树体进行营养生长。短截可调节生长与结果的矛盾，起到平衡树势的作用。短截营养枝，能减少第二年的花量；短截衰弱枝，能促发健壮新梢；短截结果枝，可减少当年结果量，促发营养枝。短截时，通过对剪口芽方位的选择，可调节枝的抽生方位和强弱。短截还可以改善树冠内部通风透光条件，增强立体结果能力。

根据对砂糖橘树枝条剪截程度的不同，将其短截（图5-2）分为以下几种类型。

1）轻度短截：剪去整个枝条 1/3。经过轻度短截后的砂糖橘树枝条，所抽生的新梢较多，但枝梢生长势较弱，生长量较少。

2）中度短截：在砂糖橘树的整形修剪过程中，剪去整个枝条1/2。砂糖橘树的枝条，经过中度短截后所留下的饱满芽较多，萌发的新梢量为中等。

3）重度短截：在砂糖橘树的整形修剪过程中，剪去整个枝条 2/3

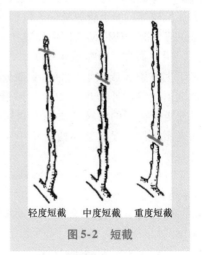

轻度短截　　中度短截　　重度短截

图 5-2　短截

以上。砂糖橘树的枝条，经过重度短截后，去除了具有先端优势的饱满芽，所抽发的新梢虽然较少，但长势和成枝率均较强。

短截要注意剪口芽生长的方向、剪口与芽的距离和剪口的方向（图5-3）。通常，在芽上方0.5厘米，与芽方向相反一侧削 1 个45 度角

平直斜削面，剪口芽的枝条削面过高、过低、过平、过斜或方向不对都会影响以后的生长。

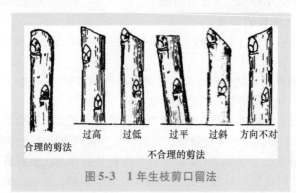

图5-3　1年生枝剪口留法

（2）**疏删**　疏删也叫疏剪，是将1~2年生的枝条从基部剪除的修剪方法。其作用是调节各枝条间的生长势；其原则是去弱留强、间密留稀，主要疏去砂糖橘树上的交叉枝、重叠枝、纤弱枝、丛生枝、病虫枝和徒长枝等。由于疏剪减少了枝梢的数量，改善了留树枝梢的光照和养分供应情况，能促使它们生长健壮，多开花，多结果。

（3）**回缩**　回缩也叫缩剪，是短截的一种，主要是对砂糖橘树的多年生枝条（或枝组）的先端部分进行回缩修剪。回缩常用于大枝顶端衰退或树冠外密内空的成年砂糖橘树和衰老砂糖橘树的整形修剪，以便更新树冠的大枝。顶端衰老枝组经过回缩后，可以改善树冠内部的光照条件，促使基部抽发壮梢，充实内膛，恢复树势，增加开花和结果量。

对成年砂糖橘树或衰老砂糖橘树进行回缩修剪，其结果常与被剪大枝的生长势及剪口处留下的剪口枝的强弱有关。回缩越重，剪口枝的萌发越强，生长量越大。回缩修剪后，大枝的更新效果比小枝的明显。

（4）**拉枝**　在砂糖橘幼树整形期，采用绳索牵引拉枝，竹竿、木棍支撑和石块等重物吊枝、塞枝等方法，使植株主枝、侧枝改变生长方向和长势，以适应整形对方位角和大枝夹角的要求，进而调节骨干枝的分布和长势，这种整形方法称为拉枝（图5-4）。拉枝是砂糖橘幼树整形中，培育主枝和侧枝等骨干枝常用的有效方法。

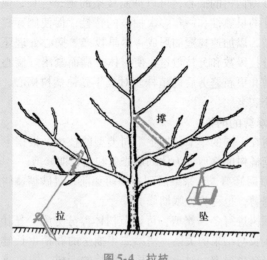

图5-4　拉枝

（5）**抹芽放梢**　利用砂糖橘树复芽的特性，在砂糖橘树的夏、秋梢抽生至1～2厘米长时，将其中不符合生长结果需要的嫩芽抹除，称为抹芽。由于砂糖橘树的芽是复芽，因而把零星早抽生的主芽抹除后，可刺激副芽和附近其他芽萌发，抽出较多的新梢。经过反复几次抹芽，直至正常的抽梢时间到了后即停止抹除，使众多的芽同时萌发抽生，称为放梢。

生产上通过对砂糖橘树抹芽放梢，可减少梢与果争夺养分所造成的大量落果。幼嫩的新梢萌出1～2厘米时，必须及时抹除，集中放梢，有利于防治溃疡病、潜叶蛾等病虫害，结合施肥灌水，抹芽放梢才会收到良好的效果。一般要求在抹芽开始时或放梢前15～20天施用腐熟的有机液肥，充分灌水，使放出的新梢整齐而健壮。也可通过适时放梢来防止晚秋梢抽生。

（6）**摘心**　在新梢停止生长前，按整形要求的长度，摘除新梢先端的幼嫩部分，保留需要的长度，这称为摘心（图5-5）。

图5-5　摘心

通过对幼龄砂糖橘树的摘心，可以抑制枝条的延长生长，促进枝条充实老熟，利用芽的早熟性和一年多次抽枝的特性，促使侧芽提早萌发，抽发健壮的侧枝，以加速树冠的形成，尽早投产。摘心处理还可降低分枝高度，增加分枝级数和分枝数量，使树体丰满而紧凑。摘心处理常用于幼树整形修剪和更新修剪后的植株。对成年砂糖橘树摘心，主要是为了促使其枝条充实老熟。

2. 整形修剪的时期

砂糖橘树在不同的季节，抽生不同类型的枝梢。根据不同的修剪目的，可将砂糖橘树的修剪分为休眠期修剪和生长期修剪。

（1）休眠期修剪 从采果后到春季萌芽前，对砂糖橘树所进行的修剪叫作冬季修剪，也称为休眠期修剪。

对砂糖橘树进行冬季修剪，可调节树体养分分配，复壮树体，恢复树势，协调生长与结果的关系，使第二年抽生的春梢生长健壮，花器发育充实，能提高坐果率。对于需要更新复壮的老树、弱树或重剪促梢的树，也可在春梢萌动时回缩修剪。重剪后，砂糖橘树树体养分供应集中，新梢抽发多而健壮，树冠恢复快，更新效果好。

（2）生长期修剪 生长期修剪是指春梢抽生后至采果前所进行的各种修剪，通常分为春季修剪、夏季修剪和秋季修剪。

生长期修剪，可调节树体养分分配，缓和生长与结果的矛盾，提高坐果率，在促进结果母枝的生长和花芽分化、延长丰产年限、克服大小年现象等方面，具有明显的效果。

1）春季修剪：也称花前复剪，即在砂糖橘树萌芽后至开花前所进行的修剪，这是对冬季修剪的补充。其目的是调节春梢、花蕾和幼果的数量比例，防止因春梢抽生过旺而加剧落花落果。对现蕾、开花结果过多的树，疏剪成花母枝，剪除部分生长过弱的结果枝，疏除过多的花朵和幼果，可减少养分消耗，达到保果的目的。在春芽萌发期，及时疏除树冠上部并生芽及直立芽，多留斜生向外的芽，减少一定数量的嫩梢，对提高坐果率具有明显的效果。

2）夏季修剪：夏季修剪是指砂糖橘树春梢停止生长后到秋梢抽生前（即5～7月），对树冠枝梢所进行的修剪，包括幼树抹芽放梢、培育骨干枝，并结合进行摘心。一般在春梢5～6片叶、夏梢6～8片叶时摘心，以促使枝条粗壮，培育多而健壮的基枝，达到扩大树冠的目的。对成年结果树进行抹芽控梢，抹除早期夏梢，缓和生长与结果的矛盾，避免它与幼果争夺养分,可减轻生理落果。同时,通过短截部分强旺枝梢,并在抹芽后适时放梢,培育多而健壮的秋梢结果母枝,是促进增产、克服大小年现象的一项行之有效的技术措施。

3)秋季修剪:通常是指8～10月所进行的修剪工作,包括抹芽放梢后,疏除密弱和位置不当的秋梢,以免秋梢母枝过多或纤弱;通过断根措施,促使母枝花芽分化;同时,还可继续疏除多余的果实,以改善和提高果实的品质。

四、幼树整形

砂糖橘幼树是指定植至投产前的树。苗木定植后1～3年,应根据砂糖橘的特性,选择合适的树形,培育高度适当的主干,配备一定数量、长度和位置合适的主枝、副主枝等骨干枝,使树体的主干、主枝、副主枝等具有明确的主从关系,形成结构牢固的理想树形,并能在较长的时期里承担最大的载果量,从而达到高产、稳产、优质、高效的栽培目的。

1. 树形选择

合理的树形对砂糖橘树的生长发育和开花结果具有非常重要的意义。因此,在砂糖橘树栽培管理的过程中,应根据其特性,对幼树进行整形。在通常情况下,砂糖橘的树形主要有自然圆头形树形(图5-6、彩图32)和自然开心形树形(图5-7)。

图5-6 自然圆头形树形　　图5-7 自然开心形树形

(1)自然圆头形　自然圆头形树形符合砂糖橘树的自然生长习性,容易整形和培育。其树冠结构特点是:接近自然生长状态,主干高度为30～40厘米,没有明显的中心干,由若干粗壮的主枝、副主枝构成树冠骨架。主枝数为4～5个,主枝与主干形成45～50度角,每个主枝上配置2～3个副主枝,第一副主枝距主干30厘米,第二副主枝距第一副主枝 20 ~ 25 厘米，并与第一副主枝方向相反，副主枝与主干形成 50 ~ 70 度角。通观整棵砂糖橘树，树冠紧凑饱满，呈圆头形。

(2) 自然开心形　自然开心形树形，树冠形成快，进入结果期早，果实发育好，品质优良，而且丰产后修剪量小。其树冠结构特点是：主干高度为 30 ~ 35 厘米，没有中心干，主枝数 3 个，主枝与主干形成 40 ~ 45 度角，主枝间距为 10 厘米，分布均匀，方位角约为 120 度，各主枝上按相距 30 ~ 40 厘米的标准，配置 2 ~ 3 个方向相互错开的副主枝。第一副主枝距主干 30 厘米，并与主干形成 60 ~ 70 度角。这种状态的砂糖橘树形，骨干枝较少，多斜直向上生长，枝条分布均匀，从属分明，树冠开张，开心而不露干，树冠表面多为凹凸形状，阳光能透进树冠的内部。

2. 整形过程

(1) 自然圆头形的整形过程（图 5-8）　实际上，砂糖橘幼树整形工作，在苗圃对嫁接苗剪顶时就已经开始。待嫁接苗春梢老熟后，留 10 ~ 15 厘米长，进行短截。夏梢抽出后，只留 1 条顶端健壮的夏梢，其余摘除。当夏梢长至 10 ~ 25 厘米时，进行摘心。如果有花序，也应及时摘除，以减少养分消耗，促发新芽。在立秋前 7 天剪顶，立秋后 7 天左右放秋梢。剪顶高度以离地面 50 厘米左右为宜，剪顶后有少量零星萌发的芽要抹除 1 ~ 2 次，促使大量的芽萌发至 1 厘米长时，统一放秋梢。剪顶后剪口附近 1 ~ 4 个节每节留 1 个大小一致的幼芽，其余的摘除。选留的芽要分布均匀，以促使幼苗长成多分枝的植株。要求幼苗主干高度为 25 ~ 30 厘米，并有 4 ~ 5 条生长健壮的枝梢，分布均匀，长度在 15 ~ 23 厘米，作为主枝来培养。在主枝上再留中秋梢（9 月上旬梢），作为副主枝培养。

1) 第一年：定植后，为了及时控制和选留枝、芽，减少养分消耗，必须根据砂糖橘具有复芽的特性，加强抹芽和摘心，使枝梢分布均匀，长度适中。抹芽的原则是"去零留整，去早留齐"，即抹去早出的、零星的、少数的芽，待全园有 70% 以上的单株已萌梢，每株枝有 70% 以上的新梢萌发时，就保留不抹，这叫放梢。要求幼苗主干高度为 30 ~ 40 厘米，没有明显的中心干，主枝数为 4 ~ 5 个，主枝与主干形成 45 ~ 50 度角。保留的新梢，在嫩叶初展时留 5 ~ 8 片叶后摘心，促其生长粗壮，提早老熟，促发下次梢。经过多次摘心处理后，一般可萌发 3 ~ 4 次梢，即春梢、早夏梢、晚夏梢和早秋梢，有利于砂糖橘枝梢生长，扩大树冠，加速树体成形。

2) 第二年：对枝梢生长继续做摘心处理，在主枝上距离主干 30 厘米处，选留生长健壮的早秋梢，作为第一副主枝来培养。每次梢长 2 ~ 3

厘米时，要及时疏芽，调整枝梢。为使树势均匀，留梢时应注意强枝多留，弱枝少留。通常春梢留 5 ~ 6 片叶、夏梢留 6 ~ 8 片叶后进行摘心，以促使枝梢健壮。秋梢一般不摘心，以防发生晚秋梢。

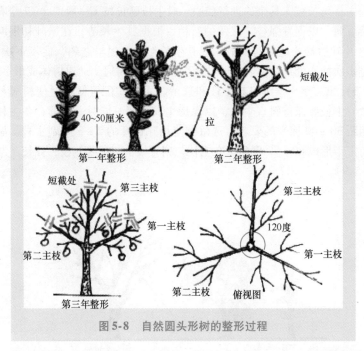

图 5-8　自然圆头形树的整形过程

　　3）第三年：继续培养主枝和选留副主枝，配置侧枝，使树冠尽快扩大。在此期间，主枝要保持斜直生长，以维持生长强势。每个主枝上按相距 20 ~ 25 厘米的要求，配置方向相互错开的 2 ~ 3 个副主枝。副主枝与主干形成 50 ~ 70 度角。在整形过程中，要防止出现上下副主枝、侧枝重叠生长的现象，以免影响光照。

　　(2) 自然开心形的整形过程

　　1）第一年：定植后，在春梢萌芽前将苗木留 50 ~ 60 厘米长后短截定干。剪口芽以下 20 厘米为整形带。在整形带内选择 3 个生长势强、分布均匀和相距 10 厘米左右的新梢，作为主枝培养，并使其与主干形成 40 ~ 45 度角。对其余新梢，除少数作为辅养枝外，其他的全部抹去。整形带以下即为主干。在主干上萌发的枝和芽，应及时抹除，保持主干有 30 ~ 35 厘米的高度（彩图 33）。

2）第二年：在春季发芽前短截主枝先端衰弱部分。抽发春梢后，在先端选一强梢作为主枝延长枝，其余的作为侧枝。在距主干 35 厘米处，选留第一副主枝。以后，主枝先端如有强夏、秋梢发生，可留 1 个作为主枝延长枝，其余的进行摘心。对主枝延长枝，一般留 5 ~ 7 个有效芽后下剪，以促发强枝。保留的新梢，根据其生长势，在嫩叶初展时留 5 ~ 8 片叶后摘心。通过摘心，促其生长粗壮，提早老熟，促发下次梢，经过多次摘心处理后，有利于枝梢生长，扩大树冠，加速树体成形。

3）第三年：继续培养主枝和选留副枝，配置侧枝，使树冠尽快扩大。主枝要保持斜直生长，以保持生长强势。同时，陆续在各主枝上按相距 30 ~ 40 厘米的要求，选留方向相互错开的 2 ~ 3 个副主枝。副主枝与主干形成 60 ~ 70 度角。在主枝与副主枝上，配置侧枝，促使其结果（图 5-9）。

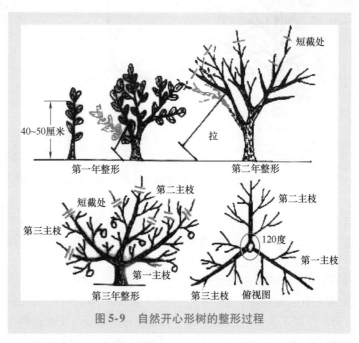

图 5-9　自然开心形树的整形过程

在砂糖橘幼树定植后 2 ~ 3 年内，将树上在春季形成的花蕾均予以摘除。第三、第四年后，可让树冠内部、下部的辅养枝适量结果；对主枝上的花蕾，仍然予以摘除，以保证其生长强大，扩大树冠。

3. 矫正树形

由于幼龄砂糖橘树一般分枝角度小，枝条密集直立，不利于形成丰产的树冠，因而必须通过拉线整形，使主枝和主干开张角度在 45～50 度，保持树体的主干、主枝和副主枝具有明确的主从关系，分布均匀，结构牢固，并能在较长时期内承担最大的载果量。因此，在整形过程中，调整好砂糖橘的主枝分枝角度，对形成丰产的树冠至关重要。

主枝分枝角度，包括基角、腰角和梢角（图5-10）。分枝基角越大，负重力越大，但易早衰。多数幼树基角及腰角偏小，应注意开张。整形时，一般腰角应大些，基角次之，梢角小一些。通常基角为 40～45 度，腰角为 50～60 度，梢角为 30～40 度，主枝方位角为 120 度。对树形歪斜、主枝方位不当和基角过小的树，可在其生长旺盛期（5～8 月），采用撑（竹竿）、拉（绳索）、吊（石头）或坠的办法，加大主干与主枝间的角度（图5-11）。对主枝生长势过强的砂糖橘树，可用背后枝代替原主枝延长枝，以减缓生长势，开张主枝角度。主枝方位角的调整，也是砂糖橘树整形中的重要内容。相邻主枝间的夹角称为方位角。主枝应分布均匀，其方位角应大小基本一致。如果不是这样，则可采取通过绳索拉和石头吊等方法，调整砂糖橘树主枝的方位角，使其主枝分布均匀，树冠结构合理，外形基本圆整。具体的方法是：将选留为主枝的、分枝角度小的新梢用绳缚扎，把分枝角度拉大到 60～70 度，再将绳子的另一端缚住竹篾，插入地中固定，使之与主干形成合理的角度，经 20～25 天，枝梢定形后再松缚，就能恢复成 45～50 度角。

图 5-10　主枝的分枝角

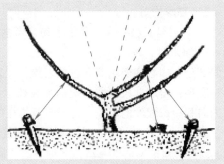

图 5-11　开张主枝角度

【注意】

　　拉绳整形应在放梢前 1 个月完成，并要抹除树干和主枝上的萌芽。

五、不同年龄树的修剪

　　按树龄的不同，砂糖橘分为幼年树、初结果树、盛果期树和衰老树四类。不同生长发育阶段的砂糖橘树，具有不同的生理特点和需要解决的矛盾。因此，在不同的生长发育阶段，有着不同的修剪方法。

1. 幼年树的修剪

　　（1）幼年树生长的特点　砂糖橘树从定植后至投产前，这一时期的树称幼年树。幼苗定植成活后，便开始离心生长，生长势强，每年抽发大量的春梢、夏梢和秋梢，不断扩大树冠。骨干枝越来越长，树冠内密生枝和外围丛生枝越来越多，如果不对它进行适当修剪，就难以形成理想的结果树冠。因此，幼年树修剪量宜轻，应该以抽梢、扩大树冠、培养骨干枝、增加树冠枝梢和叶片量为主。

　　（2）幼年树修剪的方法

　　1）春季修剪：按照"三去一、五去二"的方法疏去主枝、副主枝和侧枝上的密生枝；短截树冠内的重叠枝、交叉枝、衰弱枝；对长势强的长夏梢，应齐树冠圆头顶部短截，避免形成树上树；对没有利用价值的徒长枝，应从基部剪除，以免影响树冠紧凑；对主干倾斜或树冠偏歪的砂糖橘树，可采取撑、拉、吊等辅助办法矫正树形。

　　2）夏季修剪：

　　① 短截延长枝：在 5 月中下旬，当主枝、副主枝和侧枝每次抽梢达 20～25 厘米时，及时摘心。当枝梢已达木质化程度时，应剪去枝梢先端衰弱部分。摘心和剪梢能促进枝老熟，促发分枝，有利于抽发第二次和第三次梢，增加分枝级数，提前形成树冠，提早结果。通过剪口芽的选留方向和短截程度的轻重，可调节延长枝的方位和生长势。

　　② 夏、秋长梢摘心：幼年树可利用夏、秋长梢培养骨干枝，扩大树冠。当夏、秋梢长至 20～25 厘米时，进行摘心，使枝梢生长健壮，提早老熟，促发分枝。经摘心处理后，有利枝梢生长，扩大树冠，加速树体成形。

　　③ 抹芽放梢：当树冠上部、外部或强旺枝顶端零星萌发的嫩梢达 1～2 厘米时，即可抹除。每隔 3～5 天抹除 1 次，连续抹 3～5 次。待全园有

70%以上的单株已萌梢，每株枝有70%以上的新梢萌发时，就停止抹芽，让其抽梢，这叫放梢。结合摘心，放1~2次梢，促使其多抽生1~2批整齐的夏、秋梢，以加快生长、加快扩冠。

④ 疏除花蕾：幼树生长主要是营养生长，发好春、夏、秋梢，迅速扩大树冠，形成树冠骨架。如果使它过早开花结果，就会影响枝梢生长，不利于树冠形成，易变成"小老树"。因此，1~3年幼龄砂糖橘树在显蕾后，应摘除其花蕾。树势强壮的3年生树，可在树冠内部和中下部保留少部分花蕾，控制少量挂果。也可采用激素控制花蕾，其方法为：在上年11~12月上旬，每隔半个月喷布1次100~200毫克/千克赤霉素溶液，共喷3次，第二年基本上无花，可代替幼树人工疏花，还有增强树体营养的效果。

⑤ 疏剪无用枝梢：幼年树修剪量宜轻，尽可能保留可保留的枝梢作为辅养枝。同时，要适当疏删少量密弱枝，剪除病虫枝和扰乱树形的徒长枝等无用枝梢，以节省养分，有利于枝梢生长，扩大树冠。

2. 初结果树的修剪

（1）初结果树生长的特点　砂糖橘定植后3~4年开始结果，产量逐年上升。此时，树体既生长又结果，但以生长为主，继续扩大树冠，使它尽早进入结果盛期。同时，又要结果，每年维持适量的产量。初结果树营养生长较旺，枝梢抽生量大，梢果矛盾比较明显，生理落果较重，产量很不稳定。

（2）初结果树修剪的方法

1）春季修剪：

① 短截骨干枝：对主枝、副主枝、侧枝和部分树冠上部的枝条，留1/2或2/3进行短截，抽生强壮的延长枝，保持旺盛的生长势，不断扩大树冠，同时，继续配置结果枝组，形成丰满的树冠。

② 轻剪内膛枝：对内膛枝，仅短截扰乱树形的交叉枝，疏剪部分丛生枝、密集枝，并疏除枯枝、病虫枝。一般宜轻剪或不剪，修剪量不宜过多。

③ 回缩下垂枝：进入初结果期的砂糖橘树，其树冠中下部的春梢会逐渐转化为结果母枝，而上部的春梢则是抽发新梢的基枝。因此，对树冠中下部的下垂春梢，除纤弱梢外，应尽量保留，让其结果。待结果后，每年在下垂枝的先端下垂部分，进行回缩修剪，既可更新、复壮下垂枝，又能适当抬高结果位置，不至于梢果披垂至地面，受地面雨水的影响，感染病菌，影响果品的商品价值。

2）夏季修剪：

① 摘心：对旺盛生长的春梢，应进行摘心，迫使春梢停止生长，减少因梢果矛盾造成的落花落蕾；夏梢、早秋梢长至 20~25 厘米时，应进行摘心，使枝梢生长健壮，提早老熟，促发分枝；对于秋梢不宜摘心，因摘心后的秋梢，不能转化为结果母枝，花量减少，难以保证适量的挂果量。

② 抹芽控梢：初结果树，营养生长与生殖生长易失去平衡，往往由于施肥不当，氮肥用量过多，抽发大量的夏梢，营养生长过旺，造成幼果因养分不足而加重生理落果。为了缓和生长与结果的矛盾，可在 5 月底~7 月上旬，每隔 5~7 天抹除幼嫩夏梢 1 次；还可在 5 月底或 6 月初，夏梢萌发后 3~4 天，喷布调节膦溶液 500~700 毫升/千克，也能有效地抑制夏梢抽发。7 月中旬第二次生理落果后，配合夏剪和肥水管理，促发秋梢。

③ 促发秋梢：秋梢是砂糖橘初结果树的主要结果母枝。在 6 月底~7 月初，重施壮果促梢肥；在 7 月中下旬，对树冠外围的斜生粗壮春梢，保留 3~4 个有效芽，进行短截，促发健壮秋梢，作为来年优良的结果母枝。

④ 继续短截延长枝：对主枝、副主枝、侧枝和部分树冠上部的枝条，留 1/2 或 2/3 进行短截，抽生强壮的延长枝，保持旺盛的生长势，不断扩大树冠。同时，促使侧枝或基部的芽萌发抽枝，培育内膛和中下部的结果枝组，增加结果量，形成丰满的树冠。

⑤ 拿枝、扭枝促花：通常对长势旺的夏、秋长梢，进行拿枝、扭枝处理，削弱枝的生长势，有利于花芽分化，可增加花量，提高花质。拿枝、扭枝处理时期，以枝梢长到 30 厘米尚未木质化时为宜。拿枝（图 5-12）是将夏、秋长梢弯曲，用手将新梢从基部至顶部逐步强行弯折一两次；扭枝（图 5-13）是在夏、秋长梢基部以上 5~10 厘米处，把枝梢扭向生长相反的方向，即从基部扭转 180 度下垂，并掀在下半侧的枝腋间。掀梢时，一定要牢稳可靠。要注意防止被扭枝梢重新翘起，生长再度变旺而达不到扭枝的目的。

3. 盛果期树的修剪

（1）盛果期树生长的特点 砂糖橘树进入盛果期后，树冠各部位普遍开花结果，其树势逐渐转弱，较少抽生夏、秋梢，结果母枝转为以春梢为主。树冠不可能继续迅速扩大，生长与结果处于相对平衡的状态。经过大量结果后，枝组也逐渐衰退，易形成大小年结果现象。

（2）盛果期树修剪的方法

1）春季修剪：

① 强树：这类树发枝力强，树冠郁闭，生长旺盛，修剪不当时易造成

树冠上强下弱、外密内空。对这类强树要采取疏短结合，适当疏剪外围密枝和短截部分内膛枝条，培养内膛结果枝组（彩图34）。具体做法如下。

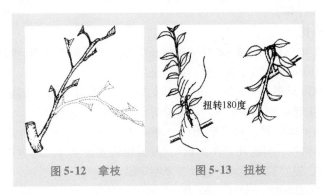

图 5-12 拿枝　　　　图 5-13 扭枝

A. 疏除树冠内 1~2 个大侧枝：对郁闭树，根据树冠大小，疏除中间或左右两侧 1~2 个大侧枝，实施"开天窗"，既控制旺长，又改善冠内光照条件，从而充分发挥树冠各部位枝条的结果能力。

B. 疏除冠外密弱枝：对树冠外围一个枝头的密集枝，要按"三去一，五去二"的原则疏除；对侧枝上密集的小枝，要按 10~15 厘米的枝间距离，去弱留强，间密留稀，改善树体光照条件，发挥树冠各部位枝条的结果能力。

C. 适当短截冠外部分强枝：对树冠外围强壮的枝梢进行短截，促使分枝，形成结果枝组。同时，通过短截强壮枝梢，改善树冠内膛光照条件，培养内膛枝，使上下里外立体结果。

D. 回缩徒长枝：对于徒长枝，如果没有利用空间，则从基部疏除；对位置恰当、有利用价值的徒长枝，可进行回缩修剪，促使分枝，形成冠内结果枝组，培养紧凑树冠。

② 中庸树：这类树生长势中庸，弱枝、强枝均较少，容易形成花芽，花量和结果量较多。对这种树要适当短截上部枝和衰弱枝，回缩下垂枝，可在健壮处剪去先端下垂衰弱的部分，抬高枝梢位置。同时，对结果后的枝组，及时进行更新，培养树冠内外结果枝组，维持树势生长中庸，年年培养一定数量的结果母枝，保证来年结果量，防止树势衰退。

③ 弱树：这类树衰弱枝多，发枝力弱，其特征是春梢分枝多而短，枝条纤细，丛状枝和扫把枝多；叶片逐渐变小，变薄，树势衰退；坐果率较低，只能在强壮枝条上稳果，往往形成"一树花半树果"，产量下降。对

这种树要采取适度重剪，疏短结合，更新树冠。疏删内膛衰退枝，疏除下垂枝，回缩外围衰弱枝，促发枝梢，更新枝组。培养冠内壮枝，复壮树势。

2）夏季修剪：

① 强树：

A. 春梢摘心：在3~4月，对旺长春梢，进行摘心处理，削弱生长势，缓和梢果争夺养分的矛盾，提高坐果率。

B. 抹除夏梢：在5月下旬~7月上旬，及时抹除夏梢，每隔3~5天抹1次，防止夏梢大量萌发，冲落果实，有利于保果。

C. 疏剪郁闭枝：对于郁闭树，可在7月中下旬，疏剪密集部位的1~2个小侧枝，实施开"小天窗"，改善树冠光照条件，培养树冠内膛结果枝组，防止树体早衰，延长盛果期年限。

D. 控梢促花：在9~10月，对长壮枝梢进行扭枝处理。其方法是在枝梢长到30厘米尚未木质化时，从长壮枝梢基部以上5~10厘米处，把枝梢扭向生长相反的方向，即从基部扭转180度下垂，并掖在下半侧的枝腋间，可控制枝梢旺长，促使花芽分化（图5-14）。

② 中庸树：

A. 夏梢摘心：在5~7月，抽生夏梢留20~25厘米长，进行摘心，促发分枝，形成结果枝组。

B. 疏剪密弱枝，改善树体光照条件：对于树冠内的密生枝、衰

30厘米

5~10
厘米

图5-14　控梢促花

弱枝、病虫枝和枯枝，一律从基部剪除，改善树体光照条件，复壮内膛结果枝组，提高结果能力。

C. 适当疏果：对结果多的树，按（25~30）:1的叶果比，进行疏果，维持合适的结果量，防止结果过多，影响树体营养生长，维持树体生长与结果平衡，防止树势衰退。

D. 促发秋梢：在6月底~7月初，重施壮果促梢肥；在7月中下旬，对树冠外围的斜生粗壮春梢及落花落果枝，保留3~4个有效芽，进行短截，促发健壮秋梢，作为来年优良的结果母枝。

③ 弱树：在 3~4 月，按"三去一，五去二"的原则，抹去部分春梢。5~6 月抹去部分夏梢，节约养分，尽量保留幼果，提高坐果率。7 月上中旬夏季修剪时，要短截交叉枝、落花落果枝、回缩衰弱枝，使剪口下抽发壮梢，以更新树冠；对树冠内的徒长枝，留 25 厘米左右进行短截，促使分枝，复壮树势。

4. 衰老树的修剪

（1）衰老树生长的特点　砂糖橘经过一段时期高产后，随着树龄的不断增大，树势逐渐衰退，树体开始向心生长，由盛果期进入衰老期。进入衰老期的砂糖橘树，树体营养生长减弱，抽梢与开花结果能力下降，树冠各部大枝组均变成衰弱枝组，内膛出现枯枝、光秃，衰老枝序增多，果小质差，产量减少。根据树体的衰老程度，衰老树分为严重衰老树、轻度衰老树和局部衰老树 3 种。

（2）衰老树修剪的方法

1）轮换更新：轮换更新又称局部更新或枝组更新（图 5-15），是一种较轻的更新。比如树体部分枝群衰退，尚有部分枝群有结果能力，则可在 2~3 年内，有计划地轮换更新衰老的 3~4 年生侧枝，并删除多余的基枝、侧枝和副主枝。要保留强壮的枝组和中庸枝组，特别是叶枝要尽量保留。经过 2~3 年完成更新后，它的产量比更新前要高，但树冠有所缩小。再经过数年后，它可以恢复到原来的树冠大小。因此，衰老树采用这种方法处理效果好。

2）露骨更新：露骨更新又称中度更新或骨干枝更新（图 5-16），用于那些不能结果的老树或很少结果的衰弱树。进行这种更新，在树冠外围将枝条在粗度为 2~3 厘米以下处短截，主要是除去多余的基枝，或将 2~3 年生侧枝、重叠枝、副主枝或 3~5 年生枝组全部剪除，保留骨干枝基部。露骨更新后，如果加强管理，当年便能恢复树冠，第二年即能获得一定的产量。更新时间最好安排在每年新梢萌芽前，通常以在 3~6 月进行为好。在高温干旱的砂糖橘产区，可在 1~2 月春芽萌发前进行露骨更新。

3）主枝更新：主枝更新又称重度更新（图 5-17）。树势严重衰退的老树，在离主枝基部 70~100 厘米处锯断，将骨干枝进行重剪，使之重新抽生新梢，形成新树冠，同时进行适当范围的深耕、施肥，更新根群。老树回缩后，要经过 2~3 年才能恢复树冠，重新结果。一般在春梢萌芽前进行主枝更新。实施时，剪口要平整光滑，并涂蜡保护伤口。树干用稻草包扎或用生石灰 15~20 千克、食盐 0.25 千克、石硫合剂渣液 1 千克，加水50升，配制成刷白剂刷白（彩图35），防止日灼。新梢萌发后，抹芽1~2次后放梢，疏去过密和着生位置不当的枝条，每枝留2~3个新梢。应对长梢进行摘心，以促使它增粗生长，把它重新培育成树冠骨架。这样处理后，第二年或第三年后即可恢复结果。

图5-15 轮换更新示意图　　图5-16 露骨更新示意图

　　4）衰老树更新修剪注意事项：老树更新后树冠管理工作是更新能否成功的关键。树冠管理应注意以下几点。

　　第一，加强肥水管理，在根系更新基础上更新树冠。在更新前一年的9~10月，进行改土扩穴，增施有机肥，促进树体生长。要进行树盘覆盖，保持土壤的疏松和湿润。

　　第二，加强对新梢的抹除、摘心与引缚。砂糖橘老树被更新修剪后，往往萌发大量新梢。对萌发的新梢，除需要保留的以外，应及时抹除多余

图5-17 主枝更新示意图

枝梢。对生长过旺或徒长枝，要进行摘心。对作为骨干枝的延长枝，为保持其长势，应用小竹竿引缚，以防折断。

　　第三，注意防晒。树冠更新后，损失了大量的枝叶，其骨干枝及主干极易发生日灼。因此，对各级骨干枝及树干要涂白，对剪口和锯口要修平，使之光滑，并涂防腐剂。

第四，对老树更新修剪，应选择在春梢萌芽前进行。一般夏季气温高，枝梢易枯死；秋季气温逐渐下降，枝梢抽发后生长缓慢；冬季气温低，易受冻害，都不宜进行老树更新修剪。

第五，在叶片转绿和花芽分化前，可对叶面喷施 0.3%~0.5% 的尿素与 0.2%~0.3% 的磷酸二氢钾混合液，连喷 2~3 次。也可使用新型高效叶面肥，如叶霸、绿丰素、氨基酸和倍力钙等。这些高效叶面肥营养全面，喷后效果良好。

第六，在新梢生长期，要加强病虫害的防治工作，以保证新梢健壮生长。

六、大小年结果树的修剪

砂糖橘进入盛果期后，容易形成大小年，如果不及时矫正，则大小年产量差距会越来越大。为防止和矫治砂糖橘大小年结果现象，促使其丰产稳产，对大年树的修剪要适当减少花量，增加营养枝的抽生；对小年树则要尽可能保留开花的枝条，以求保花保果，提高产量。

1. 大小年结果树生长的特点

当树体营养生长与生殖生长维持平衡时，就能在当年丰产，抽发出相当数量的营养枝，并使这些营养枝转化为结果母枝，供第二年继续正常开花结果。如果营养生长与生殖生长平衡破坏，出现当年结果过多的情况（彩图36、彩图37），树体内积累的营养物质大量输入果实，造成养料不足，枝梢生长受到抑制，树体营养物质积累少，影响了花芽分化，第二年势必减少开花而形成小年结果。至第三年，由于第二年是小年结果，枝梢抽生多，树体营养物质积累就多，有利于花芽分化，结果母枝多，势必使第三年大量开花结果而形成大年结果。

2. 大小年结果树修剪的方法

（1）大年结果树的修剪

1）春季修剪：大年结果树的春季修剪主要是适当减少花量，促生春梢。所以，提倡重剪，以疏剪为主，短截为辅，其修剪方法如下：

① 疏剪：按"去弱留强，删密留疏"的原则，疏剪密生枝、并生枝、丛生枝、荫蔽枝、病虫枝和交叉枝，使着生在侧枝上的内膛枝每隔 10~15 厘米保留 1 个枝。同一基枝上并生 2~3 个结果母枝时，疏剪最弱的一枝。同时，疏除树冠上部和中部 1~2 个郁闭大枝，实施"开天窗"，使光照进入树冠内膛，改善树体通风透光条件。

② 短截：短截过长的夏、秋梢母枝。因大年树能形成花芽的母枝过多，可疏除 1/3 弱母枝，短截 1/3 强母枝，保留 1/3 中庸母枝，以减少花量，促发营养生长。

③ 回缩：回缩衰弱枝组和落花落果枝组，留剪口更新枝。

2）夏季修剪：

① 疏花：4 月下旬开花时，摘去发育不良和病虫危害的畸形花。

② 疏果：在 7 月上中旬第二次生理落果结束后，按（25～30）:1 的叶果比进行疏果，控制过多挂果。

③ 剪枝：即在 7 月中旬左右，对树冠外围枝条进行适度重剪，短截部分结果枝组和落花落果枝组，促发秋梢，增加小年结果母枝。剪除徒长枝和病虫枝，回缩衰弱枝和交叉枝，每树剪口为 50～60 个。

④ 扭枝：在 9～10 月秋梢停止生长后，对生长势强的夏、秋梢进行扭枝和大枝环割，促进花芽分化。目的是增加第二年花量，提高花质，克服大小年结果。

（2）小年结果树的修剪

1）春季修剪：小年结果树的春季修剪主要是尽量保留较多的枝梢，保留当年花量，对夏、秋梢和内膛的弱春梢营养枝，能开花结果的尽量保留；适当抑制春梢营养枝的抽生，避免因梢、果矛盾冲落幼果。原则是提倡轻剪，尽可能保留各种结果母枝。其修剪方法如下。

① 疏剪：疏剪枯枝、病虫枝、受冻后枯枝、过弱的荫蔽枝。在 3 月下旬显蕾时，根据花量，按"三除一、五除二"原则，去弱留强，疏除丛状枝。

② 短截：短截树冠外围的衰弱枝组和结果后的夏、秋梢结果母枝。剪口注意选留饱满芽，以便更新枝群。

③ 回缩：回缩结果后的果梗枝。

2）夏季修剪：

① 控梢：在 3 月下旬抹去部分春梢；在 4 月下旬，对还未自剪的春梢强行摘心，防止旺长；在 5 月下旬～7 月上旬，每隔 5～7 天抹去夏梢 1 次，防止夏梢旺长，冲落幼果。

② 环割：在 4 月末的盛花期到 5 月初的谢花期，在主枝或副主枝基部，根据树势环割 1～2 圈（彩图 38）。

③ 剪枝：在 7 月中旬生理落果结束后，进行夏季修剪，疏去部分未开花结果的衰弱枝组和密集枝梢，短截交叉枝，使树冠通风透光，枝梢健壮，提高产量。

第六章
细致做好花果管理是
提高效益的重要环节

当前栽种的砂糖橘树，都是嫁接树，较易成花。一些管理技术好的砂糖橘园，栽后第二年即可见花，第三年见果，第四年投产，第五年丰收。一些管理条件差的砂糖橘园，已到投产期的砂糖橘树却因开花多、落果、裂果严重，而出现坐果率低，品质差，影响果品的商品价值；更有一些砂糖橘树因树势强，营养生长过旺，常常出现长树不见花或迟迟不开花的现象。因此，必须采取有效的促花保果技术措施，细致做好花果管理。这是提高效益的重要环节。

第一节　砂糖橘的花芽分化、开花及果实生长发育特点

一、花芽分化的特点

砂糖橘花芽形成的过程就是花芽分化。从叶芽转变为花芽，通过解剖识别起，直到花器官分化完全时为止，这段时期称为花芽分化期。砂糖橘开始花芽分化，需要一定的营养物质，故枝梢上的花芽分化，要待枝梢停止生长后才能开始。花芽分化又划分为生理分化和形态分化。砂糖橘花芽的形态分化，分为以下6个阶段（图6-1）。

（1）未分化期　生长点凸起，窄而尖，鳞片紧包。

（2）开始分化期　生长点开始变平，横径扩大并伸长，鳞片开始松开。

（3）花萼形成期　生长点平而宽，两旁有2个凸起，成"凹"形，花萼原始体出现。

（4）花瓣形成期　花萼生长点内另外形成2个小的凸起，花瓣原始体出现。

（5）雄蕊形成期　雄蕊原始体出现，或出现2列雄蕊。

（6）雌蕊形成期　生长点中央突出伸长，即雌蕊原始体出现。

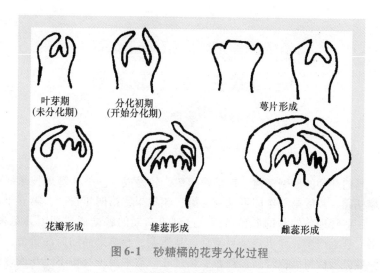

图 6-1　砂糖橘的花芽分化过程

　　一般认为，芽内生长点由尖变圆就是花芽开始形态分化，在此以前为生理分化，到雌蕊形成，为花芽形态分化结束。砂糖橘花芽分化期通常从 9 月上旬~第二年的 3 月中旬。生理分化期，即 9~11 月，是调控花芽分化的关键时期。砂糖橘花芽的形态分化期，通常从 12 月开始，至第二年的 3 月中旬结束，历时约 4 个月。

二、开花和传粉的特点

　　培育砂糖橘苗，通常以枳作为砧木，采用嫁接方式繁殖。嫁接树从接穗发芽到首次开花结果前为营养生长期，通常为 2~3 年，若经调控促花处理，只需 2 年就能开花。因为嫁接树的接穗是来自阶段性已成熟、性状已固定的成年树上的成熟枝条的枝芽，这种接穗具有稳定的优良性状，既能保持原有品种的优良特性，又能提早开花结果。

1. 花的形态结构

　　砂糖橘的花为完全花，花形小，有浓香。发育正常的花（彩图 39），由花萼、花冠、雄蕊、雌蕊和花盘等部分构成（图 6-2）。

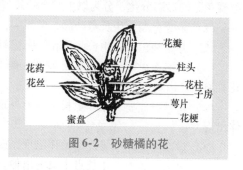

图 6-2　砂糖橘的花

（1）**花萼**　萼片宿存，深绿色，呈杯状，紧贴在花冠基部。萼片先端突出，呈分裂状，有 3～6 裂，通常为 5 裂。

（2）**花冠**　花冠有 4～6 个花瓣，通常为 5 瓣。花瓣较大而厚，乳白色，革质，成熟时反卷，表面角质化，有蜡状光泽。

（3）**雄蕊**　雄蕊普遍为 15～16 枚。花丝通常为 3～6 个，在基部联合。花药 2 室，花粉多，金黄色，带黏性。

（4）**雌蕊**　雌蕊柱头扁圆形，乳白色。柱头上的表皮细胞分化为乳头状凸起的单细胞毛茸，能分泌黏液，有利于受粉和花粉发芽。

砂糖橘为子房上位，但它不是直接着生在花托上，而是着生在花托上面一个叫作蜜盘的特殊组织上。心室 8～10 个。大多数砂糖橘种子通过外来花粉受精由珠心胚发育而成。

（5）**花盘**　子房的下部有花盘，花盘外部具有蜜腺。蜜腺能分泌蜜液，从开花时起，一直到花瓣脱落为止。

凡花器官发育不全，花形不同于正常花者，称为畸形花。砂糖橘正常花坐果率高，畸形花坐果率很低。

2. 开花

花芽分化结束后，一般在春季开花。砂糖橘花期可分为现蕾期和开花期。

（1）**现蕾期**　从发芽以后能区分出极小的花蕾，花蕾由浅绿色转为白色至花初开前，称为现蕾期。在江西省赣南地区，砂糖橘现蕾期为 2 月下旬～3 月上旬。

（2）**开花期**　花瓣开放，能见雌、雄蕊时称为开花期。按开花的量，开花期又分为初花期、盛花期和谢花期。一般全树有 5% 的花量开放时，称为初花期；25%～75% 开放时，称为盛花期；95% 以上花瓣脱落时，称为谢花期。在江西省赣南地区，砂糖橘在 4 月上中旬开花，初花期为 3 月下旬，盛花期为 4 月中旬，谢花期为 4 月底～5 月初。由于气候的变化，个别年份砂糖橘的开花期，会提前或推迟 5～7 天。通常春暖时花期提早，天气晴朗、气温高时花期短，阴雨天气、气温低时花期推迟且持续时间长。无叶花较有叶花要早 3～4 天开放。在同一植株上，树冠顶部花先开，树冠内腔的花后开。

砂糖橘能自花授粉，因其花粉败育，不能形成合子，故可形成无核砂糖橘果实；而通过授粉受精后，坐果率高且裂果少，果形也较大，种子较多。在生产上，砂糖橘园与其他有核柑橘类混种，易形成有核果实，

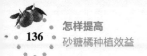
种子较多，故在规划种植砂糖橘时，通常以单一品种栽培较好。

三、果实生长发育的特点

1. 果实形态结构

（1）果实形态　砂糖橘的果实为柑果，由子房受精发育而形成果实。果实着生在结果枝上，由果柄连接，萼片紧贴果皮，果柄与萼片连接处称为果蒂。果蒂由萼片、花盘和果柄所构成。果实上相对应的另一端有花柱凋落后，留有柱痕部分称为果顶，果顶的两旁称为上果肩，果蒂的两旁称为下果肩。果蒂到下果肩之间的部位为颈部，常有放射状沟纹或隆起。花柱凋落后在果顶上留有柱痕，柱痕周围有印环。果面平滑，有光泽，散生许多油胞点。油胞内含有多种香精油。多个油胞点汇集的地方称为凹点。果实横切面称为横径，果实纵切面称为纵径，纵径与横径之比称为果形指数（图6-3）。砂糖橘果实的外形有圆形、扁圆形等。砂糖橘果实的大小、形状、色泽的差别，是其品种的重要特征。

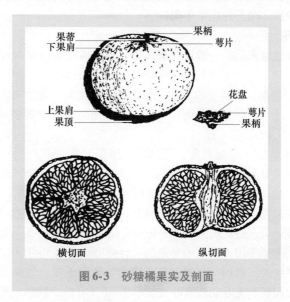

图 6-3　砂糖橘果实及剖面

（2）果实结构　砂糖橘果实，由果皮、瓤囊和种子等构成（图6-4、彩图40）。

1）果皮：分为外果皮、中果皮和内果皮。子房的外壁发育成果实的外果皮，即油胞层（色素层）；子房中壁发育成中果皮，即海绵层，又称白瓤层；子房的心室发育成瓤囊，瓤囊壁即内果皮。

① 外果皮：即表皮，由上表皮蜡质的蜡小板、角质层和表皮细胞构成。表皮细胞外壁角质化，细胞形状最初呈多角形，后变扁平，散布许多发育完全并稍凸出的气孔。气孔由一对保卫细胞组成，是果实进行呼吸作用的通道。

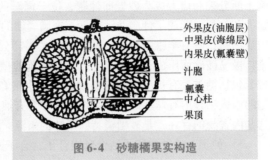

图 6-4　砂糖橘果实构造

表皮细胞的外部覆盖着一层蜡质，具有保护作用。在表皮下有富含色素体的薄壁细胞，排列紧密，紧贴薄壁细胞的是含油腺的油胞层，含有许多油胞和色素体。油胞也称油腺，为一空腔，内含多种芳香精油。成熟时油胞易破碎，并散发出芳香气味。色素体长期使果实保持绿色，成为糖的制造中心。果实未成熟时，叶绿体能进行光合作用，制造有机物质；果实成熟时，叶绿素消失，有色体出现，果实由绿色转变为黄色或橙红色。

② 中果皮：位于外果皮和内果皮之间，为白色，又称白皮层或海绵层。它最初是由等径的排列紧密的薄壁细胞组成，当果实成熟时，出现不规则的分枝状的管状细胞，这些细胞交织成连续的网状结构，形成大的细胞间隙，薄壁细胞逐渐消失，形成成熟的维管束。靠近表皮和内果皮的细胞都较小，排列较紧，中间的细胞体积大，排列较松。中果皮具有分生组织，果实发育初期，细胞呈多边形，排列紧密；到果实成熟时，中果皮变成海绵状组织。白皮层不但围绕果实周围，也存在于每 2 个瓤囊邻壁之间，并伸入果实中心，与果实中央的维管束一起组成中心柱。所以，中心柱不能看作内果皮。砂糖橘果实的中心柱较大，空心。

③ 内果皮：即瓤囊壁，又称囊衣，由纤维状细胞构成。最初是排列紧密的单层细胞，以后与中果皮内几层细胞相连，延长加厚，构成一个薄壁，包裹着整个砂囊。

2) 瓤囊：由子房心室发育而成，通常为 8～10 瓣。瓤囊由瓤瓣壁和汁胞组成。瓤瓣壁外部为橘络，橘络是一层网状的维管组织，它们包围内瓤瓣的外方。各个瓤瓣在果实内呈环排列，中间的髓部称为中心柱。中心柱由几条维管束及其周围的疏松海绵状组织构成，其中一些维管束连至种子，而另一些则伸向果蒂端。谢花后由果皮内侧和砂囊原基的细胞不断分裂和增大成为砂囊即汁胞，位于瓤瓣的内表面。不同分生组织膨大和伸长，形成了汁胞及汁胞柄，充满囊瓣的内部。砂囊呈肉质囊状，肉质细嫩，具有丰富的果汁，是食用的主要部分。砂囊内部都为薄壁细胞，极易破碎而压出果汁。果汁主要为汁胞薄壁细胞内的液泡液，主要成分包括糖类、有机酸类、含氮物质、维生素和矿物质。砂囊体为多细胞的组成物，内有球状的油腺组织，其中含有油质、蜡质和一些颗粒体。这些内含物的存在，是砂糖橘特殊风味的来源。

3）种子：精子和卵子结合形成合子，合子经生长发育便成为种子。每瓣有种子1~3粒。

2. 果实生长发育特性

（1）**果实生长发育期** 砂糖橘的果实生长发育期，是从谢花后10~15天子房开始膨大起，经幼果发育，直到果实成熟为止，一般为180~200天。

（2）**果实生长发育过程** 砂糖橘果实自谢花后子房成长至成熟，经历的时间较长。随着果实的增大，果实内部不断发生组织结构和生理状态的变化，主要分为以下3个阶段。

1）幼果开始生长期：自谢花到6月下旬，以细胞分裂为主，细胞数显著增多，引起心皮增厚。果实纵径生长明显，纵、横径比值较大，呈长椭圆形，体积增长速度慢。此期细胞分裂的数目，对以后果实的体积和重量有决定性的作用。这一阶段的幼果生长，主要靠调运树体内的贮藏营养来满足需要。在此生长期内，相继出现第一次生理落果和第二次生理落果。

2）果实迅速膨大期：此期为6月下旬~10月上旬，以细胞体积增大、心皮细胞分化和心室增大为特征。前期，横径的增大和纵径的增大基本上是平行的，但是到7月中旬以后，横径增大显著比纵径增大快，故到成熟时，果形渐趋扁平。砂糖橘果实膨大速度与降水量及土壤水分含量关系很大。如果降水均匀，土壤水分充足，整个生长期果实的生长速度，自始至终比较平稳；遇干旱天气及土壤严重缺水时，果实生长发育受阻，生长停止或生长缓慢。如果干旱期间出现较大降水，则果实急速生长，后期果皮变薄；若长久干旱，果实停止发育，在突遇大雨，水分充足时，果肉增长过快，果皮增长不能同步进行，在果肉与果皮增长出现不平衡时，极易发生裂果；如果干旱持续到10月，以后即使补充较多的水分，果实也只能缓慢增长，果实不能达到其固有大小，因而偏小。所以，在果实膨大期间，如果气候干旱，适当进行灌溉，是一项提高产量与质量的重要措施。

3）果实着色成熟期：此期为 10 月上中旬~11 月上旬。果实组织发育基本完善，生长速度缓慢，果皮果肉逐渐转色，果皮中的叶绿素不断分解，胡萝卜素合成增多，并产生微量乙烯，使果皮逐渐着色，显现出本品种固有的色泽。糖分增加，酸含量逐渐下降，芳香物质增多，组织逐步软化，果汁增加，果肉、果汁着色，果实进入成熟阶段。在着色成熟期间，适当干旱能提高果实的可溶性固形物含量。但是，若遇土壤严重干旱，则果实降酸慢，成熟时味酸；若土壤水分过多，则成熟果实的可溶性固形物含量低，酸少，风味淡，不耐贮运。因此，在砂糖橘果实着色成熟期，应适当控水，以提高果实可溶性固形物含量和贮运性。

第二节　促花技术

一、促花的误区和存在的问题

当前栽种的砂糖橘树都是嫁接树，较易成花，通常在栽植第二年，都能开花结果。一些砂糖橘种植者片面地认为：砂糖橘的花量多，不存在促花问题，导致在砂糖橘的栽培管理过程中，过量地施肥，树势过旺，结果少，常常出现长树不见花或迟迟不开花的现象；也有一些管理条件差的砂糖橘园，已到投产期的砂糖橘树却因开花多，落果、裂果严重，坐果率低，品质差，影响果品的商品价值和栽培效益。因此，必须采取有效的促花技术，这对提高砂糖橘的种植效益至关重要。

冬季适当的干旱和低温，有利于花芽分化，而光照对花芽分化具有重要的作用。生产上对生长过旺的树，可通过冬季控水、断根和环剥等措施，促进花芽分化。

二、促花措施

1. 物理调控

物理调控的主要目的在于抑制砂糖橘树体的营养生长，促使树体由营养生长向生殖生长转化。其主要措施有断根、刻伤和控水。

（1）断根　砂糖橘是多年生常绿果树，在深厚的土层中，根系发达。根系除了具有固定树体的作用外，主要是吸收土壤中的矿质营养和水分，以保证树体正常生长发育过程中对营养物质的需要。通过断根处理，就可以降低根系的吸收能力，减少树体对土壤中的水分、矿质营养的吸收量，从而达到抑制树体营养生长并向生殖生长转化的目的。尤其是对于生长势旺盛的砂糖橘树，促花效果明显。具体方法：生长势强旺的砂糖橘，在9～12月沿树冠滴水线下挖宽50厘米，深30～40厘米，长随树冠大小而定的小沟，至露出树根为止，露根时间为1个月左右（图6-5），露根结束后即覆土。

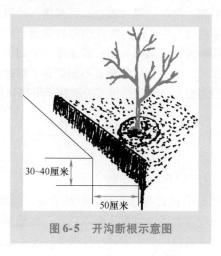

30~40厘米

50厘米

图6-5　开沟断根示意图

【注意】

断根促花的措施，只适合于冬暖、无冻害或少冻害的地区采用。

（2）刻伤　树体刻伤的主要原理，是通过人为地刻伤韧皮部，使韧皮部筛管的输送功能受阻，减少了有机营养物质向根系的输送。一方面，有机营养物质减少后抑制了根系生长，使根系吸收的矿质营养、水分和产生的促进生长激素减少，达到了控制树体营养生长的目的，减少树体营养消耗。另一方面，增加了有机营养物质在树体内的积累，提高了细胞液的浓度，有利于树体成花。刻伤的方法，主要有环割、环剥、环扎、扭枝等。

1）环割（图6-6）：用利刀（如电工刀）对主干或主枝的韧皮部（树皮）进行环割1圈或数圈。经过环割后，因只割断韧皮部，不伤木质部，阻止了有机营养物质向下转移，使光合产物积累在环割部位上部的枝叶中，枝叶中的碳水化合物浓度增高，改变了环割口上部枝叶养分和激素的平衡，促进花芽分化。环割适用于幼龄旺长树或难成花的壮旺树。具体方法是：6年生以内的树，可于9~10月在主干或主枝上进行环割1圈，或错位对口环割两个半圈，两个半圈相隔10厘米，也可采用螺旋形环割，环割深度以不伤木质部为度。环割是一种强烈的促花方法。若环割后出现叶片黄化，可喷施叶面肥2~3次，宜选择能被作物快速吸收和利用的叶面肥，如康宝腐殖酸液肥、农人液肥、氨基酸、倍力钙等。如果在喷叶面肥中加入0.04毫克/升的芸苔素内酯，能增强根系活力，效果更好。出现落叶时，要及时淋水，并在春季提早灌水施肥，以壮梢壮花。环割后也不能喷石硫合剂、松脂合剂等刺激性强的农药。喷布10~20毫克/升2,4-D液，混合0.3%的磷酸二氢钾溶液或核苷酸等，可大大减少不正常的落叶。

2）环剥（图6-7）：对强旺树的主枝或侧枝，选择其光滑的部位，用利刀进行环剥1圈或数圈。通常在9月下旬~10月上旬进行，环剥宽度一般为被剥枝粗度的1/10~1/7。环剥后，及时用塑料薄膜包扎好环剥口，以保持伤口清洁和促进愈合。经环剥后，阻止了有机营养物质向下转移，使营养物质积累在树体中，因而提高了树体的营养水平，有利于花芽分化。

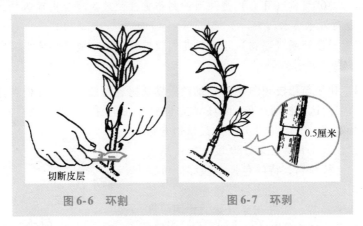

图6-6　环割　　　　　图6-7　环剥

3）环扎（图6-8）：对生长强旺的树，还可采用环扎措施进行控制处理。即用14号铁丝对强旺树的主枝或侧枝选较圆滑的部位结扎1圈，结扎的深度以铁丝嵌入皮层1/2~2/3为宜。环扎40~45天时，叶片由浓绿转为微黄时拆除铁丝。

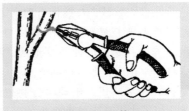

图6-8　环扎

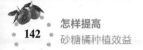
经环扎后，阻碍了有机营养物质的输送，增加了环扎口上枝条的营养积累，有利于枝条的花芽分化。

【注意】

①在主干上环割（环剥）时，环割（环剥）口应在离地面25厘米以上的部位进行，以免环割（环剥）伤口过低，感染病害。在主枝上的环割（环剥），要在便于操作的位置上进行，以免因操作不顺畅而影响环割（环剥）质量。

②环割（环剥）所用的刀具，应用酒精或5.25%次氯酸钠（漂白粉）兑10倍水进行消毒，以免传播病害。

③环割（环剥）后，需要加强肥水管理，以保持树势健壮。

④环割（环剥）后约10天可见树体枝条褪绿，便视为有效。

⑤环割（环剥）宜选择晴天进行，如果环割（环剥）后阴雨连绵，要用杀菌剂涂抹伤口，对伤口加以保护。

⑥环割（环剥）是强烈的刻伤方法，若处理后出现落叶，要及时淋水喷水。

⑦环割（环剥）作为促花的辅助措施，不能连年使用，以防树势衰退。

4）扭枝与弯枝（图6-9）：幼龄砂糖橘树容易抽生直立强枝和竞争枝，要促使这类枝梢开花，除环割或环剥外，还可采用扭枝或弯枝的措施进行处理。扭枝（图5-13）是秋梢老熟后在强枝茎部用手扭转180度，弯枝是用绳将直立枝拉弯，待叶色褪至浅绿即可解缚。扭枝和弯枝能损伤强枝输导组织，起到缓和生长势、促进花芽分化的作用。具体方法是：对长度超过30厘米以上的秋梢或徒长性直立秋梢，在枝梢自剪后老熟前，采用扭枝或弯枝处理，以削弱长势，增加枝梢内养分积累，促使花芽形成。待处理枝定势半木化后，即可松绑缚。

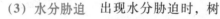

图6-9 弯枝

（3）水分胁迫 出现水分胁迫时，树体吸水量减少，从土壤中吸收的无机养料也下降，直接影响到树体的代谢过程。另一方面，出现水分胁迫时，叶片气孔关闭，降低二氧化碳的吸收量，叶绿素含量下降，叶片的光合作用及碳水化合物代谢也受到影响。树体经适度的水分胁迫，可抑制营养生长，积累更多的有机营养，增加氨基酸的含量，有利于花芽分化。但水分胁迫过重，树体严重缺水时，会使树体内许多生理代谢受到严重破坏，形成不可逆的伤害。这就是生产上出现严重缺水时树体会枯萎死亡的原因。

水分胁迫以控制水分来制约根系的吸水能力，达到控制营养生长的目的。由于砂糖橘树体内含水量减少，细胞液浓度提高，可以促进花芽分化。

2. 化学调控

砂糖橘的花芽分化，与树体内激素的调控作用关系密切。在花芽生理分化阶段，树体内较高浓度的赤霉素，对花芽分化有明显的抑制作用；而低浓度的赤霉素则有利于花芽分化。在生产上，使用多效唑（PP_{333}）促进砂糖橘花芽分化。具体方法是：在8月中旬~12月，对生长势强旺的砂糖橘树冠喷施500~800毫克/升多效唑溶液，每隔15~20天喷1次，连续喷施2~3次。也可进行土壤浇施，用15%的多效唑按树冠2克/米² 兑水浇施于树盘中。土施多效唑持效性长，可2~3年施1次。

【注意】

多效唑，适宜在营养生长旺盛的树上施用，弱树上不宜施用。采用土壤浇施时，不可年年施用。

3. 栽培技术调控

砂糖橘若因树势强而营养生长过旺，会出现只见长树不见花或少花，究其原因，都与栽培技术管理不当有着直接的关系。施肥是影响砂糖橘花芽分化的重要因素。砂糖橘花芽分化需要氮、磷、钾及微量元素，而过量的氮素又会抑制花芽的形成。对于这种树势旺、花量少或成花难的砂糖橘树，应控制氮肥的用量，增加磷、钾肥的比例，做到科学施肥。尤其是肥水充足的砂糖橘园，大量施用尿素等氮肥，会使树体生长过旺，从而使花芽分化受阻；而多施磷肥可促使砂糖橘幼树提早开花。在砂糖橘的花芽生理分化期，叶面喷施磷钾肥（磷酸二氢钾）可促使花芽分化，增加花量，这对旺树尤为有效。生产上要求认真施好采果肥，这不仅影响到第二年砂糖橘花的数量和质量，也影响春梢的数量和质量，同时对恢复树势、积累养分、防止落叶、增强树体抗寒越冬能力具有积极的作用。采果肥，在采果前（9~10月）施比采果后（11~12月）施要

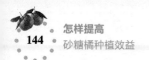

好。因为砂糖橘的花芽生理分化，一般在 8 ~ 10 月，此时补充树体营养有利于花芽分化的顺利进行。每株可施复合肥 0.25 千克、尿素 0.25 千克。采果后可用 0.3 ~ 0.5% 尿素加 0.3% 磷酸二氢钾或新型叶面肥 ［如叶霸、绿丰素（高氮）、农人液肥、氨基酸、倍力钙等］，叶面喷施 2 ~ 3 次，隔 7 ~ 10 天喷 1 次。

第三节　保果技术

一、保果的误区和存在的问题

在通常情况下，砂糖橘的坐果率只有 2% ~ 5%。砂糖橘整个落花落果期，根据花果脱落时的发育程度，可以分为 4 个主要阶段，即落蕾落花期、第一次生理落果期、第二次生理落果期和采前落果。尤其是在第一次生理落果结束后 10 ~ 20 天出现的第二次生理落果，在子房和蜜盘连接处断离，即幼果不带果柄脱落，不少砂糖橘种植户错误地把这次落果看成不正常落果，到处寻找果树专家探寻落果原因，有的直接找农资经销商选用药处理，不但没有解决问题，反而增加了果树生产经营成本。许多砂糖橘种植户对采前落果不知所以然，只要看到落地的果实，就错误地认为是成熟落果，也容易忽视此期吸果夜蛾的危害。

激素保果是许多砂糖橘种植户惯用的方法。激素是调节剂，不是营养剂，可保果，但不长果。如赤霉素，虽然可使果实体积增大，但果实干重并不增加，过多地使用赤霉素保果，易造成畸形果、粗皮大果、口味差等。许多砂糖橘种植户只认为激素可以保果，便错误地增加激素使用的浓度和次数，从而导致果品质量差，影响了砂糖橘的经济效益。因此，使用激素保果时，应严格掌握好使用的浓度与次数。

在保果方面，只有采取综合性的技术措施，才能达到好的效果。在秋、冬季，当砂糖橘树遭受急性炭疽病危害，出现大量落叶时，种植户看到的却是满树花，没有叶片，只会想到采用保果药剂与方法，却难以见效。事实证明，加强砂糖橘病虫害防治，尤其是急性炭疽病，保好叶片，至关重要。

二、落果原因

1. 生理落果现象

砂糖橘花量大，落花落果严重。正常的落花落果是树体自身对生殖生长与营养生长的调节，对维持树势起着很重要的作用。但是，落花落果过多，直接影响坐果率，损害产量和树势。砂糖橘落花落果从花蕾期便开始，一直延续至采收前。

砂糖橘的落蕾落花期，从花蕾期开始，一直延续到谢花期，持续 15 天左右。通常在盛花期后 2～4 天，进入落蕾落花期。在江西省赣南地区，此期为 3 月底～4 月初，盛花期后 1 周，为落蕾落花高峰期。谢花后 10～15 天，往往子房不膨大或膨大后就变黄脱落，出现第一次落果高峰，即在果柄的基部断离，幼果带果柄落下，也称为第一次生理落果。到了 5 月上中旬出现第一次生理落果，此期结束后 10～20 天，保留的果实有的又在子房和蜜盘连接处断离，使幼果不带果柄脱落，出现第二次落果高峰，也称为第二次生理落果，一般在 6 月底结束。第一次落果比第二次严重，一般砂糖橘第一次生理落果比第二次生理落果多 10 倍。

保留的砂糖橘果实，在果实成熟前还会出现一次自然落果高峰，称为采前落果。通常在 8～9 月间产生裂果，自然裂果率达 10%，若遇久旱降雨或雨水过多或施磷过多，裂果率还会增加，因裂果引起的落果，会高达 20%。因此，裂果造成的减产仍不可忽视。

2. 生理落果的内在因素

内在因素是引起砂糖橘落花落果的主要原因，主要体现在树体营养和内源激素两方面。

(1) 树体营养欠缺　树体营养的贮存量及后续营养生产供应能力是果实发育的制约因素，也是影响砂糖橘坐果的主要因素。砂糖橘形成花芽时，营养跟不上，花芽分化质量差，不完全花比例增大，常在现蕾和开花过程中大量脱落。有相当部分为小型花、退化花和畸形花，均是发育不良的花，容易脱落。据观察，营养状况好的砂糖橘树，营养枝和有叶花枝多，坐果率较高；而有机营养不良的衰弱树，营养枝和有叶花枝均少，坐果率在 0.5% 以下，甚至坐不住果。

大量开花和落花，消耗了树体贮藏的大量养分，到生理落花落果期，树体中的营养已降到全年的最低水平，而这时新叶正逐渐转绿，不能输出大量的光合产物给幼果，使幼果养分不足而脱落。尤其在春梢、夏梢大量抽发时，养分竞争更趋激烈，加重了落果。

在幼果发育初期，若阴雨天气多，光照严重不足，光合作用差，呼吸消耗有机营养多，幼果发育营养不足，易造成大量落果，极易产生花后不见果的现象。

（2）**内源激素不足**　激素状态可影响幼果调运营养物质的能力，进而影响幼果的发育。砂糖橘经授粉受精后，胚珠发育成种子，子房能得到由种子分泌的生长素而发育成果实。由于生长素的缘故，受精的花、果不易脱落，坐果率高，种子也增多。砂糖橘能单性结实，形成无核砂糖橘。无核砂糖橘因果实无核，或仅有极少种子，或种子发育不健全，幼果中往往缺少生长素，便不能满足其生长的需要，这是造成落果多、坐果率低的主要原因。而赤霉素含量增高有利于坐果，主要是因为高浓度的赤霉素含量，增强了果实调运营养物质的能力。因此，应用生长调节剂来调节体内激素，可防止落果和增大果实。但生产实践中，应采取以营养为主，激素为辅的保果措施，才会收到良好的保果效果。

3. 生理落果的外在因素

（1）**气候条件不佳**　在春季遇连续低温阴雨天气，光照严重不足，会使光合作用差，导致花器和幼果生长发育缺少必要的有机营养，畸形花多，造成大量落花落果。开花坐果期若遇低温阴雨天气，影响昆虫活动，不利于传粉，雄性花粉活力差，雌性花柱头黏液被雨水淋失，授粉受精不良，易造成落花落果。4月底~5月初，气温骤然上升，高达30℃以上，使花期缩短，子房发育质量差，内源激素得不到充分的积累，致使第一次生理落果更加严重。6月异常高温频繁出现，并伴随有干热风，有时气温高达35℃以上，高温干热风易破坏树体内的各种代谢活动，产生生理干旱，引发水分胁迫，导致树体内的生长素含量下降，脱落酸和乙烯含量升高，促使离层的产生，加剧第二次生理落果。

【提示】

　　空气相对湿度，尤其是砂糖橘开花和幼果期的空气相对湿度，对坐果影响很大，一般空气湿度在65%~75%，砂糖橘坐果率较高。

（2）**栽培技术措施不良**　主要体现在施肥方面。

树体缺肥，叶色差，叶片进行光合作用形成的有机产物少，树体营养不足，坐果率低；而施肥足的砂糖橘树，叶色浓绿，花芽分化好，芽体饱满，落花落果少，坐果率高。但是，氮肥施用过量，肥水过足，常常引起枝梢旺长，会加重落花落果。所以，芽前肥的施用应根据树势来定。树势旺、结果少，可少施或不施；树势中庸、花量多的树，在2月上旬每株可施尿素0.25~0.5千克或复合肥0.5千克。夏梢萌发前（5~7月）要避免施肥，尤其是氮肥的施用。此时施用氮肥，会促发大量夏梢，加重生理落果。砂糖橘是忌氯果树，不能施氯肥，否则会出现氯中毒而导致落果。在促秋梢肥中，营养元素搭配不合理，氮素过多，或者遇上暖冬，或冬季雨水多时，则会抽发大量冬梢，消耗树体过多养分，导致树体营养不足，都会引起落花落果。

【注意】

　　在生产上，应避免使用伤叶严重的杀虫剂，如甲基 1605、水胺硫磷等。农药施用过程中，应严格掌握使用浓度和天气情况等，要避免药害的发生，防止因伤叶伤果而造成大量落果。

　（3）病虫及天灾危害　从花蕾期直至果实发育成熟，有不少病虫害会导致砂糖橘落花落果。如生产上看到的灯笼花，就是花蕾蛆危害的；金龟子和象鼻虫等危害的果实，成熟后果面出现伤疤，严重时会引起落果；介壳虫和锈壁虱等危害的果实，果面失去光亮，果实变酸，直接影响果实品质和外观；红蜘蛛、卷叶虫、椿象和吸果夜蛾，直接或间接吸吮树液，啮食绿叶，危害果实，都能引起严重落果；溃疡病和炭疽病等病害也会引起严重落果。

　　自然灾害，如台风、暴雨和冰雹等袭击砂糖橘果实时，落果更加严重。

三、保果措施

1. 增强树势

　　要形成强健的树势，必须深翻扩穴，增施有机肥，改良土壤结构，为砂糖橘根系生长创造良好的生长环境。重施壮果促梢肥，可株施饼肥 2.5～4 千克、复合肥 0.5～1 千克，配合磷、钾肥，促发量多且强壮的秋梢，作为来年良好的结果母枝。这是提高坐果率，克服大小年结果的有效措施。为防止夏梢大量萌发，在 5 月要停止施用氮肥，尤其是不能施含氮量高的速效肥，如尿素和鸡粪等。对于树势较弱、挂果多的树，已在谢花时进行适量施肥的，夏季只要施叶面肥就可以了。此外，加强病虫害的防治，尤其是做好急性炭疽病的防治工作，防止异常落叶，对提高树体营养积累，促进花芽分化，增强树体的抗性，极为重要。

2. 喷施营养液

　　营养元素与坐果有密切的关系。氮、磷、钾、镁、锌等元素，对砂糖橘坐果率的提高有促进作用，尤其是对树势衰弱和表现缺素症的植株效果更好。生产上可使用 0.3% ~ 0.5% 的尿素与 0.2% ~ 0.3% 的磷酸二氢钾混合液，或用 0.1% ~ 0.2% 的硼砂加 0.3% 的尿素，在开花坐果期叶面喷施 1 ~ 2 次。也可在盛花期叶面喷施液体肥料，如农人液肥 800 ~ 1000 倍液，可补充树体营养，保果效果显著。此外，使用新型高效叶面肥如叶霸、绿丰素（高 N）、氨基酸、倍力钙等，营养全面，叶面喷施 2 ~ 3 次，隔 7 ~ 10 天喷 1 次，也具有良好的保果效果。

3. 施用植物生长调节剂

目前用于砂糖橘保花保果的生长调节剂，主要有芸苔素内酯（油菜素内酯）、赤霉素、细胞分裂素及新型增效液化剂等。

（1）芸苔素内酯（油菜素内酯）

1）性状与作用：芸苔素内酯是继生长素类、赤霉素类、细胞分裂素类、脱落酸、内源乙烯之后的第六类植物内源激素，也是国际上公认的活性最高的高效、广谱、无毒植物生长调节剂。它普遍存在于植物体中（花、果实、种子和茎叶），以花粉中含量最高。

芸苔素内酯的剂型有：0.15% 乳油和 0.2% 可溶性粉剂。0.15% 乳油需先用少许（200 克左右）温水搅匀，使油状物全部溶解于水后，再加水稀释至所需的量，即可使用；0.2% 可溶性粉剂可直接加水稀释至所需的量，进行喷施。

2）使用方法：砂糖橘谢花 2/3 或果径为 0.4 ~ 0.6 厘米大小时，将 0.15% 乳油稀释 5000 ~ 10000 倍（5000 倍兑水 10 升，10000 倍兑水 20 升）进行叶面喷施，每亩喷液量为 20 ~ 40 升，具有良好的保果效果。

3）注意事项：①不能与碱性农药、肥料混用。②若喷后 4 小时内遇雨，应重喷。③在气温 10 ~ 30℃时施用，效果最佳。

（2）赤霉素

1）性状与作用：赤霉素在植物体内广泛存在，种类繁多，现在市场上卖的主要是 GA_3，也就是通常所说的赤霉素类生长调节剂，也称"九二〇"。赤霉素是生产上使用效果较好的保果剂，特别是对无核、少核品种（砂糖橘）的异常生理落果，防止效果明显。

赤霉素的剂型有：粉剂、水剂和片剂。粉剂水溶性低，用前先用 95% 的酒精 1 ~ 2 毫升溶解，后加水稀释至所需的量；水剂和片剂可直接溶于水配制，使用方便。

2）使用方法：砂糖橘谢花 2/3 时，用 50 毫克/升（即 1 克加水 20 千克）赤霉素液喷布花果，2 周后再喷 1 次；5 月上旬疏去劣质幼果，用 250

毫克/升（1克加水4千克）赤霉素涂果1~2次，提高坐果率的效果显著。

 【提示】

涂果比喷果效果好，若在使用赤霉素的同时加入尿素，保花保果效果更好，即开花前用20毫克/升赤霉素溶液加0.5%的尿素溶液喷布。

3）注意事项：①本品在干燥状态下不易分解，遇碱易分解，其水溶液在60℃以上易被破坏而失效。配好的水溶液不宜久贮，即使放入冰箱，也只能保存7天左右。不可与碱性肥料、农药混用。②气温高时赤霉素作用发生快，但药效维持时间短；气温低时作用慢，药效持续时间长。最好在晴天午后喷布。③根据目的适时使用，否则不能达到预期效果，甚至得到相反的效果；一定要严格掌握使用浓度，过高会引起果实畸形。④赤霉素不能代替肥料，使用时必须配合充足的肥料。若肥料不足，会导致叶片黄化，树势衰弱。⑤赤霉素可与叶面肥料混用，如0.5%的尿素液、0.2%的过磷酸钙或0.2%的磷酸二氢钾溶液。为增强效果，应尽可能将药液喷在果实上。⑥使用赤霉素易引起新梢徒长，应慎重。

 【注意】

激素是调节剂，不是营养剂，可保果，但不长果，虽然赤霉素可使果实体积增大，但果实干重并不增加，过多使用赤霉素保果，易造成畸形果、粗皮大果、口味差等。因此，使用赤霉素保果时，应掌握好使用的浓度与次数。

（3）细胞分裂素

1）性状与作用：细胞分裂素普遍存在于植物体内，主要影响细胞分裂和分化过程，也称激动素。正在发育的子房中存在细胞分裂素，通常认为它由根尖合成，通过木质部运送到地上部分，在生长素存在的条件下，可促进细胞的分裂和组织分化；而外用细胞分裂素时，只限于施用部位。它能有效促进砂糖橘幼果细胞分裂，对防止砂糖橘第一次生理落果有特效，但防止第二次生理落果的效果比赤霉素差，甚至无效。

细胞分裂素的剂型有：0.5%乳油，1%和3%的水剂，99%原药。

2）使用方法：砂糖橘谢花2/3或果径为0.4~0.6厘米大小时，用细胞分裂素200~400毫克/升（2%细胞分裂素10毫升加水50~25千

克）喷果。

3）注意事项：①不得与其他农药混用。②若喷后6小时内遇雨，应重喷。③烈日和光照太强，对细胞分裂素有破坏作用，应在早晚施药。

（4）新型增效液化剂（6-BA+GA₃）

1）性状与作用：中国农业科学院柑橘研究所在研究细胞分裂素对防止柑橘第一次生理落果的效果后，提出了用赤霉素（GA₃）和细胞分裂素（6-BA）防止柑橘生理落果的方法，即在第一次生理落果前（谢花后7天），也即果径为0.4~0.6厘米时，用细胞分裂素200~400毫克/升加赤霉素100毫克/升的溶液涂果，具有良好的保果效果，防止第二次生理落果时，单用细胞分裂素无效。在第一次生理落果高峰后，第二次生理落果开始前保果，用赤霉素50~100毫克/升溶液喷施树冠或用250~500毫克/升溶液涂果，效果良好。实验充分说明：第一次生理落果与细胞分裂素有关，第二次生理落果与细胞分裂素无关，而两次生理落果均与赤霉素有关，但赤霉素防止第一次生理落果效果比细胞分裂素差。

新型增效液化剂的剂型：喷布型和涂果型。

①喷布型：喷布方法不同，对保果的效果影响很大。整株喷布效果较差，对花、幼果进行局部喷布效果好，专喷幼果效果更好。因此，喷布时叶面和枝条尽量少喷。建议用小喷雾器或微型喷雾器对准花和幼果喷，保花保果效果好，而且省药，从而节省费用。

②涂果型：涂果型是指将一个果实的表面都均匀涂湿，其优点是果实增大均匀、明显，但速度慢。

2）使用方法：砂糖橘谢花2/3时，全树喷1次100毫克/升增效液化剂或50毫克/千克赤霉素，效果显著。也可在谢花后5~7天用100毫克/升增效液化剂加100毫克/升赤霉素涂幼果，或用小喷雾器喷幼果，效果更好。

3）注意事项：①不同的保果方法，保果效果不同。花量少的树宜采用涂果型增效液化剂涂果，在谢花时涂1次，谢花后10天左右涂第二次；一般花量的树可在盛花末期先用喷布型增效液化剂喷布1次，谢花后1周用涂果型增效液化剂选生长好的果实涂1次；对于花量较大的树可在谢花时用喷布型增效液化剂喷布1次，谢花后10天左右再喷布1次。②涂果优于微型喷布，整株喷布效果较差。

4. 修剪保果

（1）抹除部分春梢营养枝，改善树体通风透光条件 成年砂糖橘结果树发枝力强，易造成枝叶密闭。对花量过大的植株，应采取以疏为主，疏缩结合的方法，打开光路，改善树体光照条件。春季，在花蕾现白时进行疏剪，剪除部分密集纤弱短小的花枝和花枝上部的春梢营养枝，除去无叶花序花，以减少花量，节约养分，有利于稳果，提高坐果率。

（2）抹除夏梢　在砂糖橘第二次生理落果期控制氮肥施用，避免大量抽发夏梢。在夏梢抽发期（5~7月），每隔3~5天及时抹除夏梢。也可在夏梢萌发长3~5厘米时，喷施"杀梢素"（彩图41），每包兑水15千克，充分搅拌后喷于嫩梢叶片上，或喷施500~800毫克/升的多效唑，可控制夏梢生长，避免与幼果争夺养分水分而引起落果。

（3）培养健壮秋梢作为结果母枝　砂糖橘的一次梢（春梢、夏梢、秋梢）、二次梢（春夏梢、春秋梢和夏秋梢）和三次梢（强壮的春夏秋），都可成为结果母枝。但幼龄树以秋梢作为主要结果母枝。随着树龄增长，春梢母枝结果的比例逐渐增长，进入盛果期后，则以春梢母枝为主。因此，加强土肥水管理，重视夏季修剪工作，培育健壮优质的秋梢作为结果母枝，是提高成年结果树产量的有效措施之一。夏剪前，要重施壮果促梢肥。一般提前在放梢前15~30天施1次有机肥，施肥量为饼肥2.5~4千克/株。为确保秋梢抽发整齐健壮，也可在施完壮果攻秋梢肥的基础上，结合抗旱浇施1次速效水肥，如1~3年生幼树，可每株浇施0.05~0.1千克尿素加0.1~0.15千克复合肥或10%~20%枯饼浸出液5~10千克加0.05~0.1千克尿素（彩图42）；4~5年生初结果树开浅沟（见须根即可），每株施0.1~0.2千克尿素加0.2~0.3千克复合肥，肥土拌匀浇水，及时盖土保墒；6年生以上成年结果树（彩图43），每株施0.15~0.25千克尿素加0.25~0.5千克复合肥，有条件的果园可每株浇10~15千克腐熟稀粪水或枯饼浸出液。剪后连续抹芽2~3次，每隔3~4天抹1次。7月底~8月初，统一放秋梢。放梢后还应注意做好病虫害防治，如潜叶蛾、红蜘蛛、溃疡病、炭疽病等，要做到"防病治虫、一梢两药"。

培养大量健壮优质的秋梢作为结果母枝，是砂糖橘结果园丰产稳产，减少或克服大小年结果的关键措施之一。生产上常见的树势衰弱、秋梢数量少且质量差，或冬季落叶多、花质差、不完全花比例增多、花果发育不良，是造成大量落果和产量低的主要原因。

5. 环剥、环割与环扎保果

（1）环剥保果　在花期和幼果期，用利刀（如电工刀等）在主干或主枝光滑部位的韧皮部（树皮）环剥 1 圈或数圈，可有效地减少落果。具体方法是：在花期和幼果期，在主干或主枝的韧皮部（树皮）上环剥 1 圈，或采用错位对口环剥两个半圈，两个半圈相隔 10 厘米，或采用螺旋形环剥，环剥宽度一般为被剥枝粗度的 1/10～1/7，环剥深度以不伤木质部为宜。环剥后，及时用塑料薄膜包扎好环剥口，以保持伤口清洁和湿润，有利于伤口愈合。通常环剥后约 10 天即可见效，1 个月可愈合。若剥后出现叶片黄化，可选择能被作物快速吸收和利用的叶面肥，如康宝腐殖酸液肥、农人液肥、氨基酸、倍力钙等，喷施 2～3 次。如果在叶面肥中加入 0.04 毫克/升的芸苔素内酯，能增强根系活力，效果更好。若出现落叶时，要及时淋水。春季提早灌水施肥，可壮梢壮花。

【提示】

经环剥后，不能喷石硫合剂和松脂合剂等刺激性强的农药，可喷 10～20 毫克/升的 2，4-D 加 0.3% 的磷酸二氢钾或核苷酸等物质的混合液，可大大减少不正常的落叶。

（2）**环割保果** 在花期和幼果期，用环割刀或电工刀，对主干或主枝进行环割一闭合圈，环割宽为 1～2 毫米，深达木质部，将皮层剥离。具体方法是：在花期、幼果期的主干或主枝的韧皮部（树皮）上环割 1 圈；或错位对口环割两个半圈，两个半圈相隔 10 厘米，或进行螺旋形环割，环割深度以不伤木质部为宜。若割后出现落叶，要及时淋水，喷 10～20 毫克/升的 2，4-D 加 0.3% 的磷酸二氢钾或核苷酸等物质的混合液，可大大减少不正常的落叶。

【注意】

环剥（环割）所用的刀具，最好用 75% 的酒精或 5.25% 的次氯酸钠（漂白粉）10 倍兑水稀释液消毒，避免病害传播。环剥（环割）后，需要加强肥水管理，以保持树势健壮。环剥（环割）后约 10 天可见树体枝条褪绿，视为有效。环剥（环割）宜选择晴天进行，如环剥（环割）后阴雨连绵，要用杀菌剂涂抹伤口，对伤口加以保护。

（3）**环扎保果** 在第二次生理落果前 7～10 天，用 14 号铁丝对强旺树的主干或主枝，选较圆滑的部位环扎 1 圈，扎的深度为铁丝嵌入皮层的 1/2 ~ 2/3。经 40 ~ 45 天叶片由浓绿转为微黄时拆除铁丝。经环扎后，阻碍了有机营养物质的输送，增加了环扎口上枝条的营养积累，促使营养物质流向果实，提高了幼果的营养水平，有利于保果。

四、裂果及防止

1. 裂果现象

砂糖橘裂果从 8 月初开始，裂果盛期出现在 9 月初 ~ 10 月中旬，自然裂果率达 10%，如遇久旱降雨或雨水过多或施磷过多，裂果率还会增加，因裂果引起的落果率高达 20%。通常情况下，裂果是出现在果皮薄、着色快的一面，最初呈现不规则裂缝状，随后裂缝扩大，囊壁破裂，露出汁胞。有的年份裂果还可持续到 11 月。因此，裂果造成的减产不可忽视。

2. 裂果原因

砂糖橘裂果，除了与品种特性有关外，还与树体营养、激素水平、气候条件和栽培技术措施有关。

（1）裂果的内在因素

1）树体营养差：树体健壮时，树体贮藏的碳水化合物多，花芽分化质量高，有叶花枝多，花器发达，裂果较少。若树体营养差，则花芽分化质量差，无叶花枝多，花质差，裂果较多。大年树开花多，消耗树体营养多，裂果多。

2）内源激素少：赤霉素可促进细胞伸长，增进组织生长，而细胞分裂素可促进细胞分裂。在裂果发生期，对树冠喷施植物生长调节剂，可增加体内激素水平，减少裂果的发生。

3）趋熟果实果皮变薄：果实快成熟时，果皮变薄，果肉变软，果汁增多，并不断地填充汁胞，而果汁中糖分含量增加，急需水分，导致果实内膨压增大，因果肉发育快于果皮，但果皮强度韧性不够，易受伤而裂果。

（2）裂果的外界条件

1）气候条件不良：夏秋高温干旱，果皮组织和细胞出现损伤，进入秋季遇降雨或灌水，果肉组织和细胞吸水迅速膨大，而果皮组织不能同步膨大生长，因而导致裂果。久旱突降暴雨，会引起大量裂果。因此，果实生育期的气象、气温、灌水、控水和降雨等因素，都与裂果有关。

2）栽培管理不当　生产上，为了使果实变甜，通常多施磷肥，磷多钾少，会使果皮变薄。适当增加钾肥的用量，控制氮肥的用量，可增加果皮的厚度，使果皮组织健壮，减轻裂果。因此，施肥不当，尤其是磷肥施用过多、钾肥用量少的砂糖橘园，果实中磷含量高，钾含量低，易导致裂果，故要做到科学用肥，氮、磷、钾合理搭配。管理差的砂糖橘园，树势弱，裂果较多，尤其是根群浅的斜坡园，更易发生裂果。

3. 防止裂果的措施

(1) 加强土壤管理，干旱及时灌水　加强土壤管理，深翻改土，增施有机肥，增加土壤有机质含量，改善土壤理化性质，提高土壤的保水性能，尽力避免土壤水分的急剧变化，可以减少砂糖橘的裂果。遇上夏秋干旱要及时灌溉，以保持土壤不断向砂糖橘植株供水。通常在灌水前，先喷有机叶面肥，如叶霸、绿丰素（高 N）、氨基酸、倍力钙等，使果皮湿润先膨大，可减少裂果的发生。有条件的地方，最好采用喷灌来改变果园小气候，提高空气湿度，避免果皮过分干缩，可较好地防止砂糖橘裂果。缺乏灌溉条件的果园，宜在 6 月底前进行树盘覆盖，减少水分蒸发，缓解土壤水分交替变化幅度，也能减少砂糖橘裂果。

【提示】

碰上久旱，常采用多次灌水法，一次不能灌水太多，否则，不但树冠外围的裂果数增加，还会增加树冠内膛的裂果数。

(2) 科学用肥　在花期和幼果期，对树冠喷施叶面肥，如康宝腐殖酸液肥、农人液肥、氨基酸、倍力钙等，可防止裂果。如果在喷叶面肥中加入 0.04 毫克/升的芸苔素内酯，效果更好。在壮果期，每株施硫酸钾 0.25 ~ 0.5 千克，或叶面喷布 0.2% ~ 0.3% 的磷酸二氢钾，也可喷布 3% 的草木灰浸出液，可以增加果实含钾量；酸性较强的土壤，增施石灰，增加土壤的钙含量，有利于提高果皮的强度；同时补充硼、钙等元素，可有效地减少或防止裂果，即 5 ~ 8 月喷施 0.2% 的氯化钙溶液，开花小果期喷 0.2% 的硼砂溶液。实践证明，叶面喷施高钾型绿丰素 800 ~ 1000 倍液或倍力钙 1000 倍液，对砂糖橘裂果有较好的防止效果。

(3) 合理疏果　疏除多余的密集果、畸形果、细小果和病虫危害的劣质果，提高叶果比，既可提高果品商品率，又可减少裂果。

(4) 应用生长调节剂　防止砂糖橘裂果的生长调节剂有赤霉素、细胞分裂素等。在裂果发生期，向树冠喷施 20 ~ 30 毫克/升赤霉素加 0.3% 的尿素溶液，或加入 0.04 毫克/升的芸苔素内酯，每隔 7 天喷 1 次，连续喷施 2 ~ 3 次，或用赤霉素 150 ~ 250 毫克/升涂果；用细胞分裂素 500 倍液喷布，可减少裂果。

第七章
综合防治病虫害是提高效益的保障

第一节　砂糖橘病虫害防治方法

一、病虫害防治的误区和存在的问题

在砂糖橘病虫害的防治过程中，一些种植户存在着认识上的偏差，主要表现在以下几个方面。

1）只重视治病，不重视防控，以致延误了防治病虫害的有利时机，导致病虫害加重，使病虫害难防难治，甚至出现乱打药的局面。因此，抓住病虫害防治关键期，做到预防为主，控制发病，是提高砂糖橘种植效益的有效措施。

2）过度依赖化学合成药物防治，轻视非药物防治措施。随着科学技术的发展和人类自身防护意识的增强，采用农业防治、物理防治和生物防治措施，生产绿色和有机食品，已成为国内外果品生产的主流。使用化学合成农药的残留量超过规定标准的食品，已越来越多地被市场拒绝而淘汰出局。

3）误认为用药量越大，效果越好。在实际打药过程中任意加大用药量，甚至置国家规定于不顾，使用早已禁用的高毒、高残留农药，走入了"加大用药量→害虫抗药性增强→再加大用药量→药害增加、害虫抗药性更强"的恶性循环，导致人、畜中毒，环境污染与破坏生态平衡的事件屡屡发生。

4）误认为农药混用种类越多越好。常将多种农药混配，本想一次治多虫，但因同性混用等同于加大剂量而导致药害，酸碱性不同的药剂混用相互中和而降低药效或形成不溶物，有害无益。

认真贯彻"预防为主，综合防治"的植保方针，应以预防为主，充分利用自然界的有利因素，创造不利于病虫害发生的环境，把农业、生

物、物理、化学防治和检疫等手段有机地结合起来，经济、有效、安全地把病虫害控制在经济危害水平以下，才能达到保护人、畜健康，增加产量，提高质量和效益的目的。

二、砂糖橘病虫害非药物防治方法

1. 农业防治

利用农业栽培技术措施，有目的地改变某些环境因子，直接或间接地避免或减少病虫害的繁殖和蔓延，从而达到减轻或消灭病虫害的目的。如加强以土、肥、水管理为基础的综合管理，增强树势，提高树体对病虫害的抵抗力；避免造成树体伤口，减少病虫侵害机会；冬季彻底清园和刮树皮，清除越冬虫卵、虫蛹；利用修剪，剪掉残留的病虫枯枝；对树干涂白等。

2. 物理防治

利用简单器械，或者光、热、电、温湿、放射能来防治病原物和害虫，达到抑制其生长繁殖，消灭病虫害的目的。如利用糖醋液、灯光诱杀害虫；夏季在树干上绑草把，11 月把草把取下并烧毁，可诱杀越冬幼虫；摘除卵块，找挖虫蛹；利用成虫的假死性，振落成虫并进行人工捕杀；推广性诱剂及粘虫胶治虫等。

3. 生物防治

利用寄生性、捕食性天敌或病原微生物，以虫治虫，以菌治虫，以昆虫激素治虫。砂糖橘的虫害大多数都有一定的天敌，如红蜘蛛的天敌有小黑瓢虫、六点蓟马、草蜻蛉、小花椿象和异色瓢虫，介壳虫的天敌有黑缘红瓢虫，金龟子的天敌有黑土蜂和寄生菌等。在砂糖橘园施药防治病虫时，要使用生物农药或有限度地使用化学农药，对天敌加以保护。

在缺乏有效天敌的地方，可以引进优良天敌，控制当地的病虫害。如引入澳洲的瓢虫，对防治介壳虫很有帮助；人工饲养赤眼蜂，以防治卷叶蛾等。

4. 植物检疫

植物检疫，是以立法手段防止植物及其产品在流通过程中传播有害生物的措施。具体的形式是在调运种子、苗木、接穗和果实时，严格检查其中危险性病虫害的种类，以防止传播至新区。国际上及国内各省、市、自治区，有各自的检疫对象。就砂糖橘而言，除柑橘黄龙病被列为国内检疫对象外，作为砂糖橘发展新区，一些危险性病虫或当地尚未发现的病虫都应该属于检疫的对象。

三、砂糖橘病虫害药物防治方法

1. 生产砂糖橘绿色食品和有机食品的农药使用准则

砂糖橘的病虫害防治用药，必须严格按照《绿色食品 农药使用准则》（NY/T 393—2013）及《农药合理使用准则（五）》（GB/T 8321.5—2006）的规定执行。只有这样，才能保证所生产的砂糖橘果实，符合国家规定的安全卫生标准。

农药按其毒性的大小分为高毒、中毒、低毒，生产A级绿色果品，对农药的要求是优先选用低毒农药，有限度地使用中毒农药，严禁使用高毒、高残留农药和"三致"（致癌、致畸、致突变）农药。根据NY/T 5015—2002，现将砂糖橘上禁止、提倡和有限度使用的主要农药介绍如下（表7-1~表7-3）。

为了减少农药的污染，除了注意选用农药品种外，还要严格控制农药的使用量，应在有效浓度范围内，尽可能选用低浓度进行防治，不要随意提高用药剂量、浓度和次数，喷药次数要根据药剂的残效期和病虫害发生程度而定。另外，要注意各种农药的安全间隔期（最后一次施药距离采果的天数），以保证果品中无农药残留，或虽有少量残留但不超标。

2. 药剂防治时应注意的问题

在较长的一段时间内，药剂防治仍然是防治砂糖橘病虫害的有效方法，特别是对大量发生、危害严重的病虫害，更是如此。只有安全选药，正确施药，才能做到科学合理地用药。为了充分发挥农药控制病虫草害，保护作物生长及产量的积极作用，避免或降低农药的负面影响，在安全使用农药时应注意以下问题。

（1）选购"放心药" 购买农药时做到"四不买"：一是无农药标签或标签残缺不全的不买；二是标签上"三证"（农药登记证、产品标准号、生产许可证）标示不全的药不买；三是外观质量不合格的不买；四是超过产品质量保证期的药不买。学掌握农药外包装颜色所代表的种类：绿色为除草剂、红色为杀虫剂、黑色为杀菌剂、蓝色为杀鼠剂、黄色为植物生长调节剂。

表7-1 砂糖橘园禁止使用的农药

种　类	农药名称	禁用原因
有机氯杀虫剂	滴滴涕、六六六、林丹、硫丹、艾氏剂、狄氏剂	高残毒
有机氯杀螨剂	三氯杀螨醇	工业品中含有滴滴涕
有机汞杀菌剂	氯化乙基汞、醋酸苯汞	剧毒、高残毒
氟制剂	氟化钙、氟化钠、氟乙酰胺、氟乙酸钠	剧毒、高毒
有机氮杀菌剂	双胍辛胺	慢性剧毒
杂环类杀菌剂	敌枯双	致畸
取代苯类杀菌剂	五氯硝基苯、稻瘟醇、五氯酚钠、苯菌灵	致癌、高残毒
二苯醚类除草剂	除草醚、草枯醚	慢性毒性
卤代烷类熏蒸杀虫剂	二溴乙烷、环氧乙烷、二溴氯丙烷、溴甲烷	致癌、致畸、高毒
二甲基甲脒类杀虫杀螨剂	杀虫脒	慢性毒性、致癌
氨基甲酸酯杀虫剂	涕灭威、克百威、丁硫克百威、丙硫克百威	高毒、剧毒或代谢物高毒
有机磷杀虫剂	甲拌磷、乙拌磷、久效磷、对硫磷、甲基对硫磷、甲胺磷、甲基异柳磷、治螟磷、氧化乐果、乐果、磷胺、地虫硫磷、丙线磷、蝇毒磷、苯线磷、甲基硫环磷	高毒、剧毒
无机砷杀虫剂	砷酸钙、砷酸铅	高毒
有机砷杀菌剂	甲基胂酸锌、甲基胂酸铵、福美甲胂、福美胂	高残毒
有机锡杀菌剂杀螨剂	三苯基醋酸锡、三苯基氯化锡、三苯基羟基锡、三环锡	高残毒、慢性毒性

表 7-2　砂糖橘园限制使用的主要农药

通用名	剂型及含量	主要防治对象	施用量（稀释倍数）	施用方法	最后一次施药距采果的天数	注意事项
苯螨醚	5% 乳油	红蜘蛛、锈壁虱	1000～2000 倍液	喷雾	30	
克螨特	73% 乳油	红蜘蛛、锈壁虱	2000～3000 倍液	喷雾	30	30℃以上不宜使用
唑螨酯	5% 悬浮剂	红蜘蛛、锈壁虱	1000～2000 倍液	喷雾	21	
三唑锡	25% 可湿性粉剂、20% 悬浮剂	红蜘蛛、锈壁虱	1500～2000 倍液（粉剂）、1000～2000 倍液（悬浮剂）	喷雾	30	30℃以上不宜使用
双甲脒	20% 乳油	红蜘蛛、锈壁虱、介壳虫	1000～1500 倍液	喷雾	21	20℃以下药效较低，作用较慢
单甲脒	25% 水剂	红蜘蛛、锈壁虱	800～1200 倍液	喷雾	21	22℃以上药效好
水胺硫磷	40% 乳油	红蜘蛛、锈壁虱、介壳虫	800～1200 倍液	喷雾	21	
敌敌畏	80% 乳油	潜甲、卷叶蛾、天牛类	500～1500 倍液	喷雾、药棉塞虫孔、注射器虫孔灌药	21	
喹硫磷	25% 乳油	介壳虫、蚜虫	600～1000 倍液	喷雾	28	
毒死蜱	40.7% 乳油	介壳虫、锈壁虱、蚜虫	800～1500 倍液	喷雾	21	

（续）

通用名	剂型及含量	主要防治对象	施用量（稀释倍数）	施用方法	最后一次施药距采果的天数	注意事项
杀螟丹	98%可湿性粉剂	潜叶蛾	1800~2000倍液	喷雾	21	
抗蚜威	50%可湿性粉剂	蚜虫	1000~2000倍液	喷雾	21	
丁硫克百威	20%乳油	锈壁虱、蚜虫、潜叶蛾	1000~2000倍液	喷雾	21	
氯氟氰菊酯	2.5%乳油	潜叶蛾、凤蝶、尺蠖、卷叶蛾、蚜虫等、兼治叶螨	2500~3000倍液	喷雾	21	
甲氰菊酯	20%乳油	潜叶蛾、凤蝶、尺蠖、卷叶蛾、蚜虫等、兼治叶螨	2500~3000倍液	喷雾	30	低温时使用效果更好
氧戊菊酯	20%乳油	凤蝶、尺蠖、卷叶蛾、蚜虫、椿象	2500~3000倍液	喷雾	21	
溴氰菊酯	2.5%乳油	凤蝶、尺蠖、卷叶蛾、蚜虫	1250~2500倍液	喷雾	28	
顺式氧戊菊酯	5%乳油	凤蝶、尺蠖、卷叶蛾、潜叶蛾	4000~6000倍液	喷雾	21	

通用名	剂型及含量	主要防治对象	施用量（稀释倍数）	施用方法	最后一次施药距采果的天数	注意事项
氟氰戊菊酯	30%乳油	凤蝶、尺蠖、卷叶蛾、潜叶蛾	6000~12000倍液	喷雾	21	
顺式氯氰菊酯	10%乳油	凤蝶、尺蠖、卷叶蛾、蚜虫、椿象	6000~15000倍液	喷雾	21	
氯氰菊酯	10%乳油	凤蝶、尺蠖、卷叶蛾、潜叶蛾	2000~4000倍液	喷雾	20	
福美双	50%可湿性粉剂	炭疽病	500~800倍液	喷雾	21	
抑霉唑	22.2%乳油	青霉病、绿霉病	1000~2000倍液	浸果		浸湿后取出贮藏
百草枯	20%水剂	杂草	200~300毫升	低压喷雾		杂草生长旺盛期

表7-3 砂糖橘园允许使用的主要农药

通用名	剂型及含量	主要防治对象	施用量（稀释倍数）	施用方法	最后一次施药距采果的天数	注意事项
阿维菌素	1.8%乳油	红蜘蛛、锈壁虱	5000倍液	喷雾	30	
浏阳霉素	10%乳油	红蜘蛛、锈壁虱	1000~2000倍液	喷雾	15	
华光霉素	2.5%可湿性粉剂	红蜘蛛、锈壁虱	400~600倍液	喷雾	15	
苦参	0.36%水剂	红蜘蛛、凤蝶、尺蠖、蚜虫	400~600倍液	喷雾	15	发生早期使用

（续）

通用名	剂型及含量	主要防治对象	施用量（稀释倍数）	施用方法	最后一次施药距采果的天数	注意事项
硫黄	50%悬浮剂	红蜘蛛、锈壁虱	200~400 倍液	喷雾	15	不与矿物油混用，也不能在其前后施用
机油乳剂	95%乳油	红蜘蛛、锈壁虱、介壳虫	50~200 倍液	喷雾	21	花蕾期至第二次生理落果前和成熟前45天不能用药，有冻害的地区冬季不能用药
哒螨灵	15%乳油	红蜘蛛、锈壁虱	1500~2000 倍液	喷雾	30	
四螨嗪	20%悬浮剂	红蜘蛛、锈壁虱、介壳虫	1500~2000 倍液	喷雾	30	
噻螨酮	5%乳油、5%可湿性粉剂	叶螨	1500~2000 倍液	喷雾	30	
氟虫脲	5%乳油	锈壁虱、红蜘蛛、潜叶蛾	667~1000 倍液 1000~2000 倍液	喷雾	30	
苯丁锡	50%可湿性粉剂	红蜘蛛、锈壁虱	2000~3000 倍液	喷雾	21	
苯螨特	10%乳油	红蜘蛛、锈壁虱	1500~2000 倍液	喷雾	21	

药剂	剂型	防治对象	稀释倍数	施用方法	安全间隔期	备注
溴螨酯	50%乳油	红蜘蛛、锈壁虱	1000~3000倍液	喷雾	21	
吡螨胺	10%可湿性粉剂	红蜘蛛	2000~3000倍液	喷雾	21	
齐螨螨素	1.8%乳油	锈壁虱、潜叶蛾、凤蝶、尺蠖、红蜘蛛	4000~5000倍液	喷雾	21	
苏云金杆菌	100亿个/毫升乳剂	凤蝶、尺蠖	500~1000倍液	喷雾	15	
烟碱	10%乳油	蚜虫	500~800倍液	喷雾	15	
鱼藤酮	2.5%乳油	凤蝶、尺蠖、蚜虫	300~500倍液 200~400倍液	喷雾	15	
辛硫磷	50%乳油	花蕾蛆	500~800倍液	地面和树冠喷雾	15	傍晚进行
敌百虫	90%晶体	椿象	800~1000倍液	喷雾	28	
噻嗪酮	25%可湿性粉剂	矢尖蚧	1000~1500倍液	喷雾	35	2龄喷药对成虫无效
定虫隆	5%乳油	潜叶蛾	1000~2000倍液	喷雾	35	
除虫脲	20%悬浮剂	潜叶蛾	1500~3000倍液	喷雾	35	
伏虫隆	5%悬浮剂	潜叶蛾	1000~2000倍液	喷雾	30	
灭幼脲	25%悬浮剂	潜叶蛾	1000~1500倍液	喷雾	30	
啶虫脒	3%乳油	蚜虫、潜叶蛾	1500~2500倍液	喷雾	21	

（续）

通用名	剂型及含量	主要防治对象	施用量 （稀释倍数）	施用方法	最后一次 施药距采 果的天数	注意事项
吡虫啉	20% 可湿性粉剂	蚜虫、潜叶蛾	3000～5000 倍液 1500～2500 倍液	喷雾	21	
抗霉菌素 120	2% 水剂	白粉病、炭疽病	200 倍液	喷雾	15	
多氧霉素	10% 水剂	黑斑病	1000～1500 倍液	喷雾	15	
石硫合剂	45% 晶体	白粉病、黑斑病、叶螨、锈壁虱、介壳虫	早春 180～300 倍液，晚秋 300～500 倍液	喷雾	15	30℃ 以上降低使用浓度和施药次数
波尔多液	硫酸铜：石灰：水 = 0.5：0.5：100	溃疡病、炭疽病、疮痂病、黑斑病	0.5% 等量式	喷雾	15	
王铜	30% 悬浮剂	溃疡病、炭疽病、疮痂病、黑斑病	600～800 倍液	喷雾	15	
氢氧化铜	77% 可湿性粉剂	溃疡病、炭疽病、疮痂病、黑斑病	400～600 倍液	喷雾	15	
络氨铜	14% 水剂	溃疡病、炭疽病、疮痂病、黑斑病	300～500 倍液	喷雾	15	
链霉素	72% 可湿性粉剂	溃疡病	600～700 毫克/千克	喷雾	15	

药剂名称	剂型	防治对象	使用浓度	使用方法	安全间隔期（天）	备注
春雷霉素	4%可湿性粉剂	脚腐病、流胶病、树脂病	5~8倍液 15~50毫克/千克	纵刻病斑后涂胶稀释液喷雾	15	
代森锌	80%可湿性粉剂	炭疽病、锈壁虱	600~800倍液	喷雾	21	
代森铵	50%水剂	炭疽病、白粉病、溃疡病、立枯病	500~800倍液	喷雾	21	
代森锰锌	80%可湿性粉剂	疮痂病、黑斑病、炭疽病、锈壁虱	600~800倍液	喷雾	21	
三乙磷酸铝	80%可湿性粉剂	苗期苗疫病、脚腐病	200~300倍液	喷雾或刀刻病部后涂抹	21	不能与酸性碱性农药混用
甲基硫菌灵	70%可湿性粉剂	疮痂病、黑斑病、炭疽病	1000~1500倍液	喷雾	30	
异菌脲	50%可湿性粉剂	青霉病、绿霉病	1000毫克/千克	浸果	21	浸湿后取出贮藏
多菌灵	50%可湿性粉剂	疮痂病、黑斑病、炭疽病、青霉病、绿霉病	500~1000倍液	喷雾	21	
甲霜灵	25%可湿性粉剂	脚腐病、立枯病	100~200倍液 200~400倍液	涂抹刻伤后的病斑或喷雾	21	
百菌清	75%可湿性粉剂	疮痂病、沙皮病	500~800倍液	喷雾	21	

（续）

通用名	剂型及含量	主要防治对象	施用量（稀释倍数）	施用方法	最后一次施药距采果的天数	注意事项
溴菌腈	25%乳油、25%可湿性粉剂	炭疽病	500~800倍液	喷雾	21	
咪鲜胺	25%乳油	青霉病、绿霉病、蒂腐病、黑腐病	500~1000倍液	浸果		浸湿后取出贮藏
噻菌灵	45%悬浮剂	青霉病、绿霉病、蒂腐病、黑腐病	300~450倍液	浸果		
噻枯唑	25%可湿性粉剂	溃疡病	500~800倍液	喷雾	21	
棉隆	75%可湿性粉剂、95%原粉	线虫、立枯病	3.2~4.5千克加水75升按30~50克/米²施用	沟施垄土撒地面	120	
草甘膦	10%水剂	1年生、多年生杂草	750~1000毫升	喷雾		
莠去津	50%可湿性粉剂	1年生杂草	150~250克（砂壤土），300~400克（壤土），400~500克（黏土）	喷雾		豆类、十字花科蔬菜敏感

药剂名称	含量剂型	防除对象	用量	施用方法	备注
氟乐灵	48%乳油	禾本科杂草	125~200毫升	喷雾	用药后5~7天果园间作物再播种
二甲戊乐灵	33%乳油	1年生阔叶杂草及禾本科杂草	200~300毫升	喷洒土表	芽前
乙草胺	50%乳油	禾本科杂草及阔叶杂草	40~90毫升	喷雾	
氟乐烟	20%乳油	阔叶杂草	75~150毫升	喷雾	杂草2~5叶期茎叶喷雾
唑嘧乙草灵	10%乳油	1年生和多年生禾本科杂草	75~200毫升	喷雾	多数杂草3~5叶期喷雾杂草茎叶
吡氟乙草灵	12.5%乳油	1年生禾本科杂草	50~160毫升	喷雾	
茅草枯	60%钠盐	禾本科杂草	500~1500克	喷茎叶	药液中加适量洗衣粉以增效
稀禾定	20%乳油	禾本科杂草	85~200毫升	喷雾	施药以早晚为宜
吡氟禾草灵	35%乳油	禾本科杂草	67~160毫升	喷雾	不能与激素型除草剂和百草枯等混用

（2）合理使用农药注意事项

1）对症下药：农药品种很多，特点不同，应针对防治对象，选用适合的农药品种。如防治食叶性害虫，应选用具有胃毒和触杀作用的杀虫剂；防治刺吸式害虫，应选用触杀和内吸剂；防果实和蛀干害虫（如天牛），应选用有熏蒸作用的药剂。

2）选择合适的施药方法：根据不同的条件和防治对象，选用不同的施药方法。如在防治食叶害虫时，常选喷雾法；防治蚜虫、螨类和介壳虫等刺吸式害虫时，可选用涂干或涂枝法；防治土壤中越冬害虫时，可用药剂土壤处理法等。

3）适时用药：用药时间对了，防效才理想。如保护性杀菌剂一定要在发病前或发病初期使用，芽前除草剂要在作物萌芽前使用；禁止夏季中午高温时间喷施高毒农药，连续施药时间不要过长。

应在害虫对药剂敏感的时期用药。如砂糖橘红蜘蛛应在越冬代孵化盛期防治，只要喷药细致，一般一次用药即可全年无恙，若错过这一时机，虫害世代重叠，很难控制危害；防治砂糖橘象甲的最佳时期，是在幼虫孵化后从叶上掉下钻入土中和成虫出土期，用药剂处理土壤；防治介壳虫类的最好时机，是若虫孵化分散爬行期，若在虫体固定分泌蜡质形成介壳再防治，则效果很差。

4）严格掌握施药量：任何农药均应按推荐用量使用，随意增减易造成作物药害或影响防效。

5）施药要周到：不能重喷或漏喷，以保证对作物安全，对病虫草有效；使用喷雾器喷药时不要迎风操作，不要左右两边同时喷射，应隔行喷雾，最好能倒退行走操作。大风和中午高温时应停止施药。

6）交替用药，合理混配：长期施用作用机制相同的农药，会使害虫产生抗药性。选用机制不同的农药，交替使用，既可减少对环境的污染，又可提高防治效果，还可降低防治成本。在生产中，防治病害和防治虫害往往同时进行，在杀虫剂、杀菌剂和杀螨剂混用时，必须根据说明书，弄清拟选的两种或两种以上药剂是否可以混合，否则会出现药害或失去杀虫、杀菌的作用。一般说来，波尔多液、石硫合剂等强碱性药剂，不能与大多数有机合成农药混用。

7）要安全配药、施药和搬药：配药、施药和搬药时，要戴口罩、胶手套、穿长袖衣裤、鞋袜，防止药剂沾染皮肤、眼睛。施药、搬药过程中不得喝酒、饮水、吃东西，不能讲话、嬉戏，不能用手擦嘴、脸、眼睛。喷药后，若需进食、饮水，应先洗手、洗脸、漱口。每天搬药或施药时间不得超过 6 小时。配药应在远离饮用水和居民点的地方进行，用后的农药包装物要烧毁或深埋，切不可用农药瓶、农药袋来装食品和饮用水。

（3）出现问题及时处理

1）药效很差或产生药害时，应及时将药送到农药检测单位检测，如属不合格或伪劣产品，可到工商、消协、技术监督等部门投诉或到法院起诉。

2）发生药害后及时补救。对叶面产生药斑、叶缘枯焦或植株黄化等症状的药害，可增施肥料来减轻药害程度；对抑制或干扰作物生长的除草剂药害，可喷洒赤霉素来缓解。

3）发生农药中毒事故，要及时采取急救措施或送医院抢救并出示曾使用的农药标签，以便医生对症下药。

第二节　砂糖橘的主要病虫害及防治

一、主要病害及防治

危害砂糖橘的病害很多，常见的有黄龙病、裂皮病、溃疡病、炭疽病、疮痂病、树脂病、脚腐病、黄斑病、黑星病、煤烟病、根结线虫病等。安全有效地防治这些病害，对于实现砂糖橘优质高产，具有非常重要的意义。

1. 黄龙病

黄龙病又名黄梢病，是砂糖橘生产的主要病害，为国际、国内检疫对象。栽种砂糖橘的产区均有此病发生。植株感染黄龙病后，幼龄树常在 1～2 年内死亡，结果树则会因患病树势衰退，丧失结果能力，直至死亡，并传播蔓延。黄龙病是毁灭性病害，对砂糖橘生产构成极大的威胁，应引起高度的重视。

【症状】　黄龙病在砂糖橘的枝、叶、花果和根部都表现症状，主要是初期病树上的"黄梢"和叶片上"斑驳型"的黄化现象。春梢发病轻，夏、秋梢发病重，症状明显。

1）枝叶症状：其主要症状是初期病树上的少数顶部梢在新叶生长过程中不转绿，表现为均匀黄化，也就是通常所说的"黄梢"。春、夏、

秋梢均会发病，俗称插金花。叶片上则表现为褪绿转黄，叶质硬化发脆，即为"黄化叶"。黄化叶有以下 3 种类型。

① 均匀黄化叶。初期发病树在春、夏、秋梢都发生，叶片呈均匀黄化、叶硬化、无光泽，叶片都在明春发芽前脱落，以后新梢叶片再不出现均匀黄化现象。

② 斑驳型黄化叶。叶片转绿后，叶脉附近开始黄化，呈黄绿相间的斑驳，黄化扩散在叶片基部更为明显，最后叶片呈黄绿色黄化。

③ 缺素状黄化叶。病树抽出生长比较弱的枝梢叶片，在生长过程中呈现缺素状黄化，类似缺锌、缺锰的症状，叶厚而细小、硬化，称为"金花叶"。

2）花果症状：树体发病后，第二年开花早，无叶花比例大，花量多。花小而畸形，花瓣短小肥厚，略带黄色。有的柱头常弯曲外露，小枝上花朵往往多个聚集成团，这种现象果农称为"打花球"。这些花最后几乎全部脱落，仅有极少数能结果。病树果实小或畸形，成熟时果肩颜色为暗红色，而其余部位的果皮颜色为青绿色，称为"红鼻果"。果皮变软，无光泽，与果肉不易分离；果实汁少味酸，着色不均匀。

3）根部症状：初发病时根部正常，后期病树根系出现腐烂现象。

【防治方法】

1）严格实行检疫制度：严禁将病区的接穗和苗木引入新区和无病区。新开发的无病区砂糖橘园，不得从病区引入砂糖橘苗木及接穗，一经发现病株应及时彻底烧毁，防止病原传入及蔓延扩散。

2）建立无病苗圃：特别是发展砂糖橘的新区，坚持从无病区采集接穗、引进苗木，并要求做到自繁自育，保证苗木健康无病。从外地采集接穗，特别是从病区带来的接穗，需要用 49℃湿热空气处理 50 分钟，然后取出用冷水降温后迅速嫁接。苗圃应建立在无病区或隔离条件好的地区，或采用网棚全封闭式育苗。

3）加强栽培管理：重视结果树的肥水管理，在树冠管理上，采用统一放梢，使枝梢抽发整齐，控制树冠，复壮树势，调节挂果量，保持树势壮旺，提高抗病力。在每次嫩梢抽发期，可选用 10% 吡虫啉可湿粉、4.5% 赛得乳油、20% 甲氰菊酯乳油、22% 甲氰·唑磷乳油等药剂，防治木虱。此外，对初发病的结果树用 1000 毫克/升盐酸四环素或青霉素注射树干，有一定防治效果。

4）及时处理病树：一经发现，立即挖除，集中烧毁。挖除病树前，应对病树及附近植株喷洒 40% 氧化乐果 1000 倍液等药剂,以防木虱从病树向周围转移传播。发病率在 10% 以下的砂糖橘园,挖除病株后可用无病苗补植;重病园则全园挖除。对轻病树,也可用四环素治疗,其方法是在主干基部钻孔,孔深为主干直径的 2/3 左右,然后从孔口用加压注射器注入药液,每株成年树注射 0.1% 盐酸四环素溶液 2~5 升。幼年树及初结果树的果园在挖除病树后半年内补种,盛产期的果园(彩图 44)则不考虑补种,重病区要在整片植株全部清除 1 年后才能重新建园。

5)防治木虱:木虱是黄龙病的传病昆虫,要及时防治。木虱产卵于嫩芽上,若虫在嫩芽上发育,应采用抹芽控梢技术,使枝梢抽发整齐,并于每次嫩梢期及时喷有机磷药剂保护,具体用药可参照"木虱药剂防治"的内容。

【提示】

防治木虱要先喷药,后抹梢及锯病树。采果后,要先喷有效药剂,然后锯断病树,避免将病树上带病原菌的木虱成虫驱赶到健康树上,造成人为传播。目前,生产上普遍先砍树后喷药,杀木虱效果差或根本就杀不了木虱,是造成黄龙病难控制的主要原因。

2. 裂皮病

裂皮病又称剥皮病、脱皮病,是一种类病毒病害,在砂糖橘产区均有发生,对感病砧木和砂糖橘植株均可造成严重危害。

【症状】 受害植株砧木部树皮纵向开裂,部分外皮剥落(图 7-1),树冠矮化,新枝少而弱,叶片少而小,多为畸形,叶肉黄化,类似缺锌症状,部分小枝枯死。病树开花多,但畸形花多,落花落果严重,产量显著下降。

图 7-1 裂皮病

【防治方法】

1)杜绝病源:严禁从病区调运苗木和剪取接穗,防止裂皮病传入无病区。

2)培育无病苗木:采用无毒接穗培育苗木,或经预热处理后再进行茎尖嫁接育苗，便可以脱毒。

3）工具消毒：用于嫁接、修剪的工具要用 10% 的漂白粉液或 25% 的甲醛 + 2% ~ 5% 的氢氧化钠混合液浸 1 ~ 2 秒消毒。对修剪病树用过的剪刀，可用含 5.25% 次氯酸钠的漂白粉 10 倍液消毒。

4）挖除病树：对症状明显，生长势弱和无经济价值的病树，要及时挖除。

3. 溃疡病

溃疡病为严重的细菌性病害，是砂糖橘的主要病害之一。

【症状】 溃疡病在砂糖橘的枝、叶、果上都表现出症状。

1）叶片病症：叶片上先出现针头大小的深黄色油渍状圆斑；接着叶片正反两面隆起，呈海绵状，顶部稍有褶皱；随后病斑中部破裂，凹陷，呈火山口状开裂，木栓化，粗糙，病斑多为近圆形，直径为 3 ~ 5 毫米，常有轮纹或螺纹，边缘呈油浸状，病斑周围有黄色晕环，而叶片一般不变形。

2）枝梢病症：枝梢上的病斑比叶上病斑更为凸起，木栓程度更重，火山口状开裂更为显著。圆形、椭圆形或聚合成不规则形病部，有时病斑环绕枝 1 圈使枝枯死。病斑周围有油腻状外圈，但无黄色晕环。病斑色状与叶部类似。

3）果实病症：果实病斑中部凹陷龟裂和木栓化，程度比叶部症状更为显著，病部只限于果皮，不发展到果肉，病斑直径一般为 5 ~ 12 毫米。初期病斑呈油胞状半透明凸起，深黄色，其顶部略皱缩。后期病斑在各部的病健部交界处常常有 1 圈褪色釉光的边缘，有明显的同心轮状纹，中间有放射状裂口（图 7-2）。青果上病斑有黄色晕圈，果实成熟后晕圈消失。

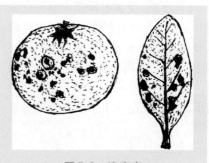

图 7-2　溃疡病

叶片和果实感染溃疡病后，常引起大量落叶落果，导致树势减弱，产量下降，降低果实品质，严重影响果品商品价值。

【防治方法】

1）严格实行检疫制度：严禁将病区的接穗和苗木引入新区和无病区。新开发的无病区砂糖橘园，不得从病区引入砂糖橘苗木及接穗，一经发现病株应及时彻底烧毁。带菌种子用 55～56℃热水浸 50 分钟杀菌，或用 5% 的高锰酸钾溶液浸 15 分钟，或用 1% 的福尔马林液浸 10 分钟，然后用清水洗净，晾干后播种。

2）培育无病苗木：建立无病苗木繁育体系，采用无毒接穗培育苗木，或经预热处理后再进行茎尖嫁接育苗，可以脱毒。

3）彻底清园：冬季结合修剪，剪除病枝、病叶、病果，将其集中烧毁，减少病源，并在地面和树上喷 0.8～1 波美度的石硫合剂，或 90% 克菌壮可湿性粉剂 1500 倍液。

4）药剂防治：抓住新叶展开期（芽长 2 厘米左右）、新叶转绿时、幼果期、果实膨大期、大风暴雨后等防治适期进行喷药防治。幼果期应每隔 15 天喷药 1 次，以保护幼果。药剂可选用 77% 可杀得 800～1000 倍液、77% 多宁 400～600 倍液、10% 溃枯宁 1000 倍液、72% 农用链霉素可湿性粉（1000 万单位）2500 倍液加 1% 酒精，3% 金核霉素水剂 300 倍液，或 50% 代森铵 700 倍液，注意交替轮换喷药。另外，要加强对潜叶蛾的防治，通过抹除抽生不整齐的嫩梢，可减少枝、叶伤口，防止病菌的入侵，减轻病害。

【注意】

　　在果实膨大期后（7 月至采收前），应尽量少用波尔多液等铜制剂，以免果实表面产生药斑，影响商品价值。

4. 炭疽病

炭疽病是砂糖橘种植区普遍发生的一种重要病害。枝、叶、果和苗木均能发病，严重时常引起大量落叶，枝梢枯死，僵果和枯蒂落果（彩图 45），枝干开裂，导致树势衰退，产量下降，甚至整树枯死。在贮藏运输期间，常引起果实大量腐烂。

【症状】

1）叶片症状：

① 叶斑型：又称慢性型，多发生在成长叶片或老叶的近叶缘或叶尖处，以干旱季节发生较多。病斑为近圆形、半圆形或不规则形，稍凹陷，浅灰褐色或浅黄褐色，后变为黄褐色或褐色，病斑轮廓明显，病叶脱落

较慢。后期或干燥时病斑中部变为灰白色，表面密生明显轮纹状或不规则排列的微凸起小黑点。在多雨潮湿天气，黑粒点溢出许多橘红色黏质液点。病叶易脱落，大部分可在冬季落光。

②叶腐型：又称急性型，主要发生在雨后高温季节的幼嫩叶片上，病叶腐烂，很快脱落，常造成全株性落叶。多从叶缘、叶尖或叶主脉生有浅青色或青褐色如开水烫伤状病斑，并迅速扩展成水渍状、边缘不清晰的波纹状、近圆形或不规则形大病斑，可蔓及大半个叶片。病斑上也生有橘红色黏质小液点或小黑粒点，有时呈轮纹状排列。

③叶枯型：又称落叶型，发病部位多在上年生老叶或成长叶片叶尖处，在早春温度较低和多雨时，树势较弱的砂糖橘树发病严重，常造成大量落叶。初期病斑呈浅青色而稍带暗褐色，渐变为黄褐色，整个病斑呈"V"字形，上面长有许多红色小点。

2）枝梢症状

①慢性型：一种情况是从枝梢中部的叶柄基部腋芽处或受伤处开始发病，病斑初为褐色，椭圆形，后渐扩大为长棱形，稍凹陷，当病斑扩展到环绕枝梢1周时，病梢由上而下呈灰白色或浅褐色枯死，其上产生小黑粒点状分生孢子盘。2年生以上的枝条因皮色较深，病部不易被发现，必须削开皮层方可见到，病梢上的叶片往往卷缩干枯，经久不落。当病斑较小而树势较强时，随枝条的生长，病斑周围产生愈伤组织，使病皮干枯脱落，形成大小不等的菱形或长条状病症。另一种情况是受冻害或树势衰弱的枝梢，发病后常自上而下呈灰白色枯死，枯死部位长短不一，与健部界限明显，其上密生小黑粒点。

②急性型：刚抽发的嫩梢顶端3~10厘米处突然发病，似开水烫伤状，3~5天后枝梢和嫩叶凋萎变黑，上面生橘红色黏质小液点。

3）果实症状：

①僵果型：一般在幼果直径为10~15毫米大小时发病，初生暗绿色、油渍状、稍凹陷的不规则病斑，后扩大至全果。天气潮湿时长出白色霉层和橘红色黏质小液点，以后病果腐烂变黑，干缩成僵果。

②干疤型：在比较干燥的条件下发生。大多在果实近蒂部至果腰部分生圆形、近圆形或不规则形的黄褐色至深褐色病斑，稍凹陷，皮革状或硬化，边缘界限明显，一般仅限于果皮，成为干疤状。

③泪痕型：在连续阴雨或潮湿条件下，大量病菌通过雨水从果蒂流至果顶，侵染果皮，形成红褐色或暗红色微凸起小点，组成泪痕状或条

状斑，不侵染果皮内层，仅影响果实外观。

④果腐型：主要发生在贮藏期果实和果园湿度大时近成熟的果实上。大多从蒂部或近蒂部开始发病，病斑初为浅褐色水渍状，后变为褐色至深褐色腐烂。在果园烂果脱落，或失水干缩成僵果，经久不落。湿度较大时，病部表面产生灰白色，后变为灰绿色的霉层，其中密生小黑粒点或橘红色黏质小液点。

【防治方法】

1）加强栽培管理，增强树势：炭疽病是一种弱性寄生菌，只有在树体生长衰弱的情况下才能侵入树体危害。树体营养好、抵抗力强的树发病轻或不发病。因此，注意果园排水，适当增施钾肥，避免偏施氮肥，培育强健的树势，是提高树体抗病能力的根本途径。

2）彻底清园：做好采果后至春芽前的清园，及时剪除患病枝梢，清除园内枯枝落叶，集中烧毁，减少病源，冬季清园后全面喷施1次0.8~1波美度石硫合剂+0.1%的洗衣粉溶液，或喷施1次20%石硫合剂乳膏剂100倍液，杀灭存活在病部表面的病菌，兼治其他病虫。

3）药剂防治：在春、夏、秋梢嫩叶期，特别是在幼果期和8~9月果实成长期，每隔15~20天喷药1~2次。药剂可选0.5%等量式波尔多液、80%大生M-45可湿性粉剂600~800倍液、70%甲基托布津可湿性粉剂800~1000倍液、50%退菌特可湿性粉剂500~700倍液、50%多菌灵可湿性粉剂或60%炭特灵可湿性粉剂800~1000倍液等。若已染病，则选用75%百菌清加70%托布津（1:1）1000倍液、25%应得悬浮剂1000倍液。

【提示】

秋冬要防止急性炭疽病的发生，否则病发会造成大量的落叶。做好砂糖橘的保叶工作，对来年结果尤其重要，保叶就保果，无叶就无果，伤叶就伤果。

5. 疮痂病

在我国砂糖橘产区均有发生，造成叶片扭曲畸形，果小畸形，引起大量幼果脱落，直接影响到砂糖橘的产量和品质。

【症状】 砂糖橘疮痂病主要危害嫩叶、嫩梢和幼果。在叶片上初期产生油渍状黄色小点，以后病斑逐渐增大，颜色也随之变成蜡黄色。后期病斑木栓化，多数病斑向叶背面凸出，叶面则呈凹陷状，形似漏斗。若新梢嫩叶尚未充分长大时受害，则常呈焦枯状而凋落。空气湿度大时病斑表面能长出粉红色分生孢子盘。疮痂病危害严重时，叶片常呈畸形。嫩枝被害后枝梢变短，严重时呈弯曲状，但病斑凸起不明显。果上病斑在谢花后即可发现，开始为褐色小点，以后逐渐变为黄褐色木栓化凸起，严重时幼果脱落。受害严重的果实较小，皮厚，味酸，甚至畸形。

【防治方法】

1）严格实行检疫制度：严禁将病区的接穗和苗木引入新区和无病区。病区的接穗用50%苯来特800倍液浸30分钟，或40%三唑酮多菌灵可湿性粉剂800倍液浸30分钟，有很好的预防效果。

2）加强栽培管理：严格控制肥水，在抹芽开始时或放梢前15~20天，通过施用腐熟的有机液肥，并充分灌水，使梢抽发整齐而健壮，缩短幼嫩期，减少病菌侵入机会。剪去病枝病叶，抹除晚秋梢，集中烧毁，以减少病源。

3）药剂防治：此病病原菌只能在树体组织幼嫩时侵入，组织老化后即不再感染，故在每次抽梢开始时及幼果期均要喷药保护。一般来说由于春梢数量多，此时又多阴雨天气，疮痂病最为严重。夏秋梢发病较轻，保梢时仅保护春梢即可。因此，疮痂病防治仅在春梢与幼果时各喷1次药，共喷2次即可。第一次在春梢萌动期，芽长不超过2毫米时进行；第二次在花落2/3时进行。有效药剂有：80%大生M-45可湿性粉剂600~800倍液、77%可杀得悬浮剂800倍液、40%三唑酮多菌灵可湿性粉剂600倍液、30%氧氯化铜悬浮剂600倍液、50%多菌灵可湿性粉剂600~1000倍液、70%甲基托布津可湿性粉剂600~1000倍液。

6. 树脂病

树脂病在砂糖橘产区均有发生。此病病原菌侵染枝干所发生的病害叫树脂病或流胶病，侵染果实使其在贮藏时腐烂叫蒂腐病，侵染叶和幼果所发生的病害叫砂皮病。发生严重时，产量降低，甚至整株枯死。

【症状】 树脂病有以下4种类型。

1）流胶型：枝干染病时有"水泡状"病斑凸起，流出浅褐色至褐色类似酒糟气味的胶液，皮层呈褐色，后变为茶褐色硬胶块。严重时枝干树皮开裂，黏附胶块状，干枯坏死，导致枝条或全株枯死。剖开死皮层内常出现小黑点。

2）干枯型：病部皮层呈红褐色，干枯略陷，微有裂缝，不立即剥落，无明显流胶现象，病斑四周有明显的隆起疤痕。

3）蒂腐病：成熟果实发病时，病菌大部分由蒂部侵入，病斑初呈水渍状褐色斑块，以后病部逐渐扩大，边缘呈波状，并变为深褐色。病菌侵入果内由蒂部穿心至果顶，使全果腐烂。

4）砂皮病：病菌侵染嫩叶和小果后，使叶表面和果皮产生许多黄褐色或黑褐色硬胶质小粒点，散生或密集成片，使表面粗糙，似黏附许多细砂粒，故称"砂皮病"。

【防治方法】

1）加强栽培管理：采果前后及时施采果肥，以有机肥为主，可增强树势。酸性土壤的果园，每亩施石灰 70～100 千克或成年树每株施钙镁磷肥 0.25 千克，中和土壤酸性。冬季做好防冻工作，如刷白、培土、灌水等，防止树皮冻裂。早春结合修剪，剪去病梢枯枝，集中烧毁，减少病源。

2）树干刷白和涂保护剂：盛夏高温防日灼，冬天寒冷防冻时要涂白。涂白剂为石灰 1 千克、食盐 50～100 克，加水 4～5 千克配成。

3）保护枝干：田间作业注意防止机械损伤，预防冻伤，修剪时剪口要平滑。注意防治病虫害，特别是钻蛀性害虫，如天牛、吉丁虫等，减少枝干伤口，减轻病菌侵入。大风大雨容易造成枝条断伤，因而在每次大风大雨过后，要及时喷 1 次 70% 敌克松 600～800 倍液，可减少伤口感染流胶病。

4）刮除病部：每年春暖后，小枝条发病时，将病枝剪除烧毁。主干或主枝发病时，用刀刮去病部组织，将病部与健部交界处的黄褐色带刮除干净，然后先用 75% 的酒精或乙蒜素乳油 100 倍液消毒涂抹，再用70% 甲基硫菌灵或 50% 多菌灵可湿性粉剂 100 倍液涂抹，也可将接蜡涂于伤口进行保护。全年涂抹 2 期（5 月和 9 月各 1 期），每期涂抹 3～4 次。

5）药剂防治：用刀在病部纵划数刀，超出病部 1 厘米左右，深达木质部，纵刻线间隔 0.5 厘米左右，然后均匀涂药，药剂可选用 70% 甲基硫菌灵可湿性粉剂 50～80 倍液，或 50% 多菌灵可湿性粉剂 100～200 倍液，或 80% 代森锰锌可湿性粉剂 20 倍液，或 53.8% 可杀得 50～100 倍液，每隔 7 天涂 1 次，连涂 3～4 次。采果后全面喷 1 波美度石硫合剂 1次，春芽萌发前喷 53.8% 可杀得 1000 倍液，谢花 2/3 及幼果期喷 1～2次 50% 甲基托布津可湿性粉剂 500～800 倍液，以保护叶片和树干。新梢

生长旺盛期，可用 50% 多菌灵或 70% 甲基硫菌灵可湿性粉剂 1000 倍液喷 1～2 次，隔 15 天喷 1 次。

7. 脚腐病

脚腐病又称裙腐病、烂蔸病，是一种根颈病害，常使根颈部皮层死亡，引起树势衰弱，甚至整株死亡。

【症状】 此病危害主干基部及根系皮层，病斑多数从根颈部开始发生。初发病时，病部树皮呈水渍状，皮层腐烂后呈褐色，有酒糟味，常流出胶质。气候干燥时，病斑干裂，病部与健部的界线较为明显；温暖潮湿时，病斑迅速向纵横扩展，使树干上一圈均腐烂，向上蔓延至主干基部离地面 20 厘米左右，向下蔓延至根群，引起主根、侧根、须根大量腐烂，上下输导组织被割断，造成植株枯死（图 7-3）。

病株全部或大部分大枝的叶片，其侧脉呈黄色，以后全叶转黄，造成落叶，枝条干枯。病重的树大量开花结果，果实早落，或小果提前转黄，果皮粗糙，味酸。

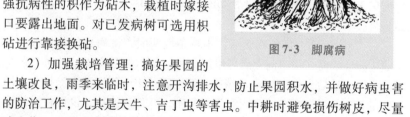

图 7-3　脚腐病

【防治方法】

1）选用抗病砧木：选用具有较强抗病性的枳作为砧木，栽植时嫁接口要露出地面。对已发病树可选用枳砧进行靠接换砧。

2）加强栽培管理：搞好果园的土壤改良，雨季来临时，注意开沟排水，防止果园积水，并做好病虫害的防治工作，尤其是天牛、吉丁虫等害虫。中耕时避免损伤树皮，尽量减少伤口，防止病菌从伤口侵染。

3）药剂防治：发现新病斑，应及时涂药治疗。可采用浅刮深刻涂药法，即先刨去病部周围泥土和浅刮病斑粗皮，使病斑清晰显现，再用利刀在病部纵向刻划，深达木质部，每条间隔 1 厘米左右，然后涂药。药剂可选用 20% 甲霜灵、65% 杀毒矾或 58% 雷多米尔可湿性粉剂 200 倍液，90% 疫霉灵（乙磷铝）可湿性粉剂 100 倍液，70% 甲基托布津 100～150 倍液，1:1:10 波尔多液，或 2%～3% 硫酸铜液等，待病部伤口愈合后，再覆盖河沙或新土。

8. 黄斑病

黄斑病是砂糖橘产区近年来发病较严重的一种真菌病害，主要危害叶片和果实，发病严重时造成大量落叶落果，影响树势生长，果实失去商品价值。

【症状】　黄斑病有 3 种类型。

1）脂点黄斑型：发病初期叶片背面出现粒状单生或聚生的黄色小点，随着叶片长大，病斑扩大变为疱疹状浅黄褐色或黑褐色，透到叶片正面，形成不规则的黄色斑块，叶片正、反面皆可见，病斑中央有黑色颗粒，叶片正面出现不规则褪绿黄斑，多发生在春梢叶片上。

2）褐色小圆星型：病斑较大，初期表面生赤褐色稍凸起如芝麻大小的病斑，以后稍扩大，中央微凹，呈不规则黄褐色圆形或椭圆形。后期病斑中间褪为灰白色，边缘黑褐色，稍隆起。叶片背面出现针尖大小突起的褐色小圆点，圆点周围现黄圈，多发生在秋梢叶片上。

3）混合型：叶片正、反面均现脂点黄斑型病斑及褐色小圆星型病斑，多发生在夏梢叶片上。

黄斑病病菌在病叶中越冬，第二年春天由风雨传播到春梢嫩叶上。一般 4 月开始发病，5 月中旬发病最烈，秋旱后病斑最为明显，春梢发病较严重。肥水条件好，树势旺盛，发病轻，落叶不严重，老龄树发病重，幼龄树、成年树发病轻。

【防治方法】

1）加强栽培管理：多施有机肥料，增加磷、钾肥的比例，促进树势生长健壮，提高抗病能力。

2）彻底清园：结合冬季修剪，剪除病枝病叶，集中烧毁，减少病源。

3）药剂防治：春季结合防治炭疽病，选用药剂进行兼防。在花落 2/3 时喷 80% 大生 M-45 可湿性粉剂 600～800 倍液、50% 多菌灵可湿性粉剂 800～1000 倍液、70% 甲基托布津可湿性粉剂 800～1000 倍液或 75% 百菌清可湿性粉剂 500～700 倍液；在梅雨季节前喷 1 次多百液（即用 6 份多菌灵混合 4 份百菌清）800 倍液，并在 1 个月后再喷 1 次，有较好的防治效果。

9. 黑星病

黑星病又称黑斑病，主要危害砂糖橘果实，叶片、枝梢受害较轻。果实受害后，不但降低品质，而且外观差，在贮运期果实受害易变黑腐

烂，造成很大损失。

【症状】　发病时，在果面上形成红褐色小斑，扩大后呈圆形，直径为 1~6 毫米，以 2~3 毫米的居多，病斑四周稍隆起，呈暗褐色至黑褐色，中部凹陷呈灰褐色，其上有黑色小粒点，一般危害果皮。果上黑点多时可引起落果，在枝叶上产生的病斑与果实上的相似。

黑星病是真菌引起的病害。病菌以菌丝体或分生孢子在病斑上过冬，经风雨、昆虫传播。高温易于发病，干旱时少发病。砂糖橘比橙类易感病，3~4 月侵染幼果。病菌潜伏期长，受害果 7~8 月才出现症状，9~10 月为发病盛期。春季高温多雨，遭受冻害，树势衰弱，伤口多，果实采收过晚，均易发病。

【防治方法】

1）加强栽培管理：加强栽培管理，注意氮、磷、钾比例搭配，增施有机肥料，使树势生长良好，可提高抗病能力。

2）彻底清园：结合冬季修剪，剪除病枝病叶，清除地面落叶、落果，集中烧毁，减少越冬病源。

3）药剂防治：花瓣脱落后 1 个月喷药，每隔 15 天左右喷药 1 次，连喷 2~3 次。药剂可选用 0.5∶1∶100 波尔多液、80% 大生 M-45 可湿性粉剂 600~800 倍液、30% 氧氯化铜悬浮液 700 倍液、50% 多霉灵（多菌灵＋乙霉威）可湿性粉剂 1500 倍液、50% 多菌灵可湿性粉剂 1000 倍液、50% 甲基托布津可湿性粉剂 500 倍液、50% 苯菌灵可湿性粉剂 2000 倍液或 80% 代森锌可湿性粉剂 600 倍液。

4）严格采收：采收时做到轻拿轻放，减少机械伤果，尽量避免剪刀伤；运输时，做到快装快运快卸，可防止病害的发生。

5）搞好贮藏：贮存果实时，认真检查，发现病虫烂果，及时剔除，防止病害蔓延。同时，控制好贮藏库的温度，通常保持在 5~7℃，可减轻发病。

10. 煤烟病

煤烟病又叫煤病、煤污病，是砂糖橘发生较普遍的病害。此病长出的霉层遮盖枝叶、果实，阻碍光合作用，影响植株生长和果实质量，并诱致幼果腐烂。

【症状】　发病初期在病部表面出现一层很薄的褐色斑块，然后逐渐扩大，布满整个叶片及果实，形成绒毛状的黑色霉层，似煤烟。叶上霉层容易剥落，其枝叶表面仍为绿色。到后期霉层上形成许多小黑点或刚毛状凸起。煤烟病危害严重时，叶片卷缩褪绿或脱落，幼果腐烂。

煤烟病由 30 多种真菌引起，多为表面附生菌，病菌以蚜虫、蚧类、粉虱等害虫的分泌物为养料。荫蔽潮湿，管理粗放，对蚜虫类、蚧类、粉虱等害虫防治不及时的橘园，煤烟病发生严重。

【防治方法】

1）合理修剪：科学修剪，清除病枝病叶，及时疏剪，密植果园及时进行间伐，增加果园通风透光，降低湿度，有助于控制此病的发展。

2）防止病虫：及时防治蚜虫类、蚧类和粉虱类等刺吸式口器害虫，不使病原菌有繁殖的营养条件。

3）药剂防治：发病初期喷 80% 大生 M-45 可湿性粉剂 600~800 倍液或 50% 甲基托布津可湿性粉剂 1000 倍液，每隔 10 天 1 次，连喷 3 次。也可喷（0.3~0.5）：（0.5~0.8）：100 的波尔多液、铜皂液（硫酸铜 0.25 千克、松脂合剂 1 千克、水 100 千克）、机油乳剂 200 倍液或 40% 克菌丹可湿性粉剂 400 倍液，能以抑制病害的蔓延。

11. 根结线虫病

根结线虫病在砂糖橘产区时有发生。线虫侵入须根，使根组织过度生长，形成大小不等的根瘤，导致根腐烂、死亡。果树受害后，长势衰退，产量下降，严重时失收。

【症状】 发病初期，线虫侵入须根，使其膨大，初呈乳白色，以后变为黄褐色的根瘤，严重时须根扭曲并结成团饼状，最后坏死，失去吸收能力。危害轻时，地上部无明显症状；严重时叶片失去光泽，落叶落果，树势严重衰退。

根结线虫病病原是一种根结线虫，居于土壤中，以卵或雌虫在根部或土壤中越冬，第二年 3~4 月气温回升时卵孵化。成虫、幼虫随水流或耕作传播，形成再次侵染。一般透水性好的砂质土发生严重，而黏质土的果园发病稍轻。带病苗木调运是传播途径。

【防治方法】

1）严格实行检疫制度：加强苗木检疫，保证无病区砂糖橘树不受病原侵害。

2）培育无病苗木：苗圃地应选择前作为禾本科作物的耕地，在重病区选择时，其前作应为水稻。有病原的土地应反复翻耕土壤，进行曝晒。

3）加强管理：一经发现有病苗木，可用 45℃ 温水浸根 25 米，可杀死2龄幼虫。病重果园结合深施肥,在1~2月挖除5~15厘米深处的病根并烧毁,每株施用1.5~2.5千克石灰,并增施有机肥,可促进新根生长。

4)药剂防治:2~4月成年树在树干基部四周,开沟施药,沟深16厘米,沟距26~33厘米,每株施用50%棉隆可湿性粉剂250倍液7.5~15千克。施药后,覆土并踏实,再泼少量水。也可在病树四周开环形沟,按每亩施15%铁灭克5千克,或10%克线灵或10%克线丹颗粒剂5千克,或3%米尔乐颗粒剂4千克。施药前按原药:细沙土1:15的比例,配制成毒土,均匀撒入沟内,施后覆土并淋水。

二、主要虫害及防治

危害砂糖橘的害虫很多,常见的有红蜘蛛、锈壁虱、矢尖蚧、糠片蚧、黑点蚧、黑刺粉虱、木虱、橘蚜、黑蚱蝉、星天牛、褐天牛、爆皮虫、恶性叶甲、潜叶蛾、柑橘凤蝶、花蕾蛆、金龟子、象鼻虫和吸果夜蛾等。

1. 红蜘蛛

红蜘蛛又名橘全爪螨,是砂糖橘产区危害最严重的害螨。

【危害症状】 红蜘蛛主要危害砂糖橘叶片、嫩梢、花蕾和果实,尤其是幼嫩组织。成虫和若虫常群集于叶片正反面沿主脉附近,以口针刺破砂糖橘叶片、嫩枝及果实表皮,吸取汁液。叶片受害处初为浅绿色,后变为灰白色斑点,严重时叶片呈灰白色而失去光泽,引起落叶和枯梢。危害果实时,多群集在果柄至果萼下,受害幼果表面出现浅绿色斑点,成熟果实受害后表面出现淡黄色斑点,外观差,味变酸,使果实品质变差,同时因果蒂受害而出现大量落果,影响果实品质和产量。

【形态特征】

1)雌成螨:体长0.3~0.4毫米,宽0.26毫米,长椭圆形,紫红色至暗红色,背和体侧有13对瘤状小凸起,每个凸起上长有1根白色刚毛,足4对(图7-4)。

2)雄成螨:体略小,长0.34毫米,宽0.16毫米,身体较雌成螨小,狭长,腹部末端部分较雌成螨尖,鲜红色,足较雌成螨长。

3)卵:扁球形,直径0.13毫米,鲜红色,有光泽,后渐褪色,变为浅红色。顶部有1个垂直长柄,柄端有10~12根呈放射状的细丝,可附着于叶片上。

4）幼螨：近圆形，体长0.2毫米，浅红色，有足3对。

5）若螨：若螨与成螨极相似，但身体较小，有足4对。幼螨经第一次蜕皮而成为前若螨，体长0.2～0.25毫米，第二次蜕皮变为后若螨，体长0.25～0.3毫米，第三次蜕皮后变为成螨。每次蜕皮之前均有静止期。

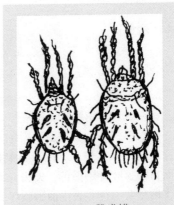

图7-4　雌成螨

【防治方法】

1）彻底清园，消灭越冬虫卵：冬季彻底清除园内枯枝、落叶、杂草，并集中烧毁或堆沤，结合施冬肥时深埋。冬季和早春萌芽前喷0.8～1波美度石硫合剂或95%机油乳剂100～150倍液＋克螨特1000倍液，消灭越冬成螨，降低越冬虫口基数。

2）加强虫情测报：从春季砂糖橘发芽时开始，每7～10天调查砂糖橘植株1年生叶片1次。当虫口密度春季成、若螨为3～5头/叶，秋季成、若螨为3～5头/叶，冬季成、若螨为2～3头/叶时，即进行喷药防治。

3）药剂防治：不同防治时期可选择不同药剂。

①开花前，采取交替用药，对防治红蜘蛛至关重要。从春季砂糖橘发芽开始至开花时，气温在20℃以下，多数药剂效果差，应选择非感温性药剂，如5%尼索朗2000～3000倍液、16%螨天杀2000～3000倍液、15%哒螨酮2000倍液或10%四螨嗪1000～2000倍液。

②开花后，除上述药剂可用外，防治红蜘蛛应使用速效、对天敌影响小的药剂，主要有5%霸螨灵悬浮剂2000～3000倍液、73%克螨特乳油3000倍液和0.3～0.5波美度石硫合剂。尼索朗和四螨嗪不能杀死成螨，若在花后使用应与杀成螨药剂混用，石硫合剂不能杀死卵，持效期又短，故7～10天后应再喷1次。

4）利用天敌：红蜘蛛的天敌很多，主要有食螨瓢虫、日本方头甲、塔六点蓟马、草蛉、长须螨和钝绥螨等。对天敌应注意加以保护，可在果园合理间作和生草栽培，间种藿香蓟、苏麻、豆科绿肥等作为天敌的中间宿主，有利于保护和增殖捕食螨等天敌。

5）采取农业措施：加强树体管理，增施有机肥，改善土壤结构，

促使树体生长健壮，以提高植株的抗性，干旱时及时灌水，以减轻危害。喷布药剂时可加0.5%尿素，促进春梢老熟。

【注意】

施用波尔多液、杀虫双、溴氰菊酯和氯氟菊酯农药的砂糖橘园，容易造成红蜘蛛的大面积发生，应当及时加强防治。

2. 锈壁虱

锈壁虱又名锈蜘蛛、锈螨等，砂糖橘产区均有发生。

【危害症状】 锈壁虱主要危害砂糖橘叶片和果实，其成虫、若虫在叶片背面和果实表面，以口器刺破表皮组织，吸取汁液。叶片受害时，表面粗糙，叶背黑褐色，失去光泽，引起落叶，严重时影响树势。果实被害后呈灰绿色，表皮油胞破坏后，内含的芳香油溢出被空气氧化，由于虫体和蜕皮堆积，看上去如蒙上一层灰尘，失去光泽，果面呈古铜色，俗称"麻柑子"，严重影响果实品质和产量。幼果受害严重时果实变小变硬，呈灰褐色，表面粗糙有裂纹。大果受害后果皮呈黑褐色（乌皮），果皮韧而厚，品质下降，且有发酵味。果蒂受害后易使果实脱落。锈壁虱还可引发腻斑病。

【形态特征】

1）成螨：虫体略像胡萝卜，体长0.1～0.2毫米，肉眼看不清。虫体前端宽，后端尖削，侧面似纺锤形，背面呈胡萝卜形，初为浅黄色，后为橙黄或肉红色。头部小而向前伸出，颚须2对，尾端有刚毛1对（图7-5）。

2）卵：扁圆形，透明有光泽，初产时无色至灰白色，孵化前为浅黄色。

图7-5　锈壁虱成虫

3）幼螨：似成螨，初孵时灰白色，后变为灰色至浅黄色，环纹不明显。

4）若螨：似成螨，体较小，半透明，有足2对，尾端尖细，1龄时灰白色，2龄时浅黄色，蜕皮2次后变为成螨。

【防治方法】

1）加强虫情测报：从4月下旬起用手持放大镜检查，当发现结果树有个别果实受害或当年的春梢叶背有受害症状，或叶背及果面每个视野有螨2头，气候又适宜该螨发生时，应立即喷药，控制锈螨上果危害，第一次喷药应在5月上旬。7~10月，当叶片或果实在10倍放大镜下每个视野有3~4头螨，或者果园中发现1个果出现被害状，或者5%叶果有锈螨时，应进行喷药。

2）药剂防治：可喷施25%三唑锡可湿性粉剂1500~2000倍液，或15%哒螨灵乳油2000~3000倍液，或1.8%阿维菌素乳油3000~4000倍液，或65%代森锌600~800倍液及除尼索朗以外的防治红蜘蛛的药剂，使用剂量与防红蜘蛛相同。

3）利用天敌：保护并利用天敌，如多毛菌、捕食螨、草蛉、食螨蓟马等。

4）采取农业措施：采果后即全面清园，剪除病虫枝，铲除田间杂草，扫除枯枝落叶集中烧毁，以减少越冬虫源。适当修剪内膛枝，防止树冠过度荫蔽。

3. 矢尖蚧

矢尖蚧又名矢尖介壳虫、箭头蚧，砂糖橘产区均有发生。

【危害症状】　矢尖蚧主要危害砂糖橘的叶片、嫩枝和果实，其成虫和若虫群聚叶背和果实表面吸取汁液。叶片受害处呈黄色斑点，严重时叶片扭曲变形，引起卷叶和枯枝，树势衰弱，引起落叶落果，影响产量和果实品质，并诱发煤烟病。

【形态特征】

1）成虫：雌成虫介壳似箭头形，长2.8~3.5毫米，宽1~1.2毫米，形稍弯曲，呈褐色或棕色，边缘灰白色，前狭后宽，末端稍狭，中央有一明显的纵脊，前端有2个黄褐色壳点（蜕皮壳）。雌成虫体为长形，橙红色，复眼深黑色，触角、足和尾部浅黄色，有翅1对，无色。雄成虫介壳狭长，长1.3~1.6毫米，白色，前面蜕皮橙黄色，较小，长约1毫米，背面有3条纵脊；壳点1个，浅黄色，位于前端；虫体橙黄色，有翅1对。

2）卵：椭圆形，橙黄色。

3）若虫：1龄若虫为草鞋形，橙黄色，有触角1对、足3对，均较发达，尾端有1对长毛；2龄若虫为椭圆形，扁平，浅黄色，触角及足均消失。初孵时能活动，数小时即固定不动。

【防治方法】

1）加强虫情测报：在第一代幼蚧出现后，应经常检查去年的秋梢叶片或当年的春梢叶片上雄幼蚧的发育情况，如发现有少数雄虫背面出现"飞鸟状"的 3 条白色蜡丝时，应在 1~5 天内喷布第一次药。在 3 月下旬~5 月初第一代幼蚧发生前，直接在果园观察有无初孵幼蚧出现，在初见后的 21~25 天内喷第一次药，隔 15~20 天喷第二次药，也可在 5 月上中旬和下旬各喷 1 次药。有越冬雌成虫的去年秋梢叶片达 10%，或树上有 1 个小枝组明显有虫，或少数枝叶枯焦，或去年秋梢叶片上越冬雌成虫达 15 头/100 片时，应喷布药剂。

2）药剂防治：药剂可选用 20% 速蚧杀 1000 倍液、35% 快克 1000 倍液、40% 蚧杀手 800~1000 倍液、25% 蚧死净 800 倍液或 25% 蚧杀 1000 倍液。

3）农业防治措施：冬季彻底清园，剪除严重的虫枝、干枯枝和郁闭枝，以减少虫源和改善通风透光条件。冬季和春梢萌发前喷 8~10 倍松碱合剂或 95% 机油乳剂 60~100 倍液等，消灭越冬虫卵。

4）利用天敌防治：日本方头甲、整胸寡节瓢虫、湖北红点唇瓢虫、矢尖蚧蚜小蜂和花角蚜小蜂等，都是矢尖蚧的天敌。在矢尖蚧发生 2~3 代时应注意保护和利用天敌。

4. 糠片蚧

糠片蚧又名灰点蚧，砂糖橘产区均有发生。

【危害症状】 糠片蚧主要危害砂糖橘枝干、叶片和果实，叶片受害部呈浅绿色斑点，果实受害部呈黄绿色斑点，影响果实品质和外观。糠片蚧诱发煤烟病，使树体覆盖一层黑色霉层，影响光合作用，从而削弱树势，甚至导致枝、叶枯死。

【形态特征】

1）成虫：雌成虫介壳长 1.5~2 毫米，多为不规则椭圆形或卵圆形，呈灰褐色或灰白色，似糠片。雌成虫近圆形，浅紫色或紫红色。雄成虫介壳长约 1 毫米，浅紫色，雄成虫细长，呈灰白色。

2）卵：椭圆形，浅紫色。

3）若虫：初孵时扁平、椭圆形、浅紫色，足和触角消失。

【防治方法】

1）药剂防治：在 1、2 龄若虫盛期喷药，每 15~20 天喷布 1 次，共喷 2 次。药剂同矢尖蚧。

2）利用天敌防治：日本方头甲、草蛉、长缨盾蚧蚜小蜂和黄金蚜小蜂等，都是糠片蚧的天敌，应注意保护和利用。

3）农业防治措施：加强栽培管理，增施有机肥，改良土壤结构，提高植株的抗虫性，冬季彻底清园，剪除受害严重的虫枝、干枯枝和郁闭枝，以减少虫源，改善通风透光条件。

5. 黑点蚧

黑点蚧又名黑点介壳虫，砂糖橘产区均有发生。

【危害症状】　黑点蚧主要危害砂糖橘的叶片、小枝和果实，以幼虫和成虫群集在叶片、果实和小枝上取食。叶片受害处出现黄色斑点，严重时可使叶片变黄。果实受害出现黄色斑点，成熟延迟，严重时影响果实品质和外观。黑点蚧还可诱发煤烟病。

【形态特征】

1）成虫：雌成虫介壳呈长方形，漆黑色；雌成虫呈倒卵形，浅紫色。雄成虫介壳小而窄，呈长方形，雄成虫呈浅紫红色。

2）卵：椭圆形，浅紫红色。

3）若虫：初孵时紫灰色，扁平近圆形，2 龄若虫呈椭圆形，壳点呈黑色，虫体呈灰白色，略带粉红色，后变为灰黑色。

【防治方法】

1）药剂防治：在若虫盛发期喷药，每 15 ~ 20 天喷布 1 次，共喷 2 次。可用药剂参照矢尖蚧的防治用药。

2）利用天敌防治：整胸寡节瓢虫、红点唇瓢虫、长缨盾蚧蚜小蜂和赤座霉等，都是黑点蚧的天敌，应注意保护和利用。

3）农业防治措施：冬季彻底清园，剪除虫枝、干枯枝和郁闭枝，以减少虫源和改善通风透光条件。

6. 黑刺粉虱

黑刺粉虱又名橘刺粉虱，砂糖橘产区均有发生。

【危害症状】　黑刺粉虱主要危害砂糖橘叶片，以若虫群集在叶背取食。叶片受害处出现浅黄色斑点，叶片失去光泽，发育不良。加上虫体排泄蜜露分泌物，容易诱发煤烟病，导致树势衰弱，危害严重时常引起落叶落果，影响树势和果实的生长发育。

【形态特征】

1）成虫：雌成虫体长 0.9 ~ 1.3 毫米，头、胸部褐色，背有白色蜡粉，腹部暗橘红色，复眼为红色，前翅为紫褐色，有 6 ~ 7 个不规则的白斑，后翅较小，为浅紫褐色，翅上均有白色蜡粉。雄成虫腹末有交尾用的抱握器。

2）卵：初为乳白色，后为浅紫色，椭圆形，似香蕉状，有一根短

卵柄附着于叶上。

3）若虫：初孵时为浅黄色，扁平长椭圆形，固定在叶片后为黑褐色。2龄若虫体背为黑黄色，椭圆形；3龄若虫体背为黑色。

4）蛹：初无色，后变为透明黑色，有光泽，边缘呈锯齿状，体背有黑色刺毛。通常在叶片上看到的黑点即为黑刺粉虱的蛹壳和幼虫。

【防治方法】

1）药剂防治：在越冬成虫初见后40~45天，防治第一代，或在各代1、2龄若虫盛期喷药，隔20天再喷布1次，可用药剂同矢尖蚧的防治用药。冬季清园喷48%乐斯本乳油800~1000倍液，松脂合剂8~10倍液。防治关键是在各代2龄幼虫盛发期以前，喷25%扑虱灵可湿性粉剂1000~1500倍液、10%吡虫啉可湿性粉剂2500~3000倍液、40%速扑杀乳油1000~2000倍液、48%乐斯本乳油1200~1500倍液或25%喹硫磷乳油1000~1200倍液。

2）利用天敌防治：刺粉虱黑蜂、斯氏寡节小蜂、红点唇瓢虫、草蛉、黄色蚜小蜂和韦伯虫座孢菌等，都是黑刺粉虱的天敌，应注意保护和利用。

3）农业防治措施：剪除虫枝、干枯枝和郁闭枝，以减少虫源和改善通风透光条件。

7. 木虱

木虱是黄龙病的重要传媒昆虫，对砂糖橘的生产危害极大。

【危害症状】　木虱主要危害砂糖橘的新梢，成虫常在芽和叶背、叶脉部吸食，若虫危害嫩梢，使嫩梢萎缩，新叶卷曲变形。此外，若虫常排出白色絮状分泌物，覆盖在虫体活动处。木虱可诱发煤烟病，影响树势和产量，造成果实品质下降。

【形态特征】

1）成虫：体长2.8~3毫米，青灰色，头顶凸出如"剪刀状"，上有呈"品"字形的3个褐斑。复眼为暗红色，触角10节。胸部略隆起，前翅绿色微透明，后翅无色透明，足腿节粗壮，腹部背面灰黑色，腹面浅绿色，雌虫产卵期呈橘红色。产卵鞘坚韧如刺，产卵时将叶、芽组织刺破将卵柄插入。

2）卵：椭圆形，橘黄色，长0.3毫米，顶端尖削，底有柄固定在嫩芽上。

3）若虫：扁椭圆形，背面略隆起，体呈鲜黄色，复眼呈红色。2龄时开始显现翅芽，若虫腹部周缘能分泌短丝。3龄若虫体色黄绿相间，5龄若虫体扁而薄，形似盾甲，呈黄土色或带绿色。

【防治方法】

1）田间防治措施：加强田间管理，保证园内树苗品种纯正，同时，抹除零星先萌发的芽，适时统一放梢，以减少木虱危害。

2）农业防治措施：砍除衰老树，减少虫源。砂糖橘园周围种植防护林，防止木虱迁飞。

3）药剂防治：第一、第二代若虫盛发期（4月上旬~5月中旬），第四、第五代若虫盛发期（7月底~9月中旬），当有5%嫩梢发现有若虫危害时进行药剂防治。药剂可选用22%甲氰菊酯加三唑磷乳油1000倍液、51.5%毒死蜱加高效氯氰菊酯乳油800倍液、20%异丙威加吡虫啉乳油1000倍液或2.5%增效联苯菊酯1500~2000倍液。一般在嫩芽期喷药2次，并在冬季清园时喷杀成虫。

经木虱防治试验，有机磷农药与拟除虫菊酯类农药的混剂对木虱成虫的防效最好，22%奥杀螨（甲氰菊酯加三唑磷）、51.5%毒死蜱加高氯乳油、50%丙溴磷加甲氰菊酯乳油220毫克/升、260毫克/升、515毫克/升、500毫克/升的防效都在92%以上。

4）利用天敌防治：六斑月瓢虫、草蛉和寄生蜂等，都是木虱的天敌，应注意保护和利用。

8. 橘蚜

橘蚜是衰退病的传媒昆虫，橘蚜在砂糖橘产区均有发生。

【危害症状】　橘蚜主要危害砂糖橘的嫩梢、嫩叶，以成虫、若虫群集在嫩梢和嫩叶上吸食汁液。嫩梢受害后，叶片皱缩卷曲、硬脆（彩图46），严重时嫩梢枯萎，幼果脱落。橘蚜分泌大量蜜露，可诱发煤烟病和招引蚂蚁上树，影响天敌活动，降低光合作用，严重时影响树势，造成产量和果实品质下降。

【形态特征】

1）无翅胎生雌蚜：体长1.3毫米，全身呈漆黑色，复眼呈红褐色，有触角6节且呈灰褐色。

2）有翅胎生雌蚜：与无翅型相似，有翅2对，白色透明，前翅中脉分三叉，翅痣呈浅褐色（图7-6）。

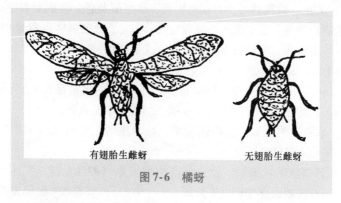

有翅胎生雌蚜　　　　　无翅胎生雌蚜

图7-6　橘蚜

3）无翅雄蚜：与雌蚜相似，全身呈深褐色，后足特别膨大。

4）有翅雄蚜：与雌蚜相似，唯触角第三节上有感觉圈45个。

5）卵：椭圆形，长0.6毫米，初为浅黄色，渐变为黄褐色，最后变成漆黑色，有光泽。

6）若虫：虫体呈黑色，复眼呈红黑色。

【防治方法】

1）减少虫源：冬季剪除虫枝，人工抹除抽发不整齐的嫩梢，以减少橘蚜的食料来源，从而压低虫口。

2）药剂防治：重点抓住春梢生长期和花期，其次是夏秋梢嫩梢期，发现20%嫩梢有翅蚜危害时即进行药剂防治。药剂可选50%马拉硫磷乳油2000倍液、20%氰戊菊酯乳油或20%甲氰菊酯乳油3000~4000倍液或25%蚜虱净乳油1000倍液等。

3）利用天敌：橘蚜的天敌种类很多，如瓢虫（彩图47）、草蛉、食蚜蝇、寄生蜂等，应特别注意保护和利用。

9. 黑蚱蝉

黑蚱蝉又名蚱蝉、知了，砂糖橘产区均有发生。

【危害症状】　黑蚱蝉主要危害砂糖橘的枝梢，以成虫的产卵器在树枝上刺破枝条皮层，直达木质部，锯成锯齿状，并产卵于枝条的刻痕内。有产卵的枝条因韧皮部受损，使枝条的输导系统受到严重破坏，养分和水分输送受阻，受害枝条上部由于得不到水分的供应而枯死。被害的枝条多数是当年的结果母枝，有些可能成为第二年的结果母枝，故枝梢受害不仅影响当年树势和产量，也影响第二年产量。

【形态特征】

1）成虫：雄成虫体长 44 ~ 48 毫米，雌成虫体长 38 ~ 44 毫米；黑色，有光泽，披金色细毛；复眼凸出，呈浅黄褐色；头中央及颊的上方有红黄斑纹，触角为刚毛状，中胸发达，背面宽大具有 "X" 形凸起；雄虫腹部第一、二节有鸣器，能鸣叫（图7-7）；翅透明，基部 1/3 为黑色；雌虫无鸣器，产卵器发达。

图 7-7　黑蚱蝉雄成虫

2）卵：细长椭圆形，长约 2 毫米，乳白色，较坚韧，微弯曲。每只雌蝉腹内有卵 500 ~ 600 粒。卵期长达 10 个月左右。

3）若虫：长 35 毫米，黄褐色，无鸣器和听器。

【防治方法】

1）消灭若虫：冬季翻土，杀死土中部分若虫。也可在成虫羽化前，每亩用48% 毒死蜱乳油 300 ~ 800 毫升兑水 60 ~ 80升泼浇树盘，对防治黑蚱蝉有良效；或在树干绑 1 条宽 8 ~ 10 厘米的薄膜带，以阻止蜕皮若虫上树蜕皮，并在树干基部设置陷阱（用双层薄膜做成高约 8 厘米的陷阱），在傍晚或晴天早晨捕捉。

2）人工捕杀：若虫出土期的 20：00 ~ 21：00，在树上、枝上捕杀若虫。成虫出现后，用网袋或粘胶捕杀，或夜间在地上点火后再摇动树枝，利用成虫的趋光习性捕杀。也可利用晴天早上露水未干时和雨天成虫飞翔能力弱时捕杀。

3）消灭虫卵：及时剪除被害枝梢并集中烧毁，同时剪除附近苦楝树等被害枝，以减少虫卵。

10. 星天牛

星天牛因鞘翅上有白色斑点，因形似星点（彩图 48）而得名，砂糖橘产区均有发生。

【危害症状】　星天牛以幼虫蛀食砂糖橘植株离地面 50 厘米以内的干颈和主根的皮层，蛀食成许多虫洞，洞口常堆积有木屑状的排泄物，切断树体水分和养分的输送，轻者使部分枝叶黄化，重者由于根颈被蛀食而使植株枯死。星天牛危害造成的伤口，还为脚腐病菌的入侵提供了条件。

【形态特征】

1）幼虫：老熟时体长 45～47 毫米，乳白色至浅黄色，扁圆筒形，头大而扁，前端呈黑褐色。

2）成虫：体长 19～39 毫米，漆黑色，有金属光泽，触角为 3～10 节，基部有浅蓝色毛环（图7-8）。雄虫触角超过体长 1 倍，雌虫触角稍长于体长。每翅有约 20 个排成不规则 5 行的点，如天上繁星。

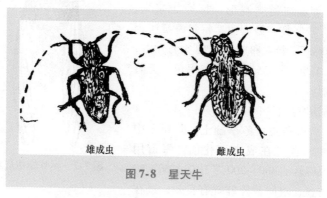

雄成虫　　　　　　　雌成虫

图7-8　星天牛

3）卵：长椭圆形，长 5～6 毫米，乳白色，孵化前变成黄褐色。

4）蛹：长约 30 毫米，乳白色，羽化时呈黑褐色。

【防治方法】

1）人工捕杀成虫：利用星天牛多在晴天中午在树皮上交尾或在根颈部产卵的习性，着重在立夏、小满期间选择晴天 10：00～14：00 捕杀星天牛成虫。

2）农业防治措施：加强栽培管理，增施有机肥，促使植株健壮，保持树干光滑，堵塞树体孔洞，清除枯枝残桩和地衣、苔藓等，以减少产卵场所，除去部分卵粒和幼虫。

3）人工杀灭卵和幼虫：在 5 月下旬～6 月间继续捕成虫的同时，检查近地面主干，当发现虫卵及初孵幼虫时，及时用刀刮杀；6～7 月当发现地面掉有木屑时，及时将虫孔的木屑排除，用废棉花蘸 40% 乐果或 80% 敌敌畏 5～10 倍液塞入虫孔，再用泥土封住孔口，以杀死幼虫。

4）药剂防治：在成虫羽化前，在树干周围土壤中撒施 3% 呋喃丹颗粒剂 30 克/株左右，予以杀灭。

5）树干刷白：在 5 月上、中旬，将主干、主枝刷白，防止天牛产卵。刷白剂可选用白水泥 10 千克、生石灰 10 千克、鲜黄牛粪 1 千克，加水调成糊状。也可选用生石灰 20 千克、硫黄粉 0.2 千克、食盐 0.5 千克、碱性农药 0.2 千克，加水调成糊状。

11. 褐天牛

褐天牛又名干虫，砂糖橘产区均有发生。

【危害症状】　褐天牛以幼虫蛀食砂糖橘植株离地面 50 厘米以上的主干和大枝木质部，蛀孔处常有木屑状虫粪从虫洞排出，使植株树干水分和养分输送受阻，树势变弱，受害重的枝、干被蛀成多个孔洞，一遇干旱易缺水枯死，也易被大风吹断。

【形态特征】

1）幼虫：老熟时体长 46～56 毫米，乳白色，扁圆筒形。

2）成虫：体长 26～51 毫米，初羽化时为褐色，后变为黑褐色，有光泽和灰黄色或灰白色绒毛。雄虫触角超过体长 1/2～2/3（图 7-9），雌虫触角稍短于体长。

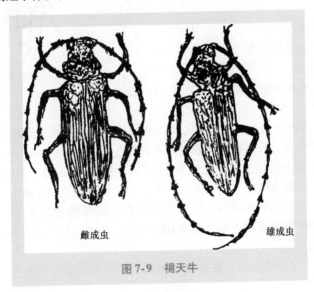

雌成虫　　雄成虫

图 7-9　褐天牛

3）卵：椭圆形，长 2～3 毫米，乳白色至灰褐色。

4）蛹：长约 40 毫米，米黄色。

【防治方法】　褐天牛成虫在晚上出洞，因此捕杀应在傍晚进行，其余防治方法与防治星天牛的相同。

12. 爆皮虫

爆皮虫又名锈皮虫，砂糖橘产区均有发生。

【危害症状】 爆皮虫以幼虫蛀食砂糖橘的树干和大枝的皮层，受害处开始出现流胶，继而树皮爆裂，使形成层中断，水分和养分输送受阻，造成枯枝死树。

【形态特征】

1）幼虫：老熟时长16~21毫米，扁平、细长，乳白色至浅黄色，表面多皱褶。

2）成虫：体长7~9毫米，古铜色，有金属光泽，有触角11节，锯齿状，复眼黑色（图7-10）。

3）卵：扁平，椭圆形，长0.5~0.6毫米，乳白色至浅褐色。

4）蛹：扁圆锥形，初为乳白色，后为蓝黑色。

图7-10 爆皮虫成虫

【防治方法】

1）加强树体管理：清除枝干上苔藓、地衣和裂皮，防止爆皮虫产卵。

2）冬季清园：清除被害严重的枝或枯枝，并集中烧毁，消灭越冬虫源。

3）药剂防治：幼虫初孵化时，用80%敌敌畏乳油3倍液或40%乐果乳油5倍液，涂于树干流胶处，可杀死皮层下的幼虫。在成虫将近羽化盛期而尚未出洞前，刮光树干死皮层，用80%敌敌畏乳油加10~20倍黏土，再加水适量，调成糊状，或用40%乐果乳油加煤油1∶1涂在被害处。在成虫出洞高峰期，用80%敌敌畏乳油2000倍液或25%亚胺硫磷乳油500倍液或40%乐果乳油1000倍液，喷洒树冠，可有效地杀死已上树的成虫。

4）人工削除幼虫：在幼虫孵出期，于树体流胶处用凿或小刀削除幼虫。

13. 恶性叶甲

恶性叶甲又名黑壳虫，砂糖橘产区均有发生。

【危害症状】 恶性叶甲以成虫和幼虫食害砂糖橘的叶片、芽、花蕾和幼果。成虫将叶片吃成仅留叶表蜡质层或将叶片吃成孔洞或缺刻，幼果被吃成小洞而脱落。幼虫喜群居一处食害嫩叶，并分泌黏液或粪便，使嫩叶焦黄和枯萎。

【形态特征】

1）幼虫：老熟时长约6毫米，头呈黑色，胸、腹部呈浅黄色，背部常负有灰绿色黏液及粪便。

2）成虫：长椭圆形，蓝黑色，有金属光泽，长2.6～3.6毫米，触角11节，1～5节呈黄褐色，6～11节带黑色。每个鞘翅上有纵刻点10行，足为黄褐色。

3）卵：长椭圆形，长约0.6毫米，白色至褐色。

4）蛹：长椭圆形，黄色至橙黄色，长约2.7毫米。

【防治方法】

1）加强果园管理：清除越冬和化蛹场所，堵塞虫洞，清除残桩。

2）药剂杀灭：4～5月在树冠喷药1～2次，可杀灭成虫或幼虫。药剂可选90%敌百虫或80%敌敌畏或40%乐果800～2000倍液、50%马拉硫磷乳油1000倍液、烟叶水20倍液+0.3%纯碱、鱼藤粉160～320倍液等。

3）人工杀灭幼虫：在幼虫入土化蛹时，在树干上捆扎带泥稻草以诱其入内，再取下烧毁，每2天换稻草1次。

4）清洁枝干：对树体上的地衣和苔藓，在春季发芽前，可用松脂合剂10倍液，秋季可用18～20倍液，进行清洁和消毒。修剪时，应尽量剪至枝条基部，不留残桩，锯口、剪口要剪平、光滑，并涂以伤口保护剂。一般在锯口、剪口可涂抹油漆，或涂抹3～5波美度石硫合剂；也可用牛粪泥浆（内加100毫克/升的2，4-D或500毫克/升赤霉素）或用三灵膏（配方为凡士林500克、多菌灵2.5克和赤霉素0.05克调匀）涂锯口保护，以免伤口腐朽。树洞可用石灰或水泥抹平。

14. 潜叶蛾

潜叶蛾又名绘图虫，俗称"鬼画符"，砂糖橘产区均有发生。

【危害症状】 潜叶蛾主要危害砂糖橘的嫩叶，嫩梢和果实也会受害。幼虫蛀入嫩叶背面、新梢表皮内取食叶肉，形成许多弯弯曲曲的银白色虫道，"鬼画符"一名即由此而来。被害叶片常常卷曲、硬化而易脱落，发生严重时，新梢、嫩叶几无幸免，严重影响枝梢生长和产量，并易诱发溃疡病。卷叶还为其他害虫如红蜘蛛、锈壁虱和卷叶蛾等，提供越冬场所。果实受害易腐烂。

【形态特征】

1）幼虫：体为黄绿色，纺锤状，老熟时长 4 毫米，头和腹部末端尖细。

2）成虫：体长 2 毫米，翅展 5.3 毫米，体和翅呈白色，触角呈丝状，前翅为尖叶形，后翅为披针形，银白色，足也是银白色。

3）卵：扁圆形，无色透明，卵壳极薄，长 0.3 毫米。

4）蛹：黄褐色，纺锤形，羽化前为黑红色，长约 2.8 毫米（图 7-11）。

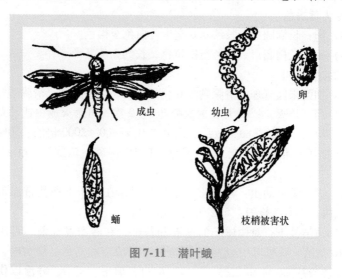

图 7-11　潜叶蛾

【防治方法】

1）农业防治：7～9 月夏、秋梢盛发时，是潜叶蛾发生的高峰期，应进行控梢，抹除过早、过迟抽发的零星不整齐梢。限制或中断潜叶蛾食料来源，避开潜叶蛾发生高峰期，在低峰期放梢，一般在 8 月上旬"立秋"前后 1 星期左右放秋梢。此外，夏、秋季控制肥水施用，冬季剪除受害枝梢，以减少越冬虫源。

2）化学防治：在放梢期，当大部分夏梢或秋梢初萌芽为 0.5～1 厘米长时应立即喷药防治，每 5～7 天喷药 1 次，连喷 2～3 次，直至停梢为止。药剂可选 1.8% 阿维菌素乳油 4000～5000 倍液、10% 吡虫啉可湿性粉剂 1000～2000 倍液、5% 啶虫脒 2000～2500 倍液，也可用 2.5% 溴氰菊酯或 20% 杀灭菊酯 2000～3000 倍液等。

3）利用天敌：寄生蜂是潜叶蛾幼虫的天敌，应注意保护。

【提示】
　　防治潜叶蛾，要抓住喷药的关键时期，通常是在新叶展开期萌芽1厘米长时，及时进行树冠喷药防治。此外，在秋梢萌发期，树体零星萌发的秋梢先抹除，待树体大多数秋梢萌发时，统一放梢，集中打药，是防止潜叶蛾发生的有效技术措施。

15. 柑橘凤蝶

危害柑橘的凤蝶有柑橘凤蝶（又名橘黑黄凤蝶）、玉带凤蝶、金凤蝶等，造成显著危害的为柑橘凤蝶与玉带凤蝶。

【危害症状】　柑橘凤蝶主要危害砂糖橘嫩叶，常将嫩叶、嫩枝吃成缺刻，甚至吃光。

【形态特征】

1）幼虫：初孵出时为黑色鸟粪状，老熟时长38～48毫米，绿色。

2）成虫：分春型和夏型。春型体长21～28毫米，翅展70～95毫米，浅黄色；夏型体长27～30毫米，翅展105～108毫米。

3）卵：圆球形，浅黄色至黑褐色。

4）蛹：近菱形，长30～32毫米，浅绿色至暗褐色。

【防治方法】

1）人工防治：人工摘除卵和捕杀幼虫，冬季清除越冬蛹。

2）化学防治：虫多时选用90%敌百虫或80%敌敌畏1000倍液、2.5%溴氰菊酯乳油1500～2500倍液、10%氯氰菊酯2000～4000倍液、10%吡虫啉可湿性粉剂3000倍液或2.5%功夫3000～4000倍液。

3）保护天敌：凤蝶金小蜂、凤蝶赤眼蜂和广大腿小蜂等寄生蜂，可在凤蝶的卵和蛹中产卵寄生，是凤蝶的天敌，应当注意保护。

16. 花蕾蛆

花蕾蛆又名橘蕾瘿蝇，俗称灯笼花，砂糖橘产区均有发生。

【危害症状】　花蕾蛆主要危害砂糖橘的花蕾，成虫在花蕾直径2～3毫米时，从其顶端将卵产于花蕾中，幼虫孵出以后在花蕾内蛀食，蕾内组织被破坏，雌雄蕊停止生长，被害花蕾不能开放，呈黄白色圆球形，扁苞，质地硬而脆，形似南瓜，花瓣呈浅黄绿色，有时有油胞，终至膨大形成虫瘿。

【形态特征】

1）幼虫：长纺锤形，橙黄色，老熟时长约3毫米。

2）成虫：雌成虫体长1.5～1.8毫米，翅展2.4～3.8毫米，暗黄褐色，周身密被黑褐色柔软细毛。头为扁圆形，复眼呈黑色。雄虫略小，触角呈哑铃状，黄褐色。

3）卵：长椭圆形，无色透明，长约0.16毫米。

4）蛹：黄褐色，纺锤形，长约1.6毫米（图7-12）。

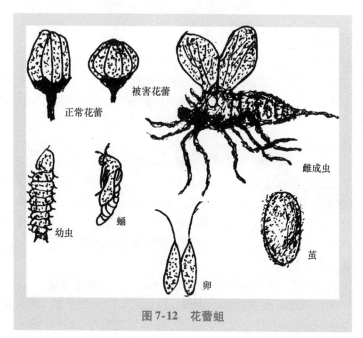

图7-12　花蕾蛆

【防治方法】

1）地面喷药：防止出土成虫上树产卵危害花瓣，一般在3月下旬前后，掌握成虫大量出土前5～7天，或在花蕾有绿豆大小时，或萼片开始开裂，刚能见到白色花瓣时，立即在地面撒布药剂，以杀死刚出土成虫。药剂可用50%辛硫磷1000～2000倍液或2.5%溴氰菊酯乳油3000～4000倍液，隔7～10天喷1次，连续用1～2次。

2）树冠喷药：成虫已开始上树飞行，但尚未大量产卵前，进行树冠喷药。药剂可用2.5%高效氯氟氰菊酯乳油3000～5000倍液、20%氰戊菊乳油2500～3000倍液或80%敌敌畏乳油1000倍加90%晶体敌百虫800倍混合液，喷洒树冠1～2次。特别要抓紧在花蕾现白期及雨后的第二天及时喷药，效果更好。

3）人工防治：幼虫入土前，摘除受害花蕾煮沸或深埋。冬春深翻园土，杀灭部分幼虫。

4）地膜覆盖：在成虫出土前进行，既可使成虫闷死于地表，又可阻止杂草生长。

17. 金龟子

金龟子种类多，食性杂，分布广。砂糖橘产区均有发生。危害砂糖橘的金龟子主要有铜绿金龟子和茶色金龟子（图7-13）。在江西省赣南地区危害最严重的是茶色金龟子。多发生在山区新垦砂糖橘园及幼龄砂糖橘园。

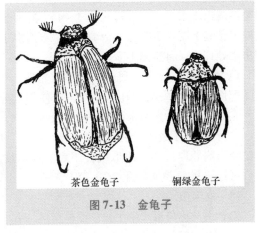

茶色金龟子　　　　铜绿金龟子

图7-13　金龟子

【危害症状】　茶色金龟子主要以成虫危害春梢嫩叶、花和果实。因为成虫取食量大，严重影响春梢和幼果的生长发育，影响树势和产量。

【形态特征】

1）幼虫：乳白色，体长13～16毫米。

2）成虫：成虫体长15～17毫米，宽8～10毫米，茶褐色，密布灰色绒毛。鞘翅上有4条不明显的纵线。腹面黑褐色，也有绒毛。

3）卵：椭圆形，长1.7～1.9毫米。

4）蛹：黄褐色，长约10毫米。

【防治方法】

1）地面撒药：砂糖橘园进行冬季耕翻时，地面每亩可撒布辛硫磷颗粒剂250克，可杀死土内幼虫及成虫，效果良好。

2）树冠喷药：金龟子主要于傍晚出来取食，所以在傍晚前喷药效果最佳。药剂可选用90%晶体敌百虫1000倍液、80%敌敌畏乳油1500倍液、50%马拉硫磷乳剂1000倍液、50%辛硫磷乳油600～800倍液或25%可湿性西维因1000倍液，喷雾于树体，效果都比较好。

3）人工捕捉成虫：利用其假死性，成虫羽化时，可在树冠下张布毯或放油水盆，于傍晚组织人工捕杀，收集从树上振落的成虫，予以杀死。也可利用金龟子群聚习性，在果树枝上系一个瓶口较大的玻璃瓶，如啤酒瓶、大口药瓶等，最好是浅色的，使瓶口距树枝2厘米左右。每只瓶中装2~3头活金龟子，金龟子会陆续飞到树枝上，然后钻进瓶中，进去后就出不来了。一般可每隔3~4株树吊1个瓶子。金龟子多时，1天即可钻满1瓶，少时几天钻满1瓶。到时取下来，用热水烫死金龟子，倒出来处理掉，将瓶涮干净再继续使用。

4）灯光诱杀成虫：利用成虫的趋光性，在果园中安装频振式杀虫灯（彩图49）或安装5瓦节能灯，或使用黑光灯，在灯光下加设油水盆，充分利用紫外光和水面光，诱导成虫落水，诱杀成虫。

5）药剂诱杀成虫：利用成虫的趋食性，可在果园中分散设点投放一些经药剂处理过的烂西瓜或食用后的西瓜皮，诱杀成虫，效果显著。药剂可选用90%晶体敌百虫20~50倍液。

18. 象鼻虫

象鼻虫又称象虫、象甲，砂糖橘产区均有发生。

【危害症状】 危害砂糖橘的象鼻虫有多种，其中以大绿象鼻虫、灰象虫和小绿象鼻虫比较普遍。成虫危害叶片，被害叶片边缘呈缺刻状。幼果受害时，果面出现不正常凹入缺刻，严重的引起落果，危害轻的尚能发育成长，但成熟后果面呈现伤疤，影响果实品质（彩图50）。

【形态特征】

1）大绿象鼻虫成虫体长15~18毫米，体表面有绿、黄、灰等发光的鳞片和灰白色茸毛，鞘翅有10条纵沟，有群集性（图7-14）；灰象鼻虫成虫体长约10毫米，灰褐色，前胸背面中央有1条黑色的纵带，鞘翅上有10多条黑色刻点。卵为椭圆形，初为乳白色，以后变为灰褐色。幼虫为圆筒形，无足，黄白色。蛹为黄白色。

图7-14 大绿象鼻虫成虫

2）小绿象鼻虫的成虫体长约7毫米，粉绿色，比较活泼。卵为长椭圆形，乳白色。幼虫黄白色，无足。蛹为浅黄色。

【防治方法】

1）人工捕杀：每年清明以后成虫渐多，进行人工捕捉，可以中午前后在树下铺上塑料薄膜，然后摇树，成虫受惊即掉在薄膜上，将其集中杀灭。盛发期每 3~5 天捕捉 1 次。

2）胶环捕杀：清明前后用胶环包扎树干阻止成虫上树，并随时将阻集在胶环下面的成虫收集处理，至成虫绝迹后再取下胶环。胶环的制作：先以宽约 16 厘米的硬纸（牛皮纸、油纸等）绕贴在树干或较大主枝上，再用麻绳扎紧，然后在纸上涂以粘虫胶。虫胶的配方为：松香 3 千克、桐油（或其他植物油）2 千克、黄蜡 50 千克。先将油加温到 120℃ 左右，再将研碎的松香慢慢加入，边加边搅，待完全熔化为止，最后加入黄蜡充分搅拌，冷却待用。

3）化学防治：在成虫出土期，用 50% 辛硫磷乳油 200~300 倍液，于傍晚浇施地面。在成虫上树危害时，用 2.5% 溴氰菊酯乳油 3000~4000 倍液或 90% 晶体敌百虫 800 倍液喷杀。

19. 吸果夜蛾

危害砂糖橘的吸果夜蛾主要有嘴壶夜蛾和鸟嘴壶夜蛾。吸果夜蛾主要以成虫危害果实，即成虫夜间飞往砂糖橘园危害果实。用细长尖锐的口器刺入果内吸取果汁，被刺伤口逐渐软腐成水渍状，引起果实腐烂脱落（彩图 51）。吸果夜蛾危害严重时，可使果实受损 5%~10%，必须引起高度重视。

（1）嘴壶夜蛾

【形态特征】

1）幼虫：老熟时体长 30~52 毫米。全体黑色，各体节有 1 个大黄斑和数目不等的小黄斑组成亚背线，另有不连续的小黄斑及黄点组成的气门上线。背面有彩色斑点排列成 2 行。

2）成虫：体长 17~20 毫米，翅展 34~40 毫米，头部及前胸呈棕红色，腹部背面呈灰白色，腹面呈棕红色，其余大部分为褐色。口器呈深褐色，角质化，先端尖锐，有倒刺 10 余枚。雌成虫触角呈丝状，前翅呈红褐色，雄成虫触角呈栉齿状，前翅颜色稍浅，雌雄成虫翅上有花斑，呈 "N" 字形。后缘呈缺刻状。

3）卵：扁球形，底面稍平，直径为 0.7~0.75 毫米，高约 0.68 毫米。初产时为黄白色，1 天后出现暗红色花纹（未出现暗红色花纹者为未受精卵，不能孵化），卵壳表面有较密的纵向条纹。

4）蛹：长 18~20 毫米，体宽 5~6 毫米。赤褐色，外有叶片、沙、土包裹。

【防治方法】

1）合理规划果园：山区或半山区开发砂糖橘时应成片大面积栽植，尽量避免零星栽植。

2）铲除幼虫寄主：清除果园附近及其周边的幼虫中间寄主——木防己、汉防己等。

3）灯光诱杀成虫：利用成虫夜间活动、有趋光性的特点，可安装黑光灯、高压汞或频振式杀虫灯，诱杀成虫，减少危害。

4）拒避成虫：在成虫危害期，每棵树用 5~10 张吸水纸，每张滴香茅油 1 毫升，傍晚时挂于树冠周围，或用棉花团蘸上香茅油挂于树冠枝条上；也可用塑料薄膜包住樟脑丸，上刺数个小孔，每树挂上 4~5 粒，均有一定的拒避效果。

5）生物防治：在 7 月前后大量繁殖赤眼蜂，在砂糖橘园周围释放，寄生在吸果夜蛾卵粒中。

6）药剂防治：开始危害时，可喷洒 5.7% 百树得乳油或 2.5% 功夫乳油 2000~3000 倍液，1~2 次。此外，用香蕉浸药（敌百虫 20 倍液）诱杀或夜间人工捕杀成虫也有一定效果。

（2）鸟嘴壶夜蛾

【形态特征】

1）幼虫：初孵时为灰色，长约 3 毫米，后变为灰绿色。老熟时为灰褐色或灰黄色，似枯枝，体长 46~60 毫米，体背及腹面均有 1 条灰黑色宽带纵纹，自头部直达腹末。头部有 2 个边缘镶有黄色的黑点，第二腹节两侧各有 1 个眼形斑点。

2）成虫：体长 23~26 毫米，翅展 49~51 毫米，头部及前胸呈赤橙色，中、后胸呈褐色，腹部背面呈灰褐色，腹面呈橙色，前翅呈紫褐色，有不太明显的波状纹，后翅呈浅褐色，沿外缘及顶角处为棕褐色。前翅的翅尖凸出呈鹰嘴形，外缘中部向外凸出呈圆弧形，后缘中部呈相当深的半圆形内凹，均较嘴壶夜蛾更为显著。雄虫触角呈单栉齿状，雌虫触角呈丝状。

3）卵：似球形，直径为 0.72~0.76 毫米，卵壳上密布纵纹，初产时为黄白色，1~2 天后色泽变灰，并出现棕红色花纹。

4）蛹：赤褐色，体长 17~23 毫米，宽约 6.5 毫米，外包有叶片或苔藓等。

【防治方法】　参照嘴壶夜蛾。

第八章
砂糖橘投入产出效益与增值策略

第一节　砂糖橘园投入产出效益浅析

一、砂糖橘园建园成本

（1）土地租金　以实际开挖梯田面积（即所租用山地的实际开挖等高水平梯田面积，用梯田长度计算，按 160 米/亩折算成面积）50～75元/（亩·年），以 30 年计，为 1500～2250 元/亩。

（2）整地　将坡地改造成 3 米左右宽的等高水平梯田（含开挖宽100 厘米、深 80 厘米种植壕沟），1 台 120 型挖掘机每天工作 8 小时，可修筑等高梯田（包含果园内的基本道路）250～260 米，120 型挖掘机的费用为 180 元/小时，8 小时为 1440 元，则每亩地的整地费用为 886.2～921.6 元/亩。

（3）改土　主要工作是将每米种植壕沟分 2 层填埋 15～20 千克杂草。

杂草按 15～20 千克/米、0.6 元/千克计，为 9～12 元/米，1440～1920 元/亩。

回填工资按 3 元/米计，为 480 元/亩。

两项合计为 1920～2400 元/亩。

（4）水、电等基础设施　水、电设施包括输电线路、水井、抽水机、供给水管道、水池等，按 800 元/亩计算。

（5）定植基肥和定植堆

1）基肥：每个定植点施基肥（鸭粪）7.5～10 千克或花生枯饼 1 千克、钙镁磷肥 1 千克、生石灰 1 千克。按鸭粪 0.40～0.45 元/千克（花生枯饼 2.6～3.0 元/千克）、钙镁磷肥 0.5 元/千克、生石灰 0.4 元/千克计，每个定植点施基肥成本 3.9～5.4 元，每亩按 55 株计算，需 214.5～

297 元/亩。

2）做堆工资：每亩按 55 个定植堆、1.5 元/个计，需 82.5 元/亩。

两项合计为 297～379.5 元/亩。

（6）**苗木与定植** 苗木（无病毒容器苗）成本按 55 株/亩、6.0 元/株计，每亩苗木购买费用为 330 元/亩。

苗木定植工资按 3.0 元/株计，需 165 元/亩。

两项合计为 495 元/亩。

（7）**生产工具** 根据大多数砂糖橘园的实际情况，园内喷药管道材料购买、铺设及喷雾机的购置，折合 250 元/亩。

以上 7 个方面合计为 6148.2～7496.1 元/亩。即建立一个家庭砂糖橘园，从开山整地到苗木定植完成，投资成本为 6100～7500 元/亩。如果砂糖橘园完全是建在自留山上，改土所需的草料、回填和苗木定植堆及定植都由农民自己投劳完成，实际的现金投入可减少 3094.5～3927 元/亩，即现金投入 3000～4000 元就可建立 1 亩家庭砂糖橘园。

二、砂糖橘园生产管理成本

砂糖橘园正常生产管理的成本主要是肥料、农药和劳动力三大要素。

1. 1 年生幼树

定植后第一年的幼树，新梢抽生次数多，每次抽梢不是太整齐，每株树每次喷药的药量不多，但次数多。肥料管理是每 10 天浇施 1 次水溶性肥料，也是每株树每次的施用量不大、次数多。因此，定植后第一年的幼树，物资投入量少，劳动用工多。劳动用工成本占总成本的 60%以上。

在砂糖橘产区，大多数 1 年生幼树，定植后第一年生产管理成本按农药（购买成本）2.0～2.5 元/株，110～137.5 元/亩；肥料（购买成本）8～10 元/株，440～550 元/亩；劳动用工 12.7～18.2 元/株，700～1000 元/亩（7～10 个工日），合计为 1250～1687.5 元/亩，平均每株的管理成本为 22.7～30.7 元。若砂糖橘园日常生产管理完全由农民自己投工投劳，定植第一年的幼树管理直接的现金投入为 550～687.5 元/亩，即 10～12.5 元/株。

2. 2 年生幼树

2 年生幼树，生长发育有了一定的规律，生产管理围绕新梢生长来进行，每抽生一次新梢喷 2～3 次药、施 2 次肥（攻梢肥和壮梢肥）。与 1 年生树相比较，物资投入成本增加，劳动用工成本变化不大。

按农药 4～5 元/株，220～275 元/亩；肥料 12～15 元/株，660～825 元/亩；劳动用工 16.4～21.8 元/株，900～1200 元/亩（9～12 个工日），合计为 1780～2300 元/亩，平均每株的管理成本为 32.4～41.8 元。剔除劳动用工投入，2 年生幼树管理直接的现金投入为 880～1100 元/亩，即 16～20 元/株。

3. 3～5 年生幼龄结果树

3～5 年生的砂糖橘树，开始进入幼龄结果期，面临进一步扩大树冠和逐步提高产量两大任务，生产管理也是围绕这两大中心任务进行。施肥量、喷药量随着树冠的扩大、产量的增加而逐步增加。

（1）3 年生树　按农药 6～8 元/株，330～440 元/亩；肥料 14～16 元/株，770～880 元/亩；劳动用工 20～23.6 元/株，1100～1300 元/亩（11～13 个工日）；采果用工（按 12.5～17.5 千克/株、0.20 元/千克计算）2.5～3.5 元/株，137.5～192.5 元/亩。合计 2337.5～2812.5 元/亩，平均每株树管理成本为 42.5～51.1 元。剔除劳动用工及采果用工投入，生产管理成本为 1100～1320 元/亩，即 20～24 元/株。

（2）4 年生树　按农药 8～10 元/株，440～550 元/亩；肥料 15～18 元/株，825～990 元/亩；劳动用工 21.8～27.3 元/株，1200～1500 元/亩（12～15 个工日）；采果用工（按 25～35 千克/株、0.20 元/千克计算）5～7 元/株，275～385 元/亩，合计 2740～3425 元/亩，平均每株树管理成本为 49.8～62.3 元。剔除劳动用工及采果用工投入，生产管理成本为 1265～1540 元/亩，即 23～28 元/株。

（3）5 年生树　按农药 8～10 元/株，440～550 元/亩；肥料 16～19 元/株，880～1045 元/亩；劳动用工 23.6～29.1 元/株，1300～1600 元/亩（13～16 个工日）；采果用工（按 35～45 千克/株、0.20 元/千克计算）7～9 元/株，385～495 元/亩，合计 3005～3690 元/亩，平均每株树管理成本为 54.6～67.1 元。剔除劳动用工及采果用工投入，生产管理成本为 1320～1595 元/亩，即 24～29 元/株。

4. 6 年生以上树

砂糖橘树 6 年生以后进入盛果期，树冠不再扩大，产量也趋于稳定，生产管理成本也相对固定。按农药 9～11 元/株，495～605 元/亩；肥料 18～20 元/株，990～1100 元/亩；劳动用工 29.1～36.4 元/株，1600～2000 元/亩（16～20 个工日）；采果用工（按 50～60 千克/株、0.20 元/千克计算）10～12 元/株，550～660 元/亩，合计 3635～4365 元/亩，平均每株树管理成本为 66.1~79.4 元。剔除劳动用工及采果用工投入，生产管理成本为 1485~1705 元/亩，即 27~31 元/株。

三、砂糖橘园效益估算

只要砂糖橘品种选择正确、适地适栽，定植后第三年开始挂果，以后随着树冠逐步扩大，产量逐年提高。第六年以后进入稳产期，树冠不再扩大，产量也相对稳定。采用加权成本法估算效益分析如下。

砂糖橘种植后第三年开始结果，每亩栽种 55 株，平均单株产量 12.5~17.5 千克、平均鲜果销售价格按 4.2 元/千克计算，第三年平均每亩产值为 2887.5~4042.5 元，剔除当年成本投入 2337.5~2812.5 元/亩，当年盈利 550~1230 元/亩。即建 1 亩砂糖橘园，第三年开始投产，当年盈利 550~1230 元；第四年平均单株产量 25~35 千克，当年产值为 5775~8085 元，剔除当年成本投入 2740~3425 元，盈利 3035~4660 元；第五年平均单产量 35~45 千克，当年产值 8085~10395 元，剔除当年成本投入 3005~3690 元，当年盈利 5080~6705 元；第六年平均单产量 50~60 千克，当年产值 11550~13860 元，剔除当年成本投入 3635~4365 元，当年盈利 7915~9495 元。

按照加权平均成本法没有收入的前期投入累加记入成本，虽然第三年开始投产，当年收支平衡，略有盈利，但总收益中扣除建园成本后，还亏损 8628.2~10253.6 元/亩。第四年扭亏为盈，盈利 3035~4660 元/亩，但扣除建园成本后，实际亏损 5593.2~5593.6 元/亩。第五年盈利 5080~6705 元/亩，但扣除建园成本后，实际亏损 513.2~1111.4 元/亩。第六年可收回所有投资成本，并有 7915~9495 元/亩的盈利，总收益盈利 7401.8~10991.4 元/亩（表 8-1、表 8-2）。前 6 年每亩累计投入为 14747.5~18280 元，累计产值为 28297.5~36382.5 元，投入产出比为 1:(1.92~1.99)。

表 8-1 每亩砂糖橘园建园成本

项　　目	金额/元	每亩建园成本/元
土地租金	1500~2250	
整地	886.2~921.6	
改土	1920~2400	
水、电等基础设施	800	6148.2~7496.1
定植基肥与定植堆	297~379.5	
苗木与定植	495	
生产工具	250	

表8-2　每亩砂糖橘园效益估算（含劳动力成本）

项目 树龄	金额				每亩砂糖橘投入成本/元	每亩建园成本/元	亩产量/千克	亩产值/元	当年收益/元	总收益/元
	肥料/(元/株)	农药/(元/株)	劳动用工/(元/株)	采果用工/(元/株)						
1	8~10	2~2.5	12.7~18.2		1250~1687.5					-9183.6~-7398.2
2	12~15	4~5	16.4~21.8		1780~2300					-11483.6~-9178.2
3	14~16	6~8	20.0~23.6	2.5~3.5	2337.5~2812.5	6148.2~	687.5~962.5	2887.5~4042.5	550~1230	-10253.6~-8628.2
4	15~18	8~10	21.8~27.3	5.0~7.0	2740~3425	7496.1	1375~1925	5775~8085	3035~4660	-5593.6~-5593.2
5	16~19	8~10	23.6~29.1	7.0~9.0	3005~3690		1925~2475	8085~10395	5080~6705	-1111.4~-513.2
6	18~20	9~11	29.1~36.4	10.0~12.0	3635~4365		2750~3300	11550~13860	7915~9495	7401.8~10991.4

注：1. 每亩栽55株。

2. 肥料、农药、劳动用工价格以现行价格计算。

3. 鲜果销售价格平均以4.2元/千克计算。

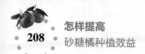
四、提高砂糖橘园效益的建议

1. 延长果园经营期

砂糖橘园建立投入和无收益的抚育期投入较大，回收较慢。一个砂糖橘园从建园到收回所有投入成本并开始有利润，一般需要 4~6 年。不管是家庭砂糖橘园还是公司化经营的砂糖橘基地，要想获得较好的经济效益，需要做到尽可能地延长果园经营期。狭义上说，果园经营期指的是土地租赁期，如果土地租赁期能够达到 30~50 年，水、电、路、改土等建园投入和无收益期砂糖橘园抚育成本分摊到每一年的份额将大幅下降，也会极大地降低果园的投资风险。广义上说，果园经营期指的是单位面积土地上砂糖橘树的经济寿命，作为砂糖橘园的经营者，应该采用科学、先进的生产管理技术，精心管理，尽可能地延长砂糖橘树的经济寿命。特别是在黄龙病疫区，更要贯彻落实"种砂糖橘就要防黄龙病，防黄龙病必须持久"的方针，尽最大可能将黄龙病危害程度降到最低，延长收益年限。

2. 精准施肥、用药，降低生产成本

在叶片营养诊断、测土配方施肥还不能完全实用化的现阶段，可根据历年平均产量或当年预计产量，以产定量施肥；采用水肥一体化技术，以水带肥，可充分发挥肥效，提高肥料利用率。加强砂糖橘园的日常管理，创造不利于病虫害发生的环境条件；培育健壮的树体，增强砂糖橘果树的抗病能力和耐病能力；根据病虫害发生消长规律，抓住关键时期，适时对症使用化学农药防治病虫；推广使用高效施药机械、低容量喷雾和静电喷雾等先进施药技术，提高用药效率，降低生产成本。

3. 高品质连年丰收

高品质果实连年丰收是降低生产成本、提高砂糖橘园经济效益最有力的举措。果农在经营砂糖橘园时，应综合应用先进、实用的集成技术，努力提高砂糖橘园单位面积产量，增进果实品质。

第二节　砂糖橘保鲜贮藏增值

一、保鲜贮藏的误区和存在的问题

砂糖橘果实的采收是田间生产的最后一个环节，同时也是果品商品处理上的最初一环。采收质量的好坏，直接影响生产者的经营效益；采

收技术的好坏直接影响贮藏、运输、销售的效果（彩图52）。所以，认真做好砂糖橘果实的采收工作，搞好采后贮藏是提高产量、改进品质、提高效益的重要保证。目前，我国砂糖橘产区的不少种植户对采后贮藏保鲜技术还存在着认识上的偏差，主要表现在以下几个方面。

1. 未把采收质量关

（1）采收时间不当　不少砂糖橘种植户对果实的采收标准掌握不到位，经常出现过早或过晚采摘，影响了果品品质及经济效益。过早采摘的果品，果实的固有品质不能充分体现，导致果品商品价值降低；过晚采摘的果品，因过熟而不利于贮藏与运输，有的还可能导致裂果、烂果现象，影响生产效益。有些种植户没有按照采摘目的进行采摘，对果实采后的流向和用途不清楚，往往把当地销售的果品与外运果或加工用果都按一个标准在相同的时间采摘，没有按照市场需求进行采摘，自然也就降低了商品性能和经济效益。

（2）采收方法不当　有些砂糖橘种植户未充分考虑砂糖橘果不耐机械损伤的特点，采摘时不注意轻拿轻放，造成不同程度的果实机械损伤，如果实间的碰伤、压伤等，没有按照"一果两剪"的要求采摘果品，滞留的果柄造成果实间的刺伤，这样不但降低了果品的好果率，也造成了由伤口侵染引发的果实病害。更有甚者不按采收操作规程作业，操作粗暴，强行拉枝、拉果，折断结果枝，伤害树体，影响来年的产量。

2. 果品预冷不及时

不少砂糖橘种植户不注意采摘时的天气，尤其是为赶采摘任务，在晴天的中午温度高的时间采摘，采后进行简单堆放，没有及时进行果品预冷处理，大量的"田间热"致使果面温度过高，造成伤口病菌感染而烂果。由于采后的果品不能及时入库，造成了果品大量腐烂、失重、品质衰败，缩短了果品贮藏期，也是诱发贮藏后期生理病害大发生的主要原因。

3. 未把贮藏质量关

采后的砂糖橘果，仍然是一个有生命的有机体。用于贮藏的砂糖橘果，除了要考虑好采摘时的成熟度要求外，还要做好采后处理，并控制好贮藏期间的温湿度条件。但有不少砂糖橘生产者，对用于贮藏的砂糖橘果，未能在24小时内完成洗果保鲜处理，甚至不进行果品的清洗及防腐保鲜处理，致使砂糖橘果在贮藏过程中出现大量腐烂，降低了商品性能和经济效益。这就要求在果品分级、包装及贮藏等方面，必须严格按照技术操作规程进行，实行标准化管理。

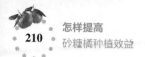

二、砂糖橘果品等级和安全卫生标准

1. 砂糖橘果品分级标准

为保证砂糖橘果贮藏效果，防止已霉烂及已被虫危害的果实，混入贮藏砂糖橘果中交叉感染和转移危害，在正式贮藏之前，要认真选果。选果可依照标准 NY/T 869—2004 的要求（表8-3）进行。

表8-3　砂糖橘果品分级标准

等级	果实横径	果 形	色泽	果 面	果蒂
一级	45~50毫米	果扁圆、果顶微凹、果底平、形状一致	橘红色	果面洁净，油胞稍凸，密度中等，果皮光滑；无裂口、无深疤、无硬疤；网纹、锈螨危害斑、青斑、溃疡病斑、煤烟病菌迹、药迹、蚧点及其他附着物的数量，单果斑点不超过2个，每个斑点直径不超过2毫米	果蒂完整、呈鲜绿色
二级	40~45毫米和50~55毫米	果扁圆、果顶微凹、果底平、形状较一致	淡橘红色	果面洁净，油胞稍凸，密度中等，果皮光滑；无深疤、硬疤、裂口；痕斑、网纹、枝叶磨伤、砂皮、青斑、油斑病斑、煤烟病菌迹、药迹、蚧点及其他附着物的数量，单果斑点不超过4个，每个斑点直径不超过3毫米	95%的果实果蒂完整
三级	35~40毫米和55~60毫米	果扁圆、果顶微凹、果底平、果形尚端正，无明显畸形	浅橘红色	果面洁净，油胞稍凸，密度中等，果皮光滑；无深疤、硬疤、裂口；痕斑、网纹、枝叶磨伤、砂皮、青斑、油斑病斑、煤烟病菌迹、药迹、蚧点及其他附着物的数量，单果斑点不超过6个，每个斑点直径不超过3毫米	90%的果实果蒂完整

2. 果品安全卫生标准

在按照绿色果品和有机果品技术规范进行生产的基础上，采收与贮藏环节也要严格进行无公害操作。所贮藏的砂糖橘，必须符合标准 NY/T 869—2004 中规定的柑橘鲜果安全卫生指标（表8-4）。

表 8-4　柑橘鲜果安全卫生指标　（单位：毫克/千克）

项　　目	指　　标	项　　目	指　　标
多菌灵	≤0.5	杀扑磷	≤2.0
抑霉唑	≤5.0	氯氟氰菊酯	≤0.2
噻菌灵	果肉≤0.4，全果≤10	氯氰菊酯	≤2.0
甲基托布津	≤10.0	溴氰菊酯	≤0.1
砷（以 As 计）	≤0.5	氰戊菊酯	≤2.0
铅（以 Pb 计）	≤0.2	敌敌畏	≤0.2
汞（以 Hg 计）	≤0.01	乐果	≤2.0
毒死蜱	≤1.0	除虫脲	≤1.0
喹硫磷	≤0.5	抗蚜威	≤0.5
辛硫磷	≤0.05		

注：1. 禁止使用的农药和植物生长调节剂在橘果中不得检出。

　　2. 未标测样的为全果指标。

三、砂糖橘果采收、采后及贮藏保鲜

1. 严把采摘质量关

采果时，准备工作是否周全，采果是否适期，方法是否得当，都直接关系到采果质量，影响果品的贮藏保鲜。严格把好采果质量关，减轻果实贮藏期的病害，对搞好果品贮藏保鲜，至关重要。

（1）**采摘工具**　采收前应准备好采果工具（图8-1）。

1）采果剪：采果时，为了防止刺伤果实，减少砂糖橘果皮的机械损伤，应使用采果剪，采用剪口部分弯曲的对口式果剪。作业时，齐果蒂剪取。果剪刀口要锋利、合缝、不错口，以保证剪口平整光滑。

2）采果篓或袋：采果篓一般用竹篾或荆条编制，也有用布制成的袋子，通常有圆形和长方形等形状。采果篓不宜过大，容量以装 5 千克左右为好。采果篓里面应光滑，不致伤害果皮，必要时篓内应衬垫棕片或厚塑料薄膜。采果篓为随身携带的容器，要求做到轻便坚固。

采果剪

双面采果梯

装果筐

采果篓

图8-1　采果工具

3）装果箱：有用木条制成的木箱，也有用竹编的篓或筐，还有用塑料制成的筐。这种容器，要求光滑和干净，里面最好有衬垫，如用纸做衬垫，可避免果箱伤害果皮。

4）采果梯：采用双面采果梯，使用起来比较方便，既可调节高度，又不会因紧靠树干损伤枝叶和果实。

（2）采摘时期　采收时期的迟早，对砂糖橘的产量、品质、树势及第二年的产量均有影响。适时采收，应按照砂糖橘果鲜销或贮藏所要求的成熟度进行，适时采收的关键是掌握采收期。砂糖橘果实成熟，果皮完全着色，浅橘红色至橘红色为砂糖橘果实固有色泽（彩图53）。用于贮藏或早期上市的果品，在浅橘红色时采摘，果实可溶性固形物含量10.5%～15%，固酸比20.0～65.0，达到砂糖橘适熟期采收国家行业标准。砂糖橘通常在11月中旬～第二年1月上旬成熟时采收。11月中旬果实已转为浅橘红色，可先熟先采，分期、分批采收，以减轻树体负担，恢复树势，促进花芽分化；并可避免采收过度集中，减轻销售压力，及早回笼资金。春节前后是销售旺季，销量大，价格好，很多生产者应用树上留果保鲜技术，生产供应春节的"叶橘"。因为正值霜冻季节，有一定的风险，要严格执行树上留果保鲜技术措施，以保障丰产丰收。

（3）采摘方法　采果时，应遵循由下而上，由外到内的原则。先从树的最低和最外围的果实开始，逐渐向上和向内采摘。作业时，一手托果，一手持剪采果，为保证采收质量，通常采用"一果两剪"法。即第一剪带果梗剪下果实，第二剪齐果蒂剪平。采摘时不可拉枝和拉果，尤其是远离身边的果实不可强行拉至身边，以免折断枝条或者拉松果蒂。

为了保证采收质量，要严格执行操作规程，认真做到轻采、轻放、轻装和轻卸。对于采下的果实，应轻轻倒入有衬垫的篓（筐）内，不要乱摔乱丢。果篓和果筐不要盛得太满，以免果实滚落和被压伤。果实倒篓和转筐时都要轻拿轻放，田间尽量减少倒动，以防止造成碰伤和摔伤。对伤果、落地果、病虫果及等外果，应分别放置，不要与好果混放。

【提示】

　　不要在降雨、有雾或露水未干时采摘，以免果实附有水珠引起腐烂。

2. 把好采后处理关

采下的果实，及时进行防腐保鲜处理、果品分级和包装，对搞好果品贮藏保鲜，提高果品商品价值，是相当重要的。

（1）洗果防腐　对采下的果实，应及时地进行防腐处理，可防止病菌传染，减少在包装、运输过程中的腐烂损失；同时可去除果面尘埃、煤烟等，使果品色泽更鲜艳、商品价值更高。

对砂糖橘进行防腐处理用水按《生活饮用水卫生标准》（GB5749—2006）规定执行，使用的清洗液，允许加入清洁剂、保鲜剂、防腐剂、植物生长调节剂等。通常赤霉素的剂量一般为 20 毫克/升，托布津、多菌灵、抑霉唑、噻菌灵、双胍盐为 500～1000 毫克/升。处理时，常用多菌灵 500 毫克/升（将药兑水成 2000 倍液）或托布津 500～1000 毫克/升（将药兑水成 1000～2000 倍液）溶液洗果。如果加赤霉素 20 毫克/升混合洗果，效果更好，既可防腐，又能保持青蒂。药物处理后 30 天内不得上市，而"叶橘"上市因时间短，一般不用药物处理，采摘后，可用清洁剂清洗。经药物处理的果品应符合标准 NY5014 的规定，方可上市。

果实采收运回后，药剂洗果进行得越早，贮藏中防腐效果越好。最好采收后当天进行清洗，药剂处理最迟不超过24小时。清洗方法可采用手工清洗或机械清洗，带叶果实宜用人工操作。操作人员应戴软质手套，手工操作的可将采收的果实立即放入内衬软垫的筐或网中，浸入装有500毫克/升多菌灵与20毫克/升赤霉素的混合液中，浸湿即捞出沥干，清洗后应尽快晾干或风干果面水分，通常可采用自然晾干或使用热风进行干燥。采用自然晾干时，可通过加抽风、送风设备，加强库房的空气流通；采用热风干燥时，注意温度不得超过45℃，以免伤及果面，待果面基本干燥即可。晾干后用软布擦净或包装贮运。选用机械操作的，因砂糖橘果皮薄，油胞凸起，机械易将果表皮磨伤，使用时，特别要注意选用不会擦伤果皮的机械。

（2）保鲜剂的应用　采摘后的砂糖橘果实，经预冷和挑选后，即可应用保鲜剂进行处理。保鲜剂种类很多，常见的有以下两种。

1）虫胶涂料：打蜡可提高砂糖橘果实的耐藏性及外观，提高售价和延长果品供应期，是果实商品化处理的重要环节。经涂果打蜡的砂糖橘果实，能抑制水分的蒸发，保持新鲜，减少腐烂，改善外观，增强商品竞争力。剥皮食用砂糖橘所用蜡液和卫生指标按标准NY/T869—2004的规定执行。目前使用的虫胶涂料是由漂白虫胶加丙二醇、氨水和防腐剂制成，可与水以任意比例混合。砂糖橘果实保鲜使用2号或3号涂料。2号虫胶涂料还加了甲基托布津，3号涂料加了多菌灵。贮藏砂糖橘果实采用虫胶涂料与水按1:（1～5）的比例。使用虫胶涂料处理砂糖橘果实时，应现配现用。一般1千克原液可涂果1500千克左右。砂糖橘果打蜡前果面应清洁、干燥。打蜡后45天内销售完毕，以免因无氧呼吸而产生酒味，最好在销售前进行打蜡。采用手工打蜡操作时，适用于量少或带叶的果实，用海绵或软布等蘸上加有防腐剂的蜡液均匀涂于果面。采用机械操作打蜡时，适用于数量较大和不带枝叶的果实。机械操作时，高效、省工、省保鲜剂。

2）液态膜（SM）水果保鲜剂：重庆师范学院研制出的液态膜保鲜剂，有SM-2、SM-3、SM-6、SM-7和SM-8，其中SM-6用于砂糖橘果实保鲜，防衰老。液态膜的乳白色溶液，对人体无害。使用时，将SM保鲜剂倒入盆（桶）内，先加少量60℃热水充分搅拌，使之完全溶化，再加冷水稀释至规定倍数，冷却至室温，将无病伤砂糖橘果实放入浸泡，并翻动几十秒钟，然后捞出沥干水，晾干后入库贮藏。

（3）预贮 刚采下的砂糖橘果实，果皮鲜脆，容易受伤，水分含量高，并带有大量的田间热，未经过预贮，易造成贮藏库内或箱内温度过高，包果纸异常潮湿，有可能在短短几天内发生严重腐烂，造成重大损失。因此，采下的果实应先放在通风处，经2~4天的预贮，以便散失其带有的田间热，起到降温、催汗和预冷的作用。经预贮的果实，果皮的水分蒸发了一部分，可使果皮软化，并具有弹性，能减少在包装贮运过程中的碰、压伤，并可降温降湿和减缓果皮呼吸强度，使后期的果实枯水率大大减少。另外，经预贮的果实，若有轻微伤口也会得到愈合，这样进入贮藏库内以后，就不至于使贮藏库的温度骤增而影响果实的贮藏性。理想的预贮温度为7℃，相对湿度为75%，经2~4天以后，用手轻捏果实，有弹性感觉即可出库，进行包装和运输。

（4）分级、包装与运输

1）分级：果品经营要实现商品化和标准化，就必须实行分级。果实分级执行标准 NY/T869—2004 的要求。

① 果品理化指标：砂糖橘果品理化指标如表8-5所示。

表8-5 砂糖橘果品理化指标

项　　目	一级	二级	三级
可溶性固形物（%）≥	12.0	11.0	10.0
柠檬酸（%）≤	0.35	0.40	0.50
固酸比≥	34	27	20
可食率（%）≥	75	70	65

② 果品感官质量指标：具体可参见前文表8-3中的要求。

果实大小达到级别大小的要求，但质量要根据砂糖橘果实特点和规格要求，果实按大小和质量指标只达到下一个级别时，则该果实降一个质量等级。分成若干等级，其目的是使果品经营商品化和标准化，使砂糖橘果品经营中做到优质优价，满足不同层次的需要。通常根据砂糖橘果实形状、果皮色泽、果面光洁度及成熟度进行分级，不符合分级标准的果实均列为等外果，应做急销果处理。

③ 分级方法：对不带叶的砂糖橘果实，可用打蜡分级机进行，整个过程都由机器完成，生产工艺流程为：原料→漂洗→清洁剂洗刷→冷风

干→涂蜡（或喷涂允许加入杀菌剂的蜡液）→擦亮→热风干→选果→分级。

生产"叶橘"时，根据客户或市场需求，采用手工操作。砂糖橘手工分级操作时，果实横径的大小可用分级板或分级圈进行确定，果重用称重法计量。

2）包装：将分出的各级果实，按果实大小进行包装。目前，砂糖橘应推广纸箱包装，每箱装果为 10～15 千克。经包装的果实，规格一致，方便贮藏、运输和销售。但内销的果实，大多采用竹篓、塑料篓等容器包装，竹篓每篓 5～10 千克，塑料篓每篓 1.5～2.5 千克（彩图54）。这种容器材料来源充足，成本低廉。不管采用何种容器包装，对于产自同一产区、同一品种和级别的果实，应力求包装型号、规格一致，以利于商品标准化的实施。应注意箱（篓）底、箱（篓）内应有衬垫物，防止擦伤果实。

3）运输：运输要求便捷、轻拿轻放、空气流通，严禁日晒雨淋、受潮、虫蛀、鼠咬；运输工具要清洁、干燥、无异味；远途运输需要具备防寒保暖设备，防冻伤。

3. 把好贮藏保鲜关

果实采收后，若处理不当极易腐烂，严重影响果品销售，甚至造成丰产不丰收，经济效益差。因此，选择合适的贮藏方法，搞好果品的贮藏保鲜，减少果品贮藏的损失，是提高果品经济效益、实现丰产丰收的关键措施。

（1）影响贮藏的因素

1）果实成熟度：果实成熟度直接影响贮藏效果。过早采摘，影响果实风味和品质；若采收过迟，果实在树上就已完全成熟或过熟，会缩短贮藏寿命，也会导致枯水病的发生。一般来说，贮藏用的果实，以果面绿色基本消失，并有 2/3 以上的果皮呈现砂糖橘固有色泽时采摘为宜。

2）采摘及采后处理质量：采摘及采后处理质量，直接影响砂糖橘果实的贮藏效果。在采收、分级、包装和运输过程中造成的机械损伤，轻者引发油斑病，影响果实的商品外观；重者出现青霉病、绿霉病，造成严重损失。因此，在操作过程中，应尽量减少果实损伤，以延长果实贮藏期。

3）贮藏期间的环境条件：主要有温度、相对湿度和气体成分等。

① 温度：在一定的温度范围内，温度越低，果实的呼吸强度越小，

呼吸消耗越少，果实较耐贮藏。因此，在贮藏期间维持适当的低温，可延长贮藏期。但温度过低，易发生"水肿病"；温度过高，也不利于贮藏，尤其是当温度在 18～26℃时，有利于青霉病、绿霉病病菌的繁殖和传染。故贮藏期间的温度应控制在 6～10℃。

② 湿度：贮藏环境的相对湿度，直接影响到砂糖橘果实的保鲜。湿度过小，果实水分蒸发快，失重大，保鲜度差，果皮皱缩，品质降低；湿度过大，果实青霉病、绿霉病发病严重。通常，砂糖橘果实贮藏环境中的相对湿度控制在 80%～85% 为好。

③ 气体成分：砂糖橘果实贮藏过程中，适当地降低氧气含量，增加二氧化碳的含量，可有效抑制果实的呼吸作用，延长贮藏期限。空气中二氧化碳的含量为 0.03%，当达 10% 以上时，易发生水肿或干疤等生理性病害，不利于贮藏，故应使二氧化碳含量控制在 3%～5% 的范围较为合适。

（2）贮藏方法 果品贮藏保鲜方法多种多样，既有传统的农家简易库贮藏，又有采用现代技术的贮藏，如气调贮藏、冷藏等。采用何种贮藏方法，既要从经济技术条件出发，因地制宜、因陋就简，又要有长远打算、取得规模效益。

1）通风库贮藏：主要利用室内外存在的温差和库底温度的差异，通过关启通风窗，来调节库内温度和湿度，并排除不良气体，保持稳定而较低的库温。通风库贮藏，库容量大，结构坚固，产区和销售区均可采用。

① 建房：库址应选择在交通方便、四周开旷和地势干燥的地方，库房坐北朝南。库房的大小，依贮藏果实的多少而定，但不宜过宽，以7～10 米为宜，长度可不限，高度（地面至天花板）3.5～4.5 米。贮藏库可分成若干个小间，每间 32 米²，每室可贮藏果 8000 千克左右。小间的库房温、湿度较稳定，有利于果实贮藏。若要保持通风库库温稳定，库房还应具备良好的隔热性能。建库时，要考虑墙壁、屋顶的隔热保温性能，尽量使库温不产生较大的波动。库房墙体的建筑材料，可根据当地条件灵活采用。可砌成一层砖墙（24 厘米厚）加一层斗砖墙（厚24 厘米，斗内填上炉渣或砻糠），两墙之间为 14 厘米的空气层，墙体厚度（包括抹灰厚度在内）为 64 厘米。屋顶呈"人"字形，要修天花板，并在天花板上的隔热层填充 30～50 厘米厚的稻草或木屑等，隔热层材料中宜加少许农药防虫蛀。库口设双层套门，库房进门处设缓冲走廊，避免

开门时热空气直接进入贮藏室。门向以朝东或东北为好。

库房还必须具有良好的通风设施，库顶有抽风道，屋檐有通风窗，地下有进风道，组成库房通风循环系统。每间贮藏室都有两条进风道通至货位下，均匀地配置 8 个进风口，进风口总面积为 2 米^2。在进风地道上设置插板风门，以控制进风量和库内温度。进风地道通入库房处及进风道进入各贮藏室的进风口上，均安设涂有防护漆的铁丝防鼠网。顶棚抽风道均设排气风扇，并安置一层粗铁丝网，防止鼠、鸟入库危害，随时可进行强制通风。排风扇直径为 400 毫米，额定电压为 220 伏，排风量为 50 米^3/分（图 8-2）。

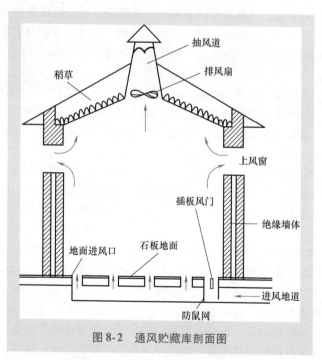

图 8-2　通风贮藏库剖面图

② 果实入库：贮藏前，把包装容器放入库内，每 100 米^3 的库房放硫黄粉 1 ~ 1.5 千克、氯酸钾（助燃剂）0.1 千克，用干木屑拌匀，分几堆点燃。发烟后密闭库房 2 ~ 3 天，然后打开风窗通风。也可用 40% 福尔马林 1:（20 ~ 40）稀释液喷洒，或用 4% 的漂白粉液喷洒消毒，或 1% 新洁尔灭喷雾消毒。

对果实进行防腐处理后，装入适宜的果箱（篓）中。注意装箱不能

装得太满，以装九成满为宜，防止果实被压伤。果实入库后，按品字形堆垛。最底层应用木条或砖块垫高 10 厘米左右，箱与箱之间留出 2~3 厘米空间，以利于堆内空气流通。堆高 6~10 层为宜，每堆之间留出 0.8~1 米的过道，以利于通风和入库检查。垛面距库顶 1 米左右。入库初期，要注意加强通风，以利于降温。一般夜间通风，白天关闭风道和门窗，维持适宜的温、湿度。

③ 入库后的管理：砂糖橘贮藏需要低而稳定的温度和较高的相对湿度，所以控制库内温度、湿度的变化是库房管理的主要工作。入库后的 2~3 周，因堆满库房的果实带有大量田间热，使库温升高，同时果实呼吸旺盛、蒸发量大、湿度大。因此，降温排湿是库房管理的首要任务。除雨、雾天外，日夜打开所有通风窗，晚上开启排风扇，加强通风，使库内的温湿度迅速下降。通常，温度控制在 8~10℃，相对湿度保持在 75%~80%，以利于伤口愈合。12 月~第二年 1 月，由于气温下降，库温较低也较稳定，应根据库内外温湿度情况，进行适当的通风换气。一般要求库房内的相对湿度保持在 85%~90%，库房温度以 4~10℃为好。若温度过高，可在夜间或早晚适当开窗降温，低温期间，应关窗、门防寒保温；若库房湿度过低，可在地面洒水，以增加库房湿度。2~3 月，外界气温回升，腐果率明显提高，必须早晚开窗通风，白天闭窗，以降低库内温度和排出不良气体。通风换气次数，2 月 3~5 天 1 次；3 月隔天通风换气 1 次。只要加强管理，一般利用通风库可贮藏砂糖橘 90~100 天，出库率达到 85%~90%。

2）农家简易库贮藏：农家简易库多是砖墙瓦面平房或者砖柱瓦房，依靠自然通风换气来调节库内温度和湿度，进行贮藏。因此，要求仓库门窗关启灵活，门窗厚度要超过普通平房。仓库四周和屋顶应加设通风窗，安装排风扇。入库前，仓库及用具可用 500~1000 毫克/升多菌灵消毒，果实需要经过防腐保鲜剂处理，并预贮 2~3 天，挑选无病虫、无损伤的果实，用箱或篓装好，按品字形进行堆垛，并套上或罩上塑料薄膜，保持湿度，垛与垛之间、垛与墙之间要保持一定的距离，以利于通风和入库检查。库房的管理与通风贮藏库相似。

3）留树贮藏：砂糖橘果实与其他柑橘类果实一样，在成熟过程中没有一个明显呼吸高峰，所以果实成熟期较长。利用这一特性，生产上可将已经成熟的果实继续保留在树上，分批采收，供应市场。砂糖橘将在 12 月采收的果实延迟至春节时以"叶橘"采收上市，供消费者作为年货馈赠亲友，果价明显提升，可提升30%。近年来，随着气候变暖，出现暖冬现象，砂糖橘留果贮藏获得成功。经树上留果保鲜的果实，色泽更鲜艳，含糖量增加，可溶性固形物含量提高，柠檬酸含量下降，风味更香甜，肉质更细嫩化渣，大受消费者的欢迎。

① 加强肥水管理：留果必然增加树体负担，消耗更多的养分，若营养供应跟不上，就会影响来年的产量，11月上旬要重施有机质水肥1次，留果40~60千克的树，每株施含500~1000克沤熟的麸肥或猪粪50~75千克加复合肥200~300克，另加草木灰5千克、过磷酸钙与硫酸钾各250克，并结合灌水抗旱；同时注意喷施有机营养液，如叶霸、农人液肥、氨基酸、倍力钙等，增加树体营养，提高树液浓度，增强抗寒力，以利于花芽形成。留果期间，若发现果皮松软，则属于冬旱缺水，要注意及时灌水，保持土壤湿润。平地或水田果园由于水利条件好，易于满足砂糖橘需水较多的特性，树上留果保鲜易获得成功。采果后要立即灌水，并以施速效氮肥为主，兼施磷、钾肥，能迅速恢复树势，促春芽萌动，力争来年丰产。

② 留树期间的管理：砂糖橘果实在由深绿变为浅绿并出现转黄时，向树冠喷施赤霉素10~15毫克/升保果，以延迟表皮衰老。若发现果实外果皮松软、果品质下降，要及时采收，避免损失。同时，应加强病虫害防治，尤其是炭疽病的发生，加喷杀菌剂以保叶过冬。适当使用赤霉素延缓果实衰老，防止因橘果过熟、果皮衰老而感染病害，造成贮运时果实相互挤压而产生大量烂果。树上留果可达1~2个月，稳果率达90%以上。只要加强留树期间管理和采果树的栽培管理，不会影响来年产量。

③ 喷药：留果期间，可向树冠喷施70%甲基托布津可湿性粉剂1000倍液或50%多菌灵可湿性粉剂800倍液，也可结合喷赤霉素时混合使用，以减少果园贮藏中的多种病害病原且有喷药清园的效果。留果保鲜期间，果皮已衰老，易产生药害，喷药时注意用药浓度，对强碱性农药要控制使用，避免因此产生油胞破损现象，影响果实品质，甚至出现烂果、落果。若此时有"冬寒雨至"时，雨水会使树上大果的果皮吸水发泡，此时要及时采收，避免引起烂果。

④ 防止果实受冻：留果期间，易遭受低温霜冻，应注意防止。果实受冻后，果皮完好而皮肉分离，用手压，有空壳感，不堪食用，造成经济损失。冬季气温低的地方不宜采用此法贮藏。

（3）贮藏病害及防治　砂糖橘贮藏期间的病害主要有两类：病理性病害和生理性病害。

1）病理性病害：病理性病害是由真菌侵染引起的病害，常见的是青霉病和绿霉病，应引起高度重视。

① 青霉病和绿霉病：常在短期内造成大量果实腐烂，特别是绿霉病，在气候较暖的南亚热带发病较重。

【症状】　青霉菌和绿霉菌侵染砂糖橘果实后，首先表现为柔软、褐色、水渍状、略凹陷皱缩的圆形病斑。2～3天后，病部长出白色霉层，随后在其中部产生青色或绿色粉状霉层，但在病斑周围仍有一圈白色霉层带，病健交界处仍为水渍状环纹。在高温高湿条件下，病斑迅速扩展，深入果肉，致使全果腐烂，全过程只需1～2周，干燥时则成僵果。青霉病和绿霉病病害症状的区别见表8-6。

表8-6　青霉病和绿霉病的症状比较

项　目	青　霉　病	绿　霉　病
分生孢子	青色，可延及病果内部，发生较快	绿色，限于病果表面，发生较慢
白色霉带	粉状狭窄，仅1～2毫米	胶状，较宽，8～15毫米
病部边缘	水渍状，边缘规则而明显	边缘水渍状不明显，不规则
气味	有霉气味	有芳香味
黏附性	对包果纸及其他接触物无黏着力	往往与包果纸及其他接触物粘连

【防治方法】

A. 严格按照采果操作规程，确保采果质量：具体采摘方法参照前文的介绍。

B. 果实防腐处理：对采下的果实及时进行防腐处理，可防止病菌传染，减少贮藏和运输过程中的损失。可选用多菌灵、托布津500～800毫克/千克，噻菌灵1000毫克/千克等防腐杀菌剂加200～250毫克/千克的2，4-D混合使用，既可防止病菌的侵染，又可使果蒂在较长时间内保持新鲜，提高果实耐贮性。

C. 库房及用具消毒：果实进库前，库房用硫黄粉5～10克/米^{3}密闭熏蒸3～4天，然后开门窗，待药气散发后，果实方可入库贮藏。

D. 控制库房温、湿度：果实入库前，应充分预贮，使果实失重 3% 左右，以抑制果皮的生理性活动，可减轻果实枯水病的发生，也可使轻微伤果伤口得到愈合。同时，可起到降温的作用，贮藏库的温度不会出现骤增而影响果实的贮藏性。砂糖橘贮藏库房温度要求控制在 4℃ ~ 10℃，空气相对湿度控制在 80% ~ 85%，并注意通风换气。

E. 采果时选择适宜的天气：注意不要在降雨、有雾或露水未干时采摘，以免果实附有水珠引起腐烂。

② 蒂腐病：褐色蒂腐病和黑色蒂腐病统称"蒂腐病"，是柑橘类贮藏期间普遍发生的两种重要病害，常造成大量果实腐烂。

【症状】 褐色蒂腐病是柑橘树脂病病菌侵染成熟果实引起的病害。果实发病多自果蒂或伤口处开始，初为暗褐色的水渍状病斑，随后围绕病部出现暗褐色近圆形革质病斑，通常没有黏液流出，后期病斑边缘呈波纹状，深褐色。果心腐烂较果皮快，当果皮变色扩大到果面 1/3 ~ 1/2 时，果心已全部腐烂，故有"穿心烂"之称。病菌可侵染种子，使其变为褐色。黑色蒂腐病由另一种子囊菌侵染引起，初期果蒂周围变软、呈水渍状、褐色、无光泽，病斑沿中心柱迅速蔓延，直至脐部，引起"穿心烂"。受害果肉为红褐色，并和中心柱脱离，种子黏附在中心柱上；果实病斑边缘呈波浪状，油胞破裂，常流出暗褐色黏液，潮湿条件下病果表面长出菌丝，初呈灰色，渐变为黑色，并产生许多小黑点。

【防治方法】 在采果前 1 周，向树冠喷洒 70% 甲基托布津可湿性粉剂 1000 倍液或 50% 多菌灵可湿性粉剂 2000 倍液。果实采收后 1 天内，用 500 毫克/升抑霉唑溶液或 45% 扑霉灵乳油 2000 倍液浸果，可加入 2,4-D 200 毫克/升的溶液，有促进果柄剪口迅速愈合、保持果蒂新鲜的作用。此外，采收用的工具及贮藏库，可用 50% 多菌灵或 50% 托布津可湿性粉剂 200 ~ 250 倍液消毒；贮藏库也可用 10 克/米³ 硫黄密闭熏蒸 24 小时。

③ 黑腐病：又名黑心病，主要危害贮藏期果实，使其中心柱腐烂。

【症状】 由半知菌的柑橘链格孢菌所致。果园枝叶受害，出现灰褐色至赤褐色病斑，并长出黑色霉层；幼果受害后常成为黑色僵果。病菌由伤口和果蒂侵入。成熟果实通常有两种症状：一是病斑初期为圆形黑褐斑，扩大后为微凹的不规则斑，高温高湿时病部长出灰白色绒毛状霉，成为心腐病。二是蒂腐型，果蒂部呈圆形褐色、软腐、直

径约为 1 厘米的病斑，且病菌不断向中心蔓延，并长满灰白色至墨绿色的霉。

【防治方法】 采前参照树脂病的防治方法进行；采收过程中及采收后参照青霉病、绿霉病的防治方法。

2）生理性病害：

① 枯水病：

【症状】 病果外观与健果没有明显的区别，但果皮变硬，果实失重，切开果实，囊瓣萎缩，木栓化，果肉淡而无汁。表现为果皮发泡，果皮与果肉分离，汁胞失水干枯，但果皮仍具有很好的色泽。枯水多从果蒂开始，一般成熟度高的果实，枯水病发生较严重，贮藏时间越长，病情越重。

【防治方法】

A. 选择合适的采摘期：在果实着色七八成时即可采摘，防止过迟采果。

B. 延长预贮时间：果实采摘后适当延长预贮时间，保持足够的发汗时间。

C. 药剂防治：采果前，向树体喷施 1000 ~ 2000 毫克/升的比久溶液可减轻发病。

D. 科学施肥：不要偏施化肥，要重视有机肥和农家肥的施用。

② 水肿病：

【症状】 果实呈半透明水渍状，浮肿，果皮浅褐色，后期变为深褐色，有浓烈的酒精味，果皮、果肉分离。这是由于贮藏环境温度偏低，通风换气不良、二氧化碳积累过多而引起的生理性病害。

【防治方法】

A. 控制贮藏温度：砂糖橘贮藏库房温度应控制在 4 ~ 10℃。

B. 气调贮藏：保持贮藏库内氧气、二氧化碳和乙烯达一定的含量要求。

C. 激素防治：采果前 15 ~ 20 天喷洒 10 毫克/升赤霉素溶液，对防止病害的发生有效果。

③ 油斑病：又称虎斑病、干疤病，主要发生在贮藏后 1 个月左右。

【症状】 病果在果皮上出现形状不规则的浅黄色或浅绿色病斑，病斑直径多为 2 ~ 3 厘米或更大，病、健部交界处明显，病部油胞间隙稍下陷，油胞显著突出，后变为黄褐色，油胞萎缩下陷。病斑不会引起腐烂，

但若病斑上沾染有炭疽病菌孢子等，则往往引起果实腐烂。

油斑病是由于油胞破裂后橘皮油外渗，侵蚀果皮细胞而引起的一种生理性病害。树上果实发病是由于风害、机械伤或叶蝉等产生的危害，或果实生长后期使用石硫合剂、松碱合剂等农药所致。贮藏期果实受害主要是由于采收和贮运过程中的机械伤害，以及在贮藏期间不适宜的温湿度和气体成分等多种因素均可引起橘皮油外渗而诱发油斑病。

【防治方法】

A. 适时采摘：果实适当早采，可减轻发病，并注意不在雨水、露水未干时采摘。

B. 防止机械损伤：果实在采摘、盛放、挑选、装箱和运输等操作过程中，注意轻拿、轻放、轻装和轻卸，要避免人为机械损伤。

C. 控制库房温、湿度：果实入库前，应进行预贮，将果实放置2~3天，待果面充分干燥后再贮藏。同时，预贮还可起到降温的作用，使轻微伤果伤口得到愈合，可减轻发病。砂糖橘贮藏库温度要求控制在4~10℃，空气相对湿度控制在80%~85%，并注意通风换气。

四、做好砂糖橘包装贮藏，提高附加值

为了延长砂糖橘鲜果供应时间，减少腐烂和提高果品质量，需要进行包装、贮藏保鲜。

1. 突出品牌

要在包装箱（袋）上印有产地标志、注册商标及企业商标。

2. 勇于创新

砂糖橘包装朝着礼品化、小型化、便携式、绿色包装、透明包装及组合包装方向发展。

3. 崇尚绿色

在包装设计中注重造型结构的减量化、使用材料和印刷生产的环保性、在流通环节中安全方便，尤其是注重环保性和对人体健康的保证等这些关键性专业问题是食品包装设计者应着重思考的问题。设计者应该真正深入涉及绿色包装的各个关键环节，多层面、多角度将各个设计要素进行宏观控制、有机整合，将食品的绿色包装设计理念和包装的功能性完美地融入整个砂糖橘包装中，使设计更具时效性、操控性和实施性。

4. 保鲜第一

包装箱抗压性要好，纸箱要能防水，销往东北地区的砂糖橘要考虑

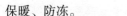

保暖、防冻。

5. 知识营销

在包装箱附带说明书，说明产地的地域特色、营养成分、生长环境、保存措施、食用方法，以及生产果园地点、联系方式、网上销售网址、二维码等。

第九章
砂糖橘种植案例介绍

一、广西梧州市长洲区倒水镇砂糖橘丰产栽培关键技术

广西梧州市是砂糖橘主产地之一，其中的长洲区倒水镇砂糖橘栽植后第三年开始投产，产量15～22.5吨/公顷，株产10～20千克。4年后进入盛果期，产量37.5～45吨/公顷，株产30～40千克。该镇砂糖橘丰产栽培关键技术如下。

1. 高标准建园

（1）苗木选择 在可靠的育苗单位购买无病虫、根系较发达、苗径较粗、品种纯正的脱毒苗木。

（2）园地选择 以土层深厚、肥沃、疏松，pH为5.5～6.5，有机质含量比较丰富，排灌良好，背风向阳的坡地或水田作为园地。建园时规划好蓄水池、排灌系统、肥池、药池和道路设施等。山地果园株行距2.5米×3米，最好开梯田种植，或定植后结合土壤管理逐步开成梯田。山地果园要求挖穴种植，穴深60～80厘米，长、宽各60～80厘米。每个定植穴底层回填与表土混合的有机肥10～20千克或绿肥100～200千克，并加适量石灰，中间层回填复混肥加磷肥1千克，表层用底土堆成高出地面20厘米的土墩。平地果园株行距2.5米×4米，挖穴起墩种植，回填土壤混合农家肥，墩高25～40厘米。起墩后1～2个月种植。水田种植时，起龟背形畦，畦面高出地面30厘米，株行距2米×3米，于春季萌芽前种植。

（3）定植时期 在每次枝梢老熟后，下次梢萌发前可进行定植，但一般多在春秋季定植，营养袋苗也可在夏季定植。定植前10天左右在定植穴施腐熟的附根肥，栽植时使根系自然伸展，然后回填细土压实、起畦，并淋足定根水，树盘覆盖保湿。

2. 放梢保梢

（1）定干 苗木定植时应及时定干，高度为25～30厘米。定干后新梢抽发时，选择生长势强、分布均匀的 3 个新梢作为主枝培养，在 1 年内促发春、夏、秋 3 次梢，当新梢长到 25 ~ 30 厘米时及时摘心，每主枝上留分布均匀的 3 ~ 4 条新梢作为副主枝，10 月下旬以后抽发的晚秋梢全部抹除，并剪除病虫枝、阴枝、丛枝、过弱枝、徒长枝。

(2) 幼龄树管理　每年放 4 ~ 5 次梢，春梢 1 次，夏梢 2 次，秋梢 1 ~ 2 次。为了发梢整齐粗壮，每次放梢前在上次梢顶下 3 ~ 4 片叶处短截。待萌芽后及时抹除零星萌发的梢，等到全园大部分枝梢萌动时才统一放梢，每个基枝留 2 ~ 3 条方位合适且健壮的枝梢，其余抹除。每次放梢施 2 次肥，在短剪前后施第一次肥，叶片开始转绿时施第二次肥，肥料以氮肥为主，可使用尿素等化肥，每株每次 100 ~ 200 克（随树体增大逐渐增多）。也可施花生麸等沤制的水肥，或者二者混合使用。从芽萌动开始喷药护梢，主要是防治潜叶蛾、炭疽病等，药剂可用阿维菌素 800 倍液 + 多菌灵 600 倍液（或甲基托布津 1000 倍液等），每周 1 次。在芽萌动和转绿时常加入叶面肥混合喷施。

(3) 结果树管理　培养健壮的秋梢作为第二年的结果母枝是结果树管理的关键。初结果树可以放 1 次夏梢（早秋梢），正常结果树集中力量放秋梢，把所有的夏梢抹除。在 6 月底 ~ 7 月初夏剪，短剪当年的春梢或 2 ~ 3 年生枝，以促发秋梢。夏剪不能太早或太迟，太早会引起幼果的大量脱落，太迟秋梢不能及时老熟。在 6 月可结合施重肥，施一些速效的化肥，促吐秋梢。秋梢萌发后应进行保梢。

3. 施肥

(1) 不同期橘树施肥

1）幼树施肥：以水肥、氮肥为主，原则是勤施、薄施，一般每月追肥 1 ~ 2 次。第二年要结果的 2 年生或 3 年生树，在 6 月下旬挖大坑施 1 次重肥，施复合肥 0.3 ~ 0.4 千克/株、沼肥（厩肥）或绿肥 50 ~ 100 千克/株、石灰 0.5 千克/株，7 月下旬施水肥，促发秋梢结果母枝。10 ~ 11 月再施 1 次水肥，结合根外追肥促进花芽分化。11 月以后扩穴施重肥。

2）初结果树施肥：全年施 3 次重肥，春肥于 2 月下旬 ~ 3 月上旬施用，夏肥于 5 月中下旬施用，冬肥于 11 月中旬施用。全年施纯氮 200 ~ 250 千克/公顷、磷 150 ~ 200 千克/公顷、钾 135 ~ 165 千克/公顷。

3）成年结果树施肥：全年施 4 次肥。春肥于 3 月上旬施用，以氮、磷肥为主；夏肥于 5 月上旬施用，以氮肥为主，对结果少的树可以不施；

秋肥于8月上旬施用,以磷、钾肥为主;冬肥于10月下旬施用,以有机复合肥为主。

(2) 有机肥的施用 除了每次放梢期的化肥、萌芽肥、稳果肥和壮果肥之外,要十分重视有机肥的施用。可在树冠滴水线处挖深、宽各50厘米,长度依树体而定的深坑,施入有机肥后回填。有机肥的施用有两个时期:一是在6月,结合压青进行(通常在行间间作黄豆和花生等豆科作物);二是在秋冬季节,施用豆科作物、土杂肥、沼肥、厩肥、花生麸等有机肥,可同时加入过磷酸钙和速效化肥,这次施肥量要占全年施肥量的40%以上。除了提供全面的养分之外,更重要的作用是深翻扩穴,修剪根系,改良土壤。

4. 促花保果

(1) 促花 在培育优良秋梢作为结果母枝的基础上,对于长势旺的树,可在秋梢老熟后喷布生长延缓剂多效唑或用环割的方法来缓和生长势,促进花芽分化。

(2) 保花保果

1)肥料:施好萌芽肥(花前肥),以氮肥为主,以促进花蕾的发育。谢花后及时施谢花肥,以氮肥为主,补充开花所消耗的大量营养。

2)植物生长调节剂:在谢花3/4时,喷布植物生长调节剂,可用40毫克/升赤霉素溶液;10天之后喷第二次,可用50毫克/升赤霉素溶液。

3)环割保果:在第一次生理落果后、第二次生理落果前,可在二级和三级分枝上进行环割,深达木质部,但不要伤及木质部。

4)摘除夏梢:幼果期正值夏梢抽生期,夏梢的萌发会造成大量幼果的脱落,所以要及时摘除夏梢。

5)摇花:阴雨天要及时摇树,抖落花上的雨水,以减轻病害的发生,并为授粉受精创造条件。

6)果园放蜂:为了更多更好地传粉,应在果园放蜂。

7)果树留树保鲜防冻:12月中旬用薄膜覆盖树冠防冻,果实在春节期间供应市场,可显著增加收入。

5. 防治好病虫害

加强对红蜘蛛、锈壁虱、潜叶蛾、介壳虫、脚腐病、疮痂病、炭疽病、树脂病(砂皮病)、溃疡病、黄龙病等病虫害的防治。

红蜘蛛、锈壁虱的防治可用阿维菌素800倍液、螨威3000倍液。潜叶蛾采用抹芽控梢，每次新梢长至 1 厘米长时喷第一次药，以后 5 ~ 7 天再喷 1 次，连喷 3 次，药物可选用 24% 万灵乳油 1500 倍液或 10% 兴棉宝 2000 倍液。介壳虫防治主要做好冬季清园，在 1 ~ 2 龄若虫期用 40% 速扑杀 700 倍液、40.7% 乐斯本 1500 倍液或机油乳剂进行防治。脚腐病的防治是于初夏用刀纵刻病部，深达木质部，涂甲霜灵、三乙膦酸铝。疮痂病的防治是在春梢新芽萌动至芽长 2 毫米之前喷药；在谢花 2/3 时喷药，每 10 ~ 15 天喷 1 次，选用 0.5% 倍量式波尔多液、多菌灵、甲基托布津或铜皂液（硫酸铜 0.5 千克、松脂合剂 2 千克、水 200 千克）。疸病的防治是在发病初期喷药，每 15 天喷 1 次，可用大生 M-45、0.5% 等量式波尔多液、多菌灵或甲基托布津。树脂病的防治是在春梢萌发期、花落 2/3 时及幼果期各喷 1 次药，用 0.5% 等量式波尔多液、甲基托布津。溃疡病的防治可在新叶刚展开时、自剪前后、台风暴雨后使用可杀得、氧氯化铜等含铜元素的药剂喷布。黄龙病的防治要坚决贯彻挖除病树、培育无病毒苗、防治木虱、隔离种植及增强树势 5 项基本措施。枝干上的病害采用纵刻涂药治疗时，于 4 ~ 5 月、8 ~ 9 月涂药 6 ~ 8 次，可用多菌灵、甲基托布津。

现在大量提倡绿色食品、有机食品，所以病虫害的防治要逐步做到以农业防治、物理防治、生物防治为主，化学防治为辅。总的防治策略是：冬季清园喷药除虫防病（挖除黄龙病病树，剪除病枝、叶，清除落叶残果，集中烧毁，耕翻表土 5 ~ 10 厘米，对树冠喷布机油乳剂，或 0.8 ~ 1 波美度石硫合剂加敌百虫；树干及大主枝涂刷 5 ~ 6 波美度石硫合剂）；每次新梢抽生期喷（杀菌剂加杀虫剂）2 ~ 3 次；防螨类则在每叶见螨 2 头时喷药，连续 2 ~ 3 次。

6. 冬季清园

在冬季剪除枯枝、病虫枝，打扫枯枝落叶，铲除田间杂草，一起烧毁或深埋；树干涂白，并可喷布一些长效药剂，如炔满特等。这样就可大大降低虫口密度，减少病源，使第二年病虫害发生率降低。

7. 适时采收

果品要适期采收。太早达不到应有的品质，太迟不耐贮。采收时要求"一果两剪"、轻拿轻放，以减少机械损伤。

二、四川彭山县丘区砂糖橘种植关键技术

1. 引种

砂糖橘在广州、广西等地均有黄龙病、溃疡病的病例和病史，因此，

引种时要选用脱毒的枝条和幼苗。

2. 高接换种

在四川彭山县高接换种的适宜时间为 2 ~ 3 月。生产中应选择立地条件好、光照充足的果园进行高接换种。高接的方法是采用多头切接和复接，高接时尽量延伸到三级分枝上，即从第一分枝 25 厘米处开始嫁接第一刀，以后每隔 25 厘米嫁接一刀，最少保证在同一枝上嫁接三刀。

3. 嫁接苗管理

嫁接后长出来的第一次梢在 5 片叶时摘心，摘心后喷施植物动力 2003 水剂，每 15 毫升兑水 15 千克，并每株施尿素 100 ~ 150 克。第二次梢在 6 ~ 7 片叶时摘心，摘心后喷植物动力 2003 水剂，每 15 毫升兑水 15 千克，并每株施尿素肥 250 克。以后抽生出来的梢，按上述技术措施处理，直到 8 月抽的梢不再摘心。

4. 保花保果

花蕾现白时是保花的重要时间，方法是用赤霉素每克兑水 25 千克、2，4-D 每克兑水 120 千克、70% 甲基托布津可湿性粉剂 500 ~ 600 倍液、40.7% 毒死蜱乳油 1500 倍液、钾宝 100 倍液混合溶液喷雾。

第一次生理落果，即谢花 70% ~ 80% 时，用赤霉素每克兑水 25 千克、2，4-D 每克兑水 120 千克、80% 大生 M-45 粉剂 600 倍液、果面净 700 倍液、40.7% 毒死蜱乳油 1500 倍液、钾宝 50 倍液混合溶液喷雾。

第二次生理落果，即落花后 7 ~ 10 天，用赤霉素每克兑水 25 千克、2，4-D 每克兑水 100 千克、70% 甲基托布津可湿性粉剂 500 倍液、果面净 700 倍液、钾宝 50 倍液混合溶液喷雾。

根据花量多少确定环割与环剥时间，花少时于花蕾现白时进行，花多时于谢花 70% ~ 80% 时进行。环割与环剥尽量在二级分枝上，环割或环剥 1 圈即可。

三、广东四会市砂糖橘优质丰产栽培技术

1. 选用品种纯正的无病虫壮苗

品系以早熟种、品质好、产量高、用枳作为砧木的苗木，矮化早结丰产、用酸橘作为砧木的苗木。苗木高度超过 40 厘米、粗度 0.5 厘米以上，无检疫性病虫害（溃疡病、黄龙病），须根发达，接穗和砧木亲和性良好。

2. 选准土地，合理密植

砂糖橘在一般土质上种植均可以正常生长和结果，但要生长快、结

果早、丰产稳产，则要求湿润肥沃的土壤环境。因此，种植砂糖橘，要选择交通方便、水源充足、能灌能排、土质疏松肥沃的水田、旱地、河边冲积地、冲槽地。为了达到前期丰产的目的，在肥沃的水田、旱地种植，应采用矮化密植的方式，每亩种植 200～300 株，株行距 2 米 ×1.5 米或 2 米 ×1 米；在山地种植，每亩种植 100 株左右，株行距 3 米 ×2 米。生产实践证明，矮化密植是实现砂糖橘早结丰产的重要技术措施，密植园丰产多年后出现交叉荫蔽时再进行间伐。

3. 种植方法

砂糖橘一般在春季的 2～3 月种植，在土质肥沃、土层深厚的水田或河边冲积土可以挖浅坑种植，水田则要按株行排列起高畦。土质贫瘠的旱地、土坡地要挖 1 米见方的深坑，施足基肥。每坑施磷肥 1.5 千克、石灰 2.5 千克、垃圾泥或塘泥 50 千克、猪牛鸡粪 15～25 千克，把肥料与土壤混匀后填回坑中，筑起树盘，高出地面 20 厘米左右。种植前，剪去苗木部分枝叶，以减少水分蒸发；剪去主根，尽量保留须根。种植时，让须根自然舒展，然后回土，压实泥土，埋土的高度不能埋过嫁接口。定植后，在树盘上盖上稻草或其他杂草，浇足定根水。定植后 1 个月内，要保持根系附近土壤湿润，气温高、久晴无雨、土壤干燥要每天浇水，雨天、土壤湿润时，则无须浇水。

4. 幼龄树的管理

（1）肥水管理 幼树管理以肥水管理为中心，促进根系生长、枝条早生快发，早日形成树冠。定植 40 天后，新根开始生长，可用腐熟粪水稀释 2～3 倍淋施，每隔 10～15 天浇施 1 次，每株用肥液 2.5～5 千克。随着幼树成长，逐步加大粪水的浓度和用量，并适当加入尿素浇施。从种植第二年开始，可减少施肥次数，加大每次的粪水和化肥用量，每次每株施用粪水 15 千克、尿素 300 克。9 月停止施用氮肥和粪水，施 1 次钾肥，每株可施硫酸钾 0.25 千克，以促进花芽分化。同时要注意土壤水分管理。

（2）整形修剪 整形的目的是使砂糖橘树有合理的骨架和枝条分布均匀的良好树形，以利于通风透光，立体结果，为早结丰产打下基础。砂糖橘一般采用自然开心形树形，方法是定植后在主干 40 厘米处短截，让其萌芽后选留 3 条方向各异的枝条作为主枝，主枝与主干垂直线成 45 度角。主枝过于直立，要用绳拉大分枝角度，主枝老熟后保留 30 厘米后短截，再在主枝上选留 3 条方向各异的副主枝，以后均可采用这种方法延长树体骨干枝。对主枝、副主枝等骨干枝上着生的直立枝要剪去，弱枝要适当保留，作为辅助枝。砂糖橘萌芽力强，枝条较为密集，每次梢一般留 3~4 条，多余的全部疏去。为使夏梢、秋梢抽梢整齐，要抹芽控梢，即在全园只有零星枝条萌芽时把嫩芽抹去，刺激侧芽萌发；到全园有 80% 的枝条萌芽时统一放梢。

5. 结果幼龄树的管理

(1) 肥水管理 对幼龄结果树的施肥分为 3 次。

1）稳果肥：谢花后树体消耗了大量的养分，要及时补充，每株施粪水 25 千克，或三元复合肥、尿素各 0.25 千克。

2）壮果肥：7~8 月是果实迅速膨大期，又是秋梢抽梢前期，要氮、磷、钾配合施用，每株用三元复合肥 0.5 千克，尿素和钾肥各 0.25 千克。

3）采果肥：补充树体营养，恢复树冠，每株施用腐熟粪水 25~50千克。每年秋梢老熟后开始控水控肥，控制冬梢，促进花芽分化。

(2) 合理控梢和修剪 砂糖橘开始挂果后，营养生长还比较旺，春梢、夏梢与花和幼果争夺养分，造成落花落果现象。秋梢是砂糖橘的结果母枝，因此生产上采取疏春梢、控夏梢、促秋梢的措施，疏去部分春梢，以减少营养损耗。当夏梢抽生时，可采用人工方法抹去全部嫩芽，也可以用 500~1000 毫克/升多效唑溶液喷洒控制夏梢抽生。8 月上中旬，统一放一次秋梢，并注意病虫防治，以保证秋梢正常生长。幼龄树修剪分夏剪和冬剪。夏剪主要是剪去扰乱树形的直立枝、交叉枝、病虫枝。冬剪要对结果枝、落果枝进行回缩修剪，防止树冠过快增长和枝条早衰，同时剪去病虫枝、交叉枝、直立枝。对树冠顶部过密的枝条要适当剪去大枝，以开天窗，增加通风透光。

(3) 保花保果和疏花疏果 如果落果数量过多甚至所剩无几，属异常落果，可采取以下保果措施。

1）疏去部分春梢和全部夏梢。

2）及时施稳果肥。

3）第一次和第二次生理落果前 10 天各喷 1 次混合保果药，如 50 毫克/升赤霉素加 0.3% 磷酸二氢钾，或赤霉素加有机叶面肥。

4）谢花期在主干上环割 1 圈。

5）防治病虫害。如果坐果过多，则降低单果重和风味，要及时疏花疏果。疏花要在花蕾期进行，疏果则在第一次、第二次生理落果结束后进行。第一次疏果按留量 3 倍数量留果，第二次则按比留果量多 1/3的量留果，疏去畸形果，病虫害、发育不好的幼果。砂糖橘的留果量主要根据树势及肥水条件而定。

6. 成年结果树管理

(1) 适时放出秋梢 在北回归线以南的地区，2~3 年植株生长势强壮、结果少或刚试产的，秋梢的放梢期宜在处暑前后。4~6 年生树，在大暑至立秋期间放秋梢。7 年生以上的老树，则应在大暑前后放梢。

(2) 加强肥水管理

1) 施肥时期：

① 基肥（冬肥）：用肥量约占全年总量的 35%，常在采果前后施入。一般以有机肥为主，速效磷、钾为辅及适量的氮，以利于植株恢复树势，促进花芽分化和安全越冬。

② 促芽肥：用肥量约占全年总肥量的 20%，一般宜在春芽萌发前两周施下，以保证壮梢促花，延长老叶寿命，提高坐果率。常以速效氮肥为主，配以适量磷、钾肥。若遇春旱，应与灌水相结合，以便更好地发挥肥效。

③ 稳果肥：用肥量约占全年施肥总量的 15%，一般在第一次生理落果结束至第二次生理落果之前施入，以速效性氮、磷为主，配以适量钾肥。

④ 壮果肥：施肥量约占全年施肥总量的 30%。此期是果实迅速膨大期，也是夏梢充实和秋梢抽出期，一般在秋梢抽发前 1~2 周内施入，以氮肥为主，适当配合磷、钾肥。

2) 施肥量：一般砂糖橘对氮、磷、钾三要素的需求的比例是：1：(0.3~0.5)：1.2。建议施肥量是以经济产量作为计算的重要依据，50 千克经济产量所需要的纯氮约为 0.5 千克、纯磷（P_2O_5）为 0.15~0.2 千克、纯钾（K_2O）为 0.6 千克，得出各时期的施肥量如下。

① 基肥：每株施 10 千克鸡粪或鸽粪或 2.5 千克花生麸或 25 千克猪粪，加入 0.35 千克过磷酸钙、0.25 千克硝酸钾或 0.30 千克硫酸钾。

② 芽前肥：每株施 0.25 千克尿素，加入 0.25 千克过磷酸钙、0.20 千克硝酸钾或 0.25 千克硫酸钾。

③ 稳果肥：每株施 0.16 千克尿素，加入 0.20 千克过磷酸钙、0.15 千克硝酸钾或 0.18 千克硫酸钾。

④ 壮果肥：每株施 0.35 千克尿素，加入 0.15 千克过磷酸钙、0.3 千克硝酸钾或 0.35 千克硫酸钾。

👉【注意】

柑橘类果树对氯元素的耐受程度为中等，因此，砂糖橘不提倡施用氯化钾，应该使用硫酸钾或硝酸钾，以免过量的氯离子对植株造成危害。

（3）控制枝梢生长　控制枝梢生长，是缓和梢果矛盾的主要方法。对长势过旺，春梢过多，中花量或少花的植株，应根据去强留弱，控上控外的原则，疏去部分春梢营养枝。中花量树宜疏除1/3春梢的营养枝，少花量树宜疏除3/5，对留下的春梢留6～8片叶摘心，并喷施叶面肥使其尽快老熟。对多花弱树，还应疏除部分花枝。对抽发的夏梢原则上应全部抹除或留基部2片叶摘心，或在梢长约2厘米时，喷施500～1000毫克/升多效唑溶液，抑制夏梢的抽发或生长。长势过旺的植株，在谢花达2/3时对主枝进行环割。

（4）合理施用植物生长调节剂保果　从3月中下旬子房形成至6月中下旬生理落果基本结束，这一阶段属于细胞分裂期，也就是胚发育、种皮发育、子叶迅速生长阶段。此期间需要的细胞分裂素相对较大，而植物细胞分裂素主要是由根尖合成。此期由于土壤温度仍然较低，根系的活力较差，细胞分裂素产物含量常常不足以满足植株生殖生长的需要，因此宜喷施细胞分裂素进行保果。可喷施20毫克/升的6-苄基氨基嘌呤（6-BA），也可喷施2～3次30～50毫克/升的赤霉素。若配合喷施0.04毫克/升油菜素溶液，效果有加强作用。

（5）合理的疏花疏果　当生理落果结束后，也就是定果的阶段，对结果多的植株应进行疏果。疏果按叶果比例进行，砂糖橘的叶果比一般掌握在（70～80）:1为宜。

（6）合理进行修剪整形　合理整形修剪，是砂糖橘稳产丰产的基础，是解决营养生长与生殖生长矛盾的重要的措施之一，也是解决树体营养合理分配的关键所在。

7. 病虫害防治

砂糖橘的病虫害种类较多，主要病害有疮痂病、炭疽病、黄龙病等，主要虫害有锈壁虱、蚧类、潜叶蛾等，生产中应加强防治。

四、广西蒙山县坡地种植砂糖橘技术

广西蒙山县砂糖橘大部分种植在坡地上，这些种植地区经常遭受季节性干旱和洪灾影响，水土流失严重。由于没有系统的灌溉工程，主要依靠自然降水，砂糖橘优质高产得不到保证。2009年该县申报并获得国家农业部《广西坡地生物篱和缓坡地等高种植技术集成》旱作节水示范项目，在项目实施过程中，以砂糖橘坡地种植为突破口，探索旱作节水农业新技术模式，利用现代技术保证现有水分的充分利用，加强土壤改良，保证并提高了果实的产量和质量。现将其主要栽培技术与成功经验介绍如下。

1. 采用新型灌溉技术走节水之路

发展现代农业的必由之路就是节水，只有加强农业节水才能推进现代农业迅速蓬勃的发展，而坡地最大的特点就是不利于水土的保持，因此实现坡地种植砂糖橘首先要解决如何利用现有水源保证砂糖橘的生长需要。这就需要使用科学的灌溉技术，如滴灌技术。

(1) 滴灌灌溉技术的优点

1) 节约水资源：滴灌技术属于微量灌溉，把水分的渗漏和损失降到了最低。

2) 有效控制环境的温度和湿度：滴灌技术是通过滴头缓慢均匀将水分滴入土壤层，可以有效防止水分的蒸发，环境湿度和温度变化不是很明显，有利于控制砂糖橘的生长发育。

3) 改善土壤的结构：传统灌溉方式，在灌溉完成后，表皮土层会出现板结，土壤结构遭到了破坏，然而滴灌技术是让水分从土壤层渗入到土地中，这样不会对土壤结构造成破坏。

(2) 滴灌技术的分类 滴灌工程的主要功能构件是毛管，根据毛管的布置方式以及其是否可以移动和灌溉方式的不同，可以将滴灌系统分成以下3类。

1) 地面固定式：毛管主要布置在地面上，在灌溉期间，毛管和灌水器都不能移动的系统称为地面固定式系统。这种方式的优点是安装简单，容易控制土壤的湿度；缺点就是毛管容易损坏，维修成本提高。

2) 地下固定式：毛管主要布置在地下，灌水器也全部埋入地下，在灌溉期间，毛管和灌水器都不能移动的系统称为地下固定式系统。这是在近年来滴灌技术的不断改进和提高，灌水器堵塞减少后才出现的，但应用的不多。与地面固定式系统相比，地下固定式的优点是延长了毛管和滴头的使用寿命；缺点是不能准确控制水的流量，且检修复杂。

3) 移动式：毛管和灌水器可以移动，在灌溉期间，可以由一个位置移向另一个位置进行灌溉的系统称为移动式滴灌系统。这种方式的优

点是对砂糖橘灌溉方便，适合于干旱缺水、经济条件较差的地区使用；缺点是不利于设备的维护。

2. 将坡地改成梯地、营造生物篱，避免水土流失

由于果园多分布在坡度较大的丘陵坡地，当地果农一般采用顺坡而种，有的对坡地处理成较窄的梯地种植。由于投入不够，梯地宽度不够，而且仍然存在一定的坡度，导致耕作困难，极易造成水土流失。为了解决这个问题，就需要有规划地进行梯地的修建。营造生物篱，就是在果园的梯地边坡上种植农作物，形成栅篱。根据果园坡度情况，可以每隔 5 ~ 15 米种植 1 条生物篱，每条生物篱宽 1 米左右，可种植 1 ~ 2 行。生物篱有两种类型：一种是种植经济生物篱，既农作物本身具有一定的经济价值，还可以加固土壤，如黄花菜根系密集，宿根性强，具有很强的固土功能；另一种生物篱是利用当地野生芒萁草，这种草属矮生草本，多年生，能适应恶劣的自然环境，不用投入，而且固土、保水效果也好。

3. 采用水肥一体化技术

水肥一体化技术的工作原理是，将固体肥料或者液体肥料以一定的比例溶解在水中，在压力系统的作用下，将水利灌溉与施肥合二为一。与传统的灌溉与施肥方式相比，肥料与水是按照一定比例调制的，可以满足砂糖橘不同生长阶段对养分的需要，既可以节省肥料，又能使砂糖橘苗壮成长。水肥一体化技术是以滴灌技术为基础的，加上可溶性的肥料的使用，这种技术对肥料的要求较高，最好是液体肥料，如果是固体肥料必须水溶性较高。

肥料通过贴近砂糖橘根部的管头滴入根系区，养分充分被吸收，还可避免因过量施肥而造成的水体污染问题。水肥一体化技术，节省肥料和人力，操作简单，效果显著。在坡地种植砂糖橘的耕作形式上，更能够起到节约有限的水资源的作用，同时还有助于提高砂糖橘品质。

4. 效益显著

（1）**经济效益显著** 通过坡地改梯田、种植生物篱和水肥一体化等技术集成，砂糖橘产量每亩提高 150 千克左右，还节省了肥料和人工。

（2）**社会效益突出** 通过技术培训，提高了广大果农种植砂糖橘的技术水平和积极性，使砂糖橘的种植更加科学化，还带动了产品深加工、旅游产业等的发展。

（3）生态效益良好　坡地种植砂糖橘，采用滴灌技术，节约了水资源，增加了土壤的含水量，减少了水土流失，保护了生态环境，保证了果实品质，节约了化肥，节省了果农的投入成本，同时也避免了化肥对环境造成的污染，整个生态环境的生物链得到了有效延长，实现了农业经济的良性循环。

附 录

附录A 砂糖橘周年管理工作历

一、春季管理（2~4月）

1. 2月（立春—雨水）

（1）**气候** 气温开始回升，经常出现低温阴雨天气。

（2）**物候期** 春芽萌动期，根系开始生长。

（3）**农事活动**

1）灌水：去年冬季气候干旱缺水，遇春旱时，适当灌水可促进花芽完全分化，防止因干旱影响春梢的生长和花序的发育，并注意树盘覆盖保湿。

2）施肥：雨水节气过后，开始追施催芽肥，结果树施以速效氮为主的促花肥，叶面也可喷施0.5%的尿素溶液加0.3%的磷酸二氢钾溶液1~2次或0.1%的硼砂溶液；幼龄树施梢前肥和梢后肥，并适量撒施石灰于树盘周围。

3）修剪：幼树立春后结合幼树定形做好拉枝、弯枝，及时抹除主干及主枝上的不定芽，在花蕾露白时抹除花蕾。成年树于早春可短截外围延长枝，疏剪密生枝、交叉枝、枯枝、病虫枝；清除搅乱树形的徒长枝；适当回缩近地面的下垂枝；树冠郁闭的砂糖橘树应及时适度"开天窗"，即将树冠上部或外围直立枝和上位枝剪除若干枝，以利于改善光照条件。

4）防病治虫：主要有红蜘蛛成虫与卵块、介壳虫、苔藓、地衣。药剂有0.8~1.0波美度石硫合剂加500倍20%二氯杀螨醇，或20%三氯杀螨醇500~800倍液加40%氧化乐果1500倍液，或8~10倍松脂合剂加0.2%的洗衣粉溶液。

5）开沟排水：开好畦沟及园边沟，做到雨停园干不积水。

2. 3 月（惊蛰—春分）

（1）气候　气温继续回升，经常出现低温阴雨天气或春旱。

（2）物候期　春梢生长期，根系生长较快。

（3）农事活动

1）施肥：以在春芽萌发前施用为宜，要求在惊蛰前后施完催芽肥，以速效氮肥为主，配合施用磷肥。每株成年树在树盘内均匀撒施，0.2 ~ 0.25 千克尿素加复合肥 0.35 ~ 0.5 千克，或浇稀粪水适量。树势旺的树可少施或不施春肥。对幼年树、衰弱树或坐果率不高的品种，为了促进花芽分化，可适当提早施，即在立春前在树盘内均匀撒施，每株用尿素 0.1 千克加复合肥 0.2 ~ 0.3 千克，或浇施粪肥适量加入尿素；在需要控制花量的情况下，可适当延迟。

2）修剪：对树势较弱，花量大的树，可适当疏花，摘除部分无叶花，减少营养消耗，提高坐果率。幼树继续疏除主干上的不定芽，摘除花朵。

3）防病治虫：结合修剪，剪除病虫枝叶；在芽长至 1 厘米长时，向树冠喷施 1∶1∶100 波尔多液以防春梢疮痂病；春分左右喷施 5% 尼索朗 2000 倍液防红蜘蛛、凤蝶；春分后，用 2% 扑虱灵颗粒剂（1 千克/亩），拌入细黄土 50 千克，撒施地面，防治花蕾蛆成虫。

4）缺株补树：惊蛰前后，幼龄果园出现缺株，及时进行补种。成年果园可进行高接换头换种。

3. 4 月（清明—谷雨）

（1）气候　气温继续升高。

（2）物候期　春梢老熟期，现蕾开花期，根系第一次生长高峰。

（3）农事活动

1）花前复剪：凡满树皆花的多花量树，适当重剪、疏剪或短截一部分着花蕾的结果母枝，促发新梢，使之成为次年的结果母枝。按"三去一，五去二"的原则抹去密集春梢，并对旺长春梢摘心。及时疏去病虫果、畸形果等。

2）保花保果：在初花期喷施以硼为主的叶面肥，花谢 3/4 时喷布 1 次 50 毫克/升赤霉素进行保花保果；在谢花期补施叶面肥，如农人液肥、氨基酸钙等，也可选用 0.3% 的尿素溶液加 0.2% 的磷酸二氢钾溶液，或其他果树营养液进行树冠喷布，及时补充树体营养，可以有效减轻花后落果。

3）深翻扩穴：幼龄果园在树冠缘下，结合冬季绿肥压青，深翻扩穴改土。

4）防病治虫：主要为疮痂病、红蜘蛛、蚜虫、花蕾蛆、潜叶甲等。成年果园钩杀天牛，封堵虫孔；利用假死习性，人工捕杀象鼻虫、金龟子等；疮痂病采用 0.5%～0.7% 的波尔多液，或 70% 托布津 1000～1200 倍液，或多菌灵 800～1000 倍液；红蜘蛛用 50% 三硫磷 1200～1500 倍液等；蚜虫用敌敌畏 1000 倍液防治；花蕾蛆等每亩用 2.5% 辛硫磷粉剂 2千克拌细土 30 千克，拌匀后在播种时撒入田内并耙入土中，或每亩用 5% 辛硫磷颗粒剂 1～1.5 千克加细土 30 千克，拌匀后撒施树冠下的地面和 90% 晶体敌百虫 150 倍液喷洒地面。

5）播种夏季绿肥：幼龄果园行间空地进行耕翻，准备播种豆、花生、早大豆、猪屎豆等夏季绿肥。

二、夏季管理（5～7月）

1. 5月（立夏—小满）

（1）气候 气温升高快，开始出现汛期，注意防涝。

（2）物候期 早夏梢萌发期，生理落果期。

（3）农事活动

1）保花保果：加强肥水管理，应用赤霉素、2，4-D、防落素等植物激素，进行春剪（控制春梢）。一般在花谢 2/3 和第一次生理落果结束时结合根外追肥，并结合防病治虫喷洒，喷后 2～3 天即开始生效，5～6天后效果达到最高峰。2，4-D 的持效期为 15 天左右，赤霉素的持效期为 25～30 天。控制晚春梢，采用抹除或摘心的方法，使营养生长转向生殖生长。

2）防病治虫：此期有幼果疮痂病、红蜘蛛、蚜虫、卷叶蛾、长白蚧、糠片蚧、矢尖蚧、黑刺粉虱等。疮痂病可用 70% 托布津或 50% 多菌灵 1000 倍液；红蜘蛛用 20% 三氯杀螨醇 1000 倍液或三唑锡、苯丁锡 1500～1800 倍液；蚜虫用 24% 万灵 1500～2000 倍液，或好年冬 2000～2500 倍液；蚧类用 40% 速扑杀 1000～1500 倍液，或乐果 1000～1500 倍液；卷叶蛾用菊酯类农药。在夏梢萌发 1 厘米时可选喷 25% 杀虫双 500～800 倍液，2.5% 敌杀死，20% 速灭杀丁或 10% 氯氰菊酯 4000～6000 倍液，1.8% 阿巴丁、灭虫灵 4000～6000 倍液，58% 风雷激 1000～1500 倍液可防治潜叶蛾。

3）除草施肥：施促早夏梢肥，以氮肥为主。铲除树盘及株间杂草，结合收割间种绿肥，压青改土。

4）抹除夏梢：及时抹除夏梢，有利于保果。在夏梢芽萌发时，每隔3~5天抹1次。

5）防洪排涝：及时排除果园积水，平地果园注意防涝，山地果园做好水土保持工作。

6）中耕除草：继续果园中耕除草，可施用41%草甘膦除草。

2. 6月（芒种—夏至）

（1）气候　进入高温天气，是防汛的主要时期，注意防涝。

（2）物候期　夏梢生长期，第二次生理落果期，夏梢老熟后，根系第二次生长高峰期。

（3）农事活动

1）夏季修剪：从小满至夏至（5月下旬~6月下旬），早剪早发枝。对夏梢生长旺盛的树，可采取控制夏梢，防止落果。通常在夏芽萌至5厘米左右，每3~5天抹除1次，也可留2~3叶摘心处理夏梢，以减少养分消耗，有利于保果。此期的落果（六月落果），果实大小似玻璃球，幼树落果多为大量发生夏梢所致，成年树大量落果为营养不良引起，叶多果多，叶少果少。剪除落花落果母枝：此类母枝多数有一定的营养基础，易促发秋梢。因此，对其一般应剪到饱满芽的上方。通常无春梢的弱小落花落果母枝，留1~2片叶后短截；无春梢而较粗壮的落花落果母枝，留5~6片叶后短截。对郁闭果园进行"开天窗"修剪，对衰老树提早回缩更新大枝。

2）施肥：凡营养不足的树，在5月下旬施用稳果肥，可以显著降低第二次（5月下旬~6月下旬）的落果幅度，提高坐果率。若施肥不当，有时会引起夏梢的大量发生，加剧梢果对养分的竞争，同样也会导致大量的落果。因此，这次施肥要依树势和结果多少而定，对结果少的旺树可不施或少施，对结果多、长势中等或较弱的树要适量的施。以速效氮肥为主，配合适量的磷肥。及时翻埋夏季绿肥，可以抗旱、壮果和壮梢。

3）防病治虫：此期有卷叶蛾、红蜡蚧、长白蚧、糠片蚧、矢尖蚧、锈壁虱等，用药有喹硫磷1000~1200倍液，或乐果1000~1500倍液再加精制敌百虫1000倍液，或20%三氯杀螨醇1000倍液，或速扑杀1500倍液。此期每隔10天喷1次，雨后补喷，气温超过30℃时停止使用，以免发生药害。防治木虱可选用24%果蔬利1500~2000倍液、58%丰霸

2000～4000 倍液。

4）压青改土：幼龄果园割间种绿肥，铲除畦面杂草，进行植株压青改土。

5）中耕除草：除草松土，搞好树盘覆盖。

3. 7 月（小暑—大暑）

（1）**气候**　是全年最热的月，为暴雨季节。

（2）**物候期**　迟夏梢生长期，果实迅速膨大期。

（3）**农事活动**

1）施壮果肥：7～9 月施肥具有壮果逼梢和促进花芽分化的作用，对提高当年产量，打下明年丰产基础关系极大。对结果多而树势弱的植株更需早施。7 月上旬每株施枯饼 1.5～2.5 千克、硫酸钾 1 千克，初结果树每株施腐熟饼肥 1～1.5 千克。施肥时以氮、钾肥为主，腐熟有机肥、饼肥和无机肥配合施。常遇伏旱，施肥应结合抗旱进行。

2）树盘覆盖：幼龄、成龄砂糖橘树盘覆盖可以降低地表温度、减少水分蒸发，抗高温干旱；保护表土不被雨水冲刷，保持土壤疏松。覆盖结束时，将已腐熟的有机质翻入土中。注意防旱，适时灌水。

3）修剪：7 月 20 日前彻底抹除应抹除的夏梢。7 月底进行夏剪，继而促发强壮秋梢，其中挂果量大的结果树可提前放发大暑梢。

4）防治病虫：此期有锈壁虱、红蜘蛛、潜叶蛾、蚱蝉、天牛、溃疡病等。防治椿象、象鼻虫可选喷 90% 敌百虫或 80% 敌敌畏 1000 倍液、2.5% 溴氰菊酯或 10% 氯氰菊酯 3000～4000 倍液；锈壁虱、红蜘蛛多喷乐果 1000～1500 倍液，或 20% 三氯杀螨醇 1000 倍液，或 0.2～0.3 波美度的石硫合剂；潜叶蛾兼治锈壁虱用 20% 速灭杀丁 5000～8000 倍液加 20% 三氯杀螨醇 1000 倍混合液，或 25% 敌杀死 2000～2500 倍液加三氯杀螨醇 1000 倍混合液，或 25% 杀虫双 600～800 倍液加三氯杀螨醇 1000 倍混合液；蚱蝉、天牛人工捕捉，或用 50% 乐果 5 倍灌药封塞虫孔进行堵杀；溃疡病用农用链霉素加 1% 酒精，每升 600～800 单位。

三、秋季管理（8～10 月）

1. 8 月（立秋—处暑）

（1）**气候**　气温持续高温，台风次数较多。

（2）**物候期**　早秋梢萌发，果实膨大期。

（3）**农事活动**

1）抗旱防裂果：本月为砂糖橘裂果初发期，为预防裂果的田间管理重点是注重果园旱灌涝排工作。立秋前后灌水1次。8月中下旬树冠喷施2%~3%的石灰水（加少许食盐，增加黏着力），对向阳果进行涂果，或贴废报纸，防止日光灼果。也可对树冠喷施0.3%的硫酸钾溶液加0.1%的硼酸溶液二次防裂果。在裂果初发期或久晴后暴雨前，慎防诱发大量裂果，并注意防涝。根据树体壮旺情况，大枝螺旋割2/3~1.5圈（旺枝割1.5圈，壮枝割2/3圈），可减轻裂果。

2）喷施叶面肥：叶面喷施0.3%尿素加0.2%磷酸二氢钾混合液，或喷施新型叶面全营养肥叶霸，或绿丰素、氨基酸、倍力钙液1~2次，促进秋梢转绿。

3）及时放秋梢：放早秋梢时期为7月中下旬~8月上旬，抓紧在阴雨天及时放秋梢。等秋梢长至6~8片叶时摘心，抹除枝背上秋梢，疏除过多密生秋芽或秋梢，待70%以上的芽萌发时统一放梢。

4）病虫防治：8月10日前抽发的早秋梢，一般能避开潜叶蛾危害，但仍应喷药防治，还要加强蚜虫、炭疽病对新梢危害的防治。立秋前剪除黑蚱蝉成虫产卵受害枝条，集中烧毁。保护秋梢，及时防治潜叶蛾。本月还须注重对粉虱和锈螨的监测预防。

5）翻埋夏季绿肥：8月下旬幼树开始扩穴，翻埋夏季绿肥，进行改土。

2. 9月（白露—秋分）

（1）气候　月平均气温开始下降，并开始进入秋旱。

（2）物候期　早秋梢老熟期，迟秋梢萌发，根系进入第三次生长高峰，果实膨大期。

（3）农事活动

1）施肥：变冬肥为秋施，促进花芽分化，树体恢复。9月底施基肥，以人、畜粪肥、饼肥、堆肥等有机肥为主，配以适量速效性磷、钾肥或复合肥，每株施枯饼4~5千克、复合肥0.5千克、钙镁磷肥0.25~0.5千克。

2）修剪：9月下旬，对树冠直径达1米以上的幼树拉枝整形，整形以自然开心形为主，拉枝角度与主干保持45~60度，角度不宜拉得太大，严禁拉成下垂枝。秋分开始时，抹除晚秋梢，提高品质和降低病虫危害。

3）病虫防治：主要病害有炭疽病和褐腐病，可用代森锌等杀菌剂防治；主要虫害有叶螨、粉虱类和蚧类，可分别用杀螨剂和菊酯类药物防治。喷施 25% 扑虱灵 1500 倍液，或 22% 克螨蚧 2000 倍液防治第三代幼蚧和锈壁虱；喷施 50% 托尔克 2500 倍液，或 73% 克螨特 2000 倍液，防治锈壁虱、红蜘蛛；喷施 90% 敌百虫 800 倍液，防治吸果夜蛾和避债蛾；钩杀天牛幼虫，随即用 50% 乐果 5 倍灌药封塞虫孔进行堵杀。

4）翻埋夏季绿肥：继续深翻扩穴，翻埋夏季绿肥，进行土壤改良。

5）旺树促花：9 月底用环割刀或电工刀，在幼年结果树或旺长不结果树主干或主枝光滑处，环割 1～2 圈，具有良好的促花效果。也可在白露后树冠喷施 15% 多效唑 500 毫克/千克，进行促花。

6）防裂果日灼：本月为砂糖橘裂果高发期，应采取措施防止裂果，向树冠喷施 2% 的石灰水加 0.2% 的硼酸溶液，或 50 毫克/千克的赤霉素可防裂果和日灼。

3. 10 月（寒露—霜降）

(1) 气候 本月平均气温开始下降，并开始进入秋旱。

(2) 物候期 早秋梢老熟期，迟秋梢萌发，根系进入第三次生长高峰，果实膨大期。

(3) 农事活动

1）抑制杂草生长：采取措施控制果园杂草生长，有利于露果受光，保障通风，降低果园空气湿度，减少病虫害的发生。

2）施肥：叶面喷施有机营养液，如氨基酸和倍力钙等，可补充营养，增进果实品质。叶面喷施 10 毫克/升的 2, 4-D 加 3% 尿素加 0.2% 磷酸二氢钾，可防采前落果。也可在果实成熟前 60 天，将含碳素高的有机物施入土壤中（如未腐熟稿秆或 2%～4% 的砂糖液按每平方米树盘 5 升的标准施用），使土壤中过剩的无机氮再次有机化，抑制根系在果实成熟前对氮素的过量吸收，有利于降低土壤和叶片中的无机氮含量水平，从而促进果实着色、增糖减酸、适时成熟，提高果实品质。

3）病虫防治：砂糖橘采前落果常伴有虫伤果、褐腐病和青、绿霉菌的感染，砂糖橘还伴有裂果。因此，防止采前落果喷施 2, 4-D 保果剂应结合病害防治喷施杀菌剂，并人工捡除病虫害果集中销毁，以降低果园再次侵染源。主要虫害有红黄蜘蛛、锈螨、粉虱和吸果夜蛾等，虫害防治应注意农药采收安全间隔期，一般宜选用生物农药和物理杀伤性农药，如阿维菌素加硫黄胶悬剂控制危害，后期使用硫黄胶悬剂，兼有隔离病菌侵染和果皮催色效果。此期病虫防治彻底，有利于降低贮藏腐烂损失。抓紧采前喷药封园防治病虫害，预防采前落果，尤其是对吸果夜蛾，可装黑光灯或用糖醋诱饵诱杀。

4）播种绿肥：播种肥田萝卜、黑麦草、紫云英和箭舌豌豆等冬季绿肥。

5）扩穴改土：幼树继续扩穴改土，翻埋夏季绿肥。

四、冬季管理（11 月～第二年 1 月）

1. 11 月（立冬—小雪）

（1）气候　气温急剧下降，小雪是寒潮开始节气。

（2）物候期　果实成熟期，采收期，花芽分化期。

（3）农事活动

1）提高果实品质：加强砂糖橘果实后期管理，提升果实品质，着重高厢深沟排湿，降低采前土壤持水量，提高果实糖度，维持较高酸度，使果实风味浓厚。做到适时采收，在无霜冻的地区，采用挂树完熟，可使糖度提高 10%～20%，而且果实色泽更加鲜艳。

2）做好采收，贮运准备工作：采收前应备好专用果剪，容器等物。禁用可能在采收过程中造成果实机械损伤的工具、容器。采收前 2～3 天内，应将贮藏室和预贮室清扫干净，铺上清洁柔软垫料后彻底清毒备用。

3）精心采收：立冬开始精细采收果实，轻摘轻放轻运输。中、下旬采果，推行"一果两剪"，减少果实损伤率，提高采收质量。果实采收后，需在 24 小时内用防腐保鲜药剂及时处理，用 70%甲基托布津 1000 倍液加 2，4-D250 毫克/升浸果，有利于提高轻伤果的愈合和耐贮性。经药剂处理后的果实，应先入预贮室预贮。

4）施肥：速施采后恢复肥，每株施粪水 1 担（25 千克）或复合肥 0.25 千克加尿素 0.15 千克，实施渗水浇施，有利于树势恢复。继续扩穴改土，翻埋夏季绿肥。立冬前，继续播种冬季绿肥。

5）病虫防治：采果后，树冠喷施松碱合剂 10～12 倍液，或 1～1.2 波美度石硫合剂，以减少病虫越冬基数。做好清园工作，剪除病虫枝叶，清除园内落叶、杂草，摘除树冠僵果等，集中烧毁或深埋，杜绝病虫。

2. 12 月（大雪—冬至）

（1）气候　气温下降至霜冻出现。

（2）物候期　相对休眠期，采收期，花芽分化期。

（3）农事活动

1）采收：为了保证采收质量，要严格执行操作规程，认真做到轻采、轻放、轻装、轻卸。采下的果实应轻轻倒入有衬垫的篓（筐）内，不要乱摔乱丢，果篓和果筐不要盛果太满，以免滚落、压伤。倒篓、转筐都要轻拿轻放，田间尽量减少倒动，防止造成碰、摔伤。对伤果、落地果、病虫果及等外果，应分别放置，不要与好果混放，认真做好采果工作。

2）病虫防治：采果后，树冠喷施0.8~1波美度石硫合剂。蚧类严重的果园，向树冠喷施15~20倍液松脂合剂，消灭越冬虫害。

3）冬季清园：继续搞好冬季清园工作，剪除病虫枝和枯枝，清扫果园枯枝落叶，集中烧毁。

4）果园耕翻：采果后，对果园进行耕翻，深度达20厘米左右，铲除果园杂草。

5）树干刷白防冻：刷白剂用生石灰15~20千克、食盐0.25千克、石硫合剂渣液1千克，加水50千克配制而成。

3. 1月（小寒—大寒）

（1）气候　是全年最冷月份，常出现低温霜冻和大风天气。

（2）物候期　相对休眠期，花芽分化期。

（3）农事活动

1）彻底清园：剪下带病虫的枝条，要移出园外烧毁，以降低病虫源。不带病虫的枝叶，可同基肥一道入园土，培肥土壤。随后向树冠喷1.5~2波美度石硫合剂或95%机油乳剂50~80倍液加有机磷农药杀灭越冬病虫害，清洁田园。注意石硫合剂不能与机油乳剂混用，只能选用其中一种药剂清园。或先喷机油乳剂，萌芽前再喷石硫合剂，两种药剂的使用安全间隔期在50天以上。

2）果树防冻：做好冻前灌水和冻时摇落冰雪等防冻工作。

3）深翻熟化土壤：成年果园，可于树冠滴水线处开挖30厘米宽、30~40厘米深、120~150厘米长的土穴，施入稿秆、杂草、厩肥为主的有机肥和迟效性磷肥，酸性土应补施石灰。改良土壤结构，培肥土壤，改善砂糖橘根群生长环境。冬季干旱时，可适度灌水，减轻旱害对树体的影响。

4）园地道路及灌排设施建设：园路整修可配合树型改造及修剪进行。对地处平坝的果园，应开挖1米以上的深沟排湿，坡台地果园应开好背沟，背沟出水口处开挖沉泥凼。水源好的果园要做好滴灌设施建设；

水源差的果园，果园须按每10～20米³/亩贮备水修建专用水池，以常年贮水备用。

附录B　农药的稀释方法

1. 施用药剂浓度的表示方法

通常有百分比浓度、百万分比浓度（ppm）和倍数法3种。

(1) 百分比浓度　表示100份药液中含有效成分的份数，符号为%。容量百分比浓度指100份体积单位药剂含有效成分体积单位数，符号为%（v/v）。质量分数指100份质量单位药剂含有效成分质量单位数，符号为%（m/m）。如40%（m/m）乙草胺乳油表示100克乙草胺乳油含40克乙草胺。"（m/m）"经常省略。

(2) 百万分比浓度　表示100万份药液中含有效成分的份数，符号为mg/L（毫克/升）。如阿维菌素200毫克/升液，表示100万份药液中含有阿维菌素200份。

(3) 倍数法　指稀释剂的量为被稀释药剂的倍数，如4.5%高效氯氰菊酯乳油1500倍液，指1份4.5%高效氯氰菊酯乳油加1500份水配制成的药液。

2. 农药的稀释方法

(1) 内比法　稀释倍数较低（低于100倍）时，计算稀释剂用量时扣除原药剂所占份数。如将10%辛硫磷乳油稀释为含辛硫磷1%的药液时，应用1份10%辛硫磷乳油加9份稀释剂（水）。

(2) 外比法　稀释倍数较高时，计算稀释剂用量时不扣除原药剂所占份数。如将4.5%高效氯氰菊酯乳油稀释1500倍，用1份4.5%高效氯氰菊酯乳油加1500份水配制即可。

3. 相关计算

(1) 有效成分质量　其计算过程如下：

有效成分质量＝药液体积(毫升)×药液密度×药液浓度

药液密度接近1时，则上式可近似简化为：

有效成分质量＝药液体积(毫升)×药液浓度

例：7.5%克毒灵水剂100毫升中含有效成分质量：

$$100×7.5\%＝7.5（克）$$

(2) 计算农药稀释剂用量　其计算过程如下：

1）内比法：

① 浓度法：

$$稀释剂用量 = \frac{原药重量 \times (原药浓度 - 配制药液浓度)}{配制药液浓度}$$

例：5 千克 50% 多菌灵可湿性粉剂，配制成 0.5% 的多菌灵药液，需加水的量为：

$$\frac{5 \times (50\% - 0.5\%)}{0.5\%} = 495（千克）$$

② 倍数法：

$$稀释剂用量 = 原药份数 \times (稀释倍数 - 1)$$

例：5 千克石硫合剂稀释 75 倍时需加水量为：

$$5 \times (75 - 1) = 370（千克）$$

2）外比法：

① 浓度法：

$$稀释剂用量 = \frac{原药重量 \times 原药浓度}{配制药液浓度}$$

例：将 5 克 85% 红霉素制剂配成 200 微升/升时需加水的量为：

$$\frac{5 \times 85\% \times 1000000}{200} = 21250（克）$$

② 倍数法：

$$稀释剂用量 = 原药份数 \times 稀释倍数$$

例：将 5 克灰霉克配成 600 倍药液时需水的量为：

$$5 \times 600 = 3000 （克）$$

（3）计算原药剂用量 其计算过程如下：

① 浓度法：

$$原药剂用量 = \frac{配制药剂重量 \times 配制药剂浓度}{原药剂浓度}$$

例：配制 1.5% 噻菌灵药液 50 千克，需 45% 噻菌灵悬浮剂质量为：

$$\frac{50 \times 1.5\%}{45\%} = 1.67（千克）$$

② 倍数法：

$$原药剂用量 = \frac{配制药剂重量}{稀释倍数}$$

例：1000 克由邦立克稀释 1000 倍配成的药液，配制时需邦立克质量为：

$$\frac{1000}{1000} = 1.0（克）$$

(4) 计算稀释倍数　其计算过程如下：

① 浓度比法：

$$稀释倍数 = \frac{原药剂浓度}{配制药剂浓度}$$

例：邦立克的有效成分含量为 25%，若配成有效成分含量为 0.1% 时，稀释倍数为：

$$\frac{25\%}{0.1\%} = 250（倍）$$

② 重量比法：

$$稀释倍数 = \frac{配制药剂重量}{原药剂重量}$$

例：用 10% 草甘膦粉剂防除果园杂草，每亩用量为 0.5 千克，每亩用药剂 50 千克，则稀释倍数为：

$$\frac{50}{0.5} = 100（倍）$$

(5) 低浓度药剂 + 高浓度药剂计算　其计算过程如下：

$$高浓度药剂剂量 = \frac{配制药剂重量 \times（配制药剂浓度 - 低浓度药剂浓度）}{高浓度药剂浓度 - 低浓度药剂浓度}$$

$$低浓度药剂剂量 = 配制药剂重量 - 高浓度药剂重量$$

例：用 2% 和 10% 的杀虫双药液配制 7% 的杀虫双药液 20 千克，则：

10% 杀虫双药液用量为：

$$\frac{20 \times（7\% - 2\%）}{10\% - 2\%} = 12.5（千克）$$

2% 杀虫双药液用量为：

$$20 - 12.5 = 7.5（千克）$$

附录 C　石硫合剂、波尔多液的使用

1. 石硫合剂

(1) **性质和作用**　石硫合剂由硫黄、生石灰和水熬制而成，为棕色

液体，有强烈臭鸡蛋气味；主要成分为多硫化钙（以五硫化钙为主），还含有少量硫酸钙、亚硫酸钙和硫代硫酸钙；呈碱性，在空气中易被氧化，生成硫酸钙和游离的硫黄，特别是在高温和日光照射下更不稳定。该剂低毒，但对皮肤有强烈腐蚀性，对眼睛、鼻黏膜有刺激作用。药液喷到作物上后，受空气中氧气、水和二氧化碳等的影响，发生一系列化学变化，产生微细的硫黄沉淀，并放出少量硫化氢，起到杀菌、杀虫作用，同时因药剂的强碱性，侵蚀昆虫表皮的蜡质层，因此对有厚蜡质层的介壳虫和一些虫卵也有较好的防治效果。

（2）**剂型**　石硫合剂水剂，其含量用波美度表示，用波美比重计测定其波美度的度数。一般自己熬制的石硫合剂原液为 24～32 波美度。

（3）**配制方法**　原则上石灰、硫黄、水的比例为 1∶2∶10。先将 1 千克生石灰加水溶化并煮沸，然后将过筛的硫黄粉 2 千克加少量水调成糊状，慢慢倒入沸腾的石灰乳中，不断搅拌，同时标定水面高度，并随时添加开水补充蒸发的水量，熬煮 40～50 分钟，药液由浅黄色变成琥珀色即可停火。冷却后用纱布过滤去渣，澄清液即为石硫合剂原液（又称母液），用波美计测定其波美度，以备稀释使用，一般原液浓度可达 26～28 波美度。

（4）**使用方法**　防治脐橙炭疽病、疮痂病、树脂病及橘柑害螨时，于春、秋季喷布石硫合剂 0.3～0.5 波美度液，夏季高温时喷 0.2～0.3 波美度液，冬季则用 5 波美度液。

（5）**注意事项**

① 石硫合剂对金属容器腐蚀性强，熬制和盛装均不能用铜、铝器具。喷雾器用完后要及时清洗。皮肤和衣服被原液沾污，要及时用水清洗。

② 贮存原液用小口塑料桶或石罐液面加少许植物油，与空气隔绝，以防降低药效。

③ 该剂为强碱性，不能与忌碱性的农药混用，也不能与铜制剂混用。对果树喷本剂 7～10 天后，才能喷波尔多液；喷波尔多液 15～20 天后，才能喷该药剂，否则易出现药害。

④ 本剂对果树敏感的一些品种，一些不熟悉对该剂药性反应的品种，使用前应做药害试验。

⑤ 在气温高于 32℃以上时，要慎用，以防果面出现药害。

⑥ 工作时应遵守一般安全用药规则。工作结束后应认真洗手、洗

脸，以防药液腐蚀皮肤。

⑦该药原液和稀释后的使用药液浓度，以波美度表示。在没有波美比重计测定的情况下，可用以下简易方法测定已熬制好的原液度数：首先取1个啤酒瓶，称其重量后装满水，再称重，然后装满熬制的石硫合剂原液，称重，最后按下列公式计算石硫合剂比重和石硫合剂的波美度：

$$石硫合剂比重 = \frac{同体积石硫合剂重量}{同体积水重量}$$

$$石硫合剂波美度数 = \frac{146}{石硫合剂比重} - 1$$

知道了熬制的石硫合剂原液波美度数之后，按以下公式计算使用时的加水倍数（重量）：

$$加水稀释倍数（按重量）= \frac{原液波美度数}{所需药液波美度数} - 1$$

2. 波尔多液

(1) 性质和作用　波尔多液是用硫酸铜和石灰乳配制而成的天蓝色药液。配制好的药液放置时间过久，悬浮的碱式硫酸铜小颗粒易沉淀、结晶，药液性质会发生变化，在作物体表的黏着力降低，从而影响药效。该剂对人、畜基本无毒，但大量口服可引起胃肠炎而使人致命。不同种类的作物对波尔多液的反应不一样，使用中要注意铜离子和石灰对作物的敏感性和药害。

对石灰敏感的作物如葡萄，在使用波尔多液后，在高温干燥条件下易发生药害，可用石灰少量式或半量式波尔多液。

对铜敏感的果树有桃、李、苹果、梨、柿子等，这些果树在潮湿、多雨条件下，因铜的离解度增大，铜离子对叶、果表皮渗透力增强而出现药害。

波尔多液是一种广谱性、保护性杀菌剂，喷到作物表面以后，能黏附在作物体表形成一层保护膜，不易被雨水冲刷掉，其有效成分碱式硫酸铜逐渐释放出铜离子杀菌，起到防治病害的作用。该药液持效期较长，倍量式或多量式波尔多液的持效期一般可达到15天左右，在干旱情况下可达20天。

(2) 剂型　碱式硫酸铜不同含量的悬浮液。

(3) 配制方法　通常可采用两液同注法或硫酸铜液倒入浓石灰乳中均可。配制时，不可用金属容器，宜用陶瓷、木桶或水泥池。先用少量热水将0.5千克硫酸铜溶化成硫酸铜液，倒入盛有约25千克水的木桶（或缸）中，再用少量水将0.5千克生石灰化开，呈糊状，倒入另一个盛有约25千克水的木桶（或缸）中，然后将两种溶液同时徐徐倒入第三个容器中，并边倒边搅拌，配成天蓝色药液待用。也可用2个木桶或缸，先将0.5千克硫酸铜用少量热水溶化成硫酸铜液，倒入盛有约45千克水的容器中，再将0.5千克生石灰用少量水化开，倒入另一个盛有约5千克水的容器中，待冷却后，将硫酸铜溶液慢慢倒入石灰乳中，边倒边用木棍剧烈搅拌，直至呈天蓝色为止，即为1∶1∶100等量式波尔多液。1∶2∶100倍量式波尔多液的配制方法与上述方法相同，只是在上述配置的基础上增加0.5千克石灰即可。

（4）使用方法

1）在砂糖橘春、夏、秋梢抽出1.5～3厘米时，喷1∶1∶200倍波尔多液，谢花2/3时喷1∶1∶200倍波尔多液，可防治溃疡病。

2）在春梢萌动，芽长0.5厘米时，喷1∶1∶200倍波尔多液，谢花2/3时喷1∶1∶300倍波尔多液，可防治疮痂病。

3）防治砂糖橘树脂病，在剪除病死枝条后，喷布1∶1∶（100～200）倍波尔多液。

4）防治砂糖橘炭疽病，于春、夏、秋梢嫩梢期和幼果期及8～9月，间隔15～20天喷1次1∶0.5∶200倍波尔多液。

5）防治砂糖橘苗立枯病，于发病初期喷布1∶1∶200倍波尔多液。

（5）注意事项

1）对铜敏感的果树如山楂、桃、李、杏等，在生长期不能使用波尔多液。

2）葡萄对生石灰敏感，使用时一般用石灰半量式或少量式；而柿树生长期多用石灰多量式，一般为1∶5∶（300～600）倍液。

3）苹果、梨等幼果期，对铜敏感，一般在生理落果后的生长中、后期使用。使用时注意硫酸铜和生石灰的用量，一般用倍量式或多量式石灰。

4）阴雨天、雾天或露水未干时喷洒波尔多液，可加大药液中铜离子释放速度及对叶、果部位的渗透性，易发生药害；盛夏气温过高时，喷该药易破坏树体水分平衡、灼伤叶片和果实。这些气候条件都不宜喷洒波尔多液。花期也不宜喷洒。

5）波尔多液对喷雾机具有腐蚀作用，喷完药后，器具需用清水里外冲洗干净。

6）波尔多液为碱性，不能与怕碱的其他农药混用；也不能与石硫合剂混用，与石硫合剂交替使用时要注意间隔天数。也不能与怕铜农药混用。

7）喷用时，需遵守一般农药安全使用规则，戴防护用具，不吸烟，不吃食物，喷完用肥皂水洗手、洗脸。

8）剩余药液不能倒入水塘、河流中，以防杀伤水中生物。

9）配制波尔多液时，一定注意将稀硫酸铜水溶液往浓石灰乳中倒时，应边倒边搅拌，或同时倒入第三个容器中，配出的药液才呈天蓝色，不易沉淀。所用的生石灰要选用白色的块灰。配出的波尔多液应经2层纱布过滤后再用，以防堵喷头孔。

参 考 文 献

［1］陈杰. 砂糖橘优质高产栽培［M］. 北京：金盾出版社，2008.

［2］张芳文. 砂糖橘无公害栽培彩色图说［M］. 广州：广东科技出版社，2006.

［3］潘文力，黄文东. 砂糖橘优质丰产栽培彩色图说［M］. 广州：广东科技出版社，2008.

［4］陈杰. 砂糖橘栽培10项关键技术［M］. 北京：金盾出版社，2015.

［5］陈杰. 砂糖橘高效栽培［M］. 北京：机械工业出版社，2017.

［6］陈杰. 砂糖橘实用栽培技术［M］. 北京：中国科学技术出版社，2017.